Taschenbuch zum
Abstecken von Kreisbogen
mit und ohne Übergangsbogen

Taschenbuch zum
Abstecken von Kreisbogen
mit und ohne Übergangsbogen

Begründet von

O. Sarrazin und **H. Oberbeck**

Für Teilung des Kreises in 400^g

bearbeitet von

Max Höfer

Oberreichsbahnrat i. R.

Vierte Auflage

(13.—15. Tausend)

Mit 39 Abbildungen

Springer-Verlag Berlin Heidelberg GmbH

1954

ISBN 978-3-662-28187-1   ISBN 978-3-662-29701-8 (eBook)
DOI 10.1007/978-3-662-29701-8

751/55/53

Vorwort zur vierten Auflage.

Kaum ein Jahr nach Erscheinen der dritten Auflage sieht der Verlag sich veranlaßt, die vierte herauszugeben.

Zwei Stellen (auf Seite 8 und Seite 42) wurden mit den Oberbauvorschriften der Deutschen Bundesbahn in Einklang gebracht. Sonst wurde nichts geändert.

Hamburg-Bergedorf, im Januar 1954.

Max Höfer.

Vorwort zur dritten Auflage.

Zwölf schicksalsreiche Jahre sind seit dem Erscheinen der zweiten Auflage vergangen, und seit rund 10 Jahren ist dieses Taschenbuch vom Markt verschwunden.

Glücklicherweise sind die Druckplatten vor der Vernichtung bewahrt geblieben, so daß man das Buch mit vollem Vertrauen benutzen kann, ohne Druckfehler zu befürchten; aus den älteren Auflagen sind keine bekannt geworden.

In der Einführung sind geringe Änderungen in den Oberbauvorschriften der Deutschen Bundesbahn berücksichtigt worden.

Die Formeln im Anhang sind mit Rücksicht auf die Bevorzugung langer Parabeln auf den Festwert m der Funktion $y = m \cdot x^3$ umgestellt worden, der nicht gleich $1 : 6\,rl$ zu sein braucht, wie früher angenommen worden war.

Auf die äußere Ausstattung hat der Verlag alle Sorgfalt verwendet, die ein Taschenbuch, das lange halten soll, verdient.

Möge der gute Ruf der älteren Auflagen dieser neuen zugute kommen!

Hamburg-Bergedorf, im November 1952.

Max Höfer.

Vorwort zur ersten Auflage.

In wenigen Jahren wird in der deutschen Technik die Teilung des Kreises in 360⁰ verdrängt sein von der Teilung in 400ᵍ mit Zehner-Unterteilung.

Dieses Taschenbuch ist der neuen Teilung angepaßt.

Es soll künftig das auf alte Kreisteilung zugeschnittene altbewährte Taschenbuch von Sarrazin und Oberbeck ersetzen, das ich, den Fortschritten der Eisenbahntechnik folgend, seit der 44. Auflage immer stärker umarbeiten mußte, bis nun endlich von der Arbeitsleistung seiner Urheber nichts mehr übrig geblieben ist.

In der Übergangszeit erscheint das alte Taschenbuch weiter, solange Nachfrage vorhanden sein wird.

Hamburg-Altona, im Mai 1938.

Max Höfer.

Vorwort zur zweiten Auflage.

Das Taschenbuch ist bereichert worden um eine Tafel zur Absteckung gleichmäßig geteilter Kreisbogen, die im Jahre 1940 als besonderes Heftchen erschienen war.

Die Einführung ist demgemäß ergänzt. Sie enthält nun außerdem eine Anleitung zur Behandlung solcher Bogen, die mehr als 100ᵍ umfassen. Einige Sätze wurden den Oberbauvorschriften der Deutschen Reichsbahn vom 1. Oktober 1939 angepaßt.

Hamburg-Altona, im Mai 1941.

Max Höfer.

Inhaltsverzeichnis.

Tafeln.

Anhang.

Einführung.

I. Absteckung des Kreisbogens von der Tangente aus.

Die Absteckung eines Kreisbogens zur Verbindung der Mittellinien gerader Strecken von Straßen, Kanälen oder Eisenbahnen erfordert:

1. die Ermittelung des Winkels, den die Mittellinien bilden,

2. die Berechnung der Tangenten vom Winkelpunkt bis zum Berührungspunkt, des Abstandes des Bogenscheitels vom Winkelpunkt, der Koordinaten des Scheitels und der Bogenlänge,

3. unter Umständen die Bestimmung von Hilfstangenten,

4. Die Absteckung einzelner Bogenpunkte (Kleinpunkte).

1. Ermittelung des Winkels.

Der Winkel wird in der Regel mit dem Theodoliten gemessen. Er kann auch durch Längenmessung mit hinreichender Genauigkeit bestimmt werden. Da man statt des inneren Brechungswinkels β (Abb. 1) stets seinen Nebenwinkel α, der gleich dem Mittelpunktwinkel des Bogens ist, zu den Rechnungen benutzt, verlängert man eine Tangente

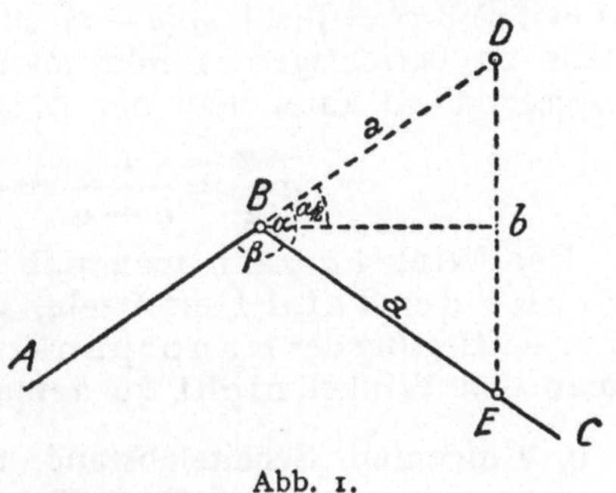

Abb. 1.

AB über den Winkelpunkt hinaus, setzt eine beliebige Strecke a auf der Verlängerung und auf der anderen

Tangente ab ($BD = BE = a$) und mißt die Entfernung $DE = b$. Dann ist

$$\frac{\frac{1}{2}b}{a} = \sin\frac{\alpha}{2}. \tag{1}$$

Diesen Wert sucht man in der Spalte „$\sin\frac{\alpha}{2}$" der Tafel I auf. Am linken Rande findet man auf gleicher Zeile den Winkel α.

Kommt der gesuchte Wert selbst in der Tafel nicht vor, so ermittelt man den Winkel durch Zwischenschaltung des gesuchten Wertes zwischen die in der Tafel aufgeführten benachbarten Werte, wobei zu beachten ist, daß der Unterschied dieser Tafelwerte einer Änderung des Winkels um $2^g = 200^{cc}$ entspricht.

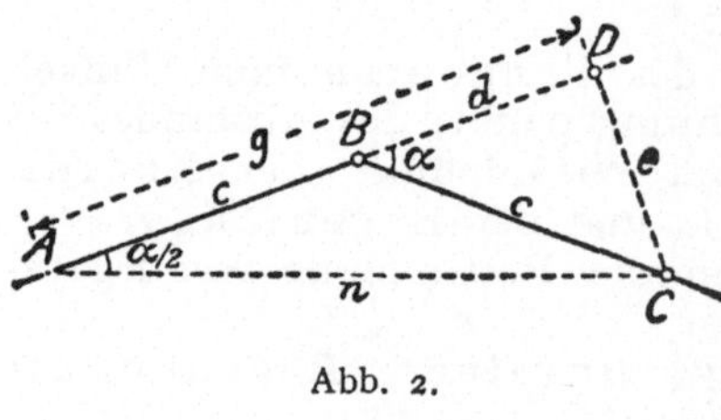

Abb. 2.

Ein anderes Verfahren ist besonders bei spitzem Winkel α zu empfehlen. Man steckt nach Abb. 2 auf einer Tangente ein beliebiges Maß $BC = c$ ab und nimmt den Punkt C winkelrecht auf die andere Tangente auf. Der Fußpunkt D ist nach der Formel $d = \sqrt{c^2 - e^2} = \sqrt{(c+e)(c-e)}$ zu prüfen und nötigenfalls zu berichtigen. Denkt man sich $BA = BC = c$ abgesetzt, so kann man der Abb. 2 entnehmen:

$$\mathrm{tg}\frac{\alpha}{2} = \frac{e}{c+d} = \frac{e}{g}. \tag{2}$$

Den Winkel α kann man mit Hilfe der Tangens-Spalte der Tafel I ermitteln, wie oben angegeben. Zur Festlegung der Hauptpunkte des Bogens braucht man den Winkel nicht zu kennen.

2. Tangenten, Scheitelabstand, Scheitelkoordinaten und Bogenlänge.

Nach Abb. 3 sind die Tangenten bis zu den Berührungspunkten

$$A B = B C = r \cdot \mathrm{tg}\frac{\alpha}{2}. \tag{3}$$

Der Scheitelabstand ist:

$$B D = B O - r = \frac{r}{\cos \dfrac{\alpha}{2}} - r = r \cdot \sec \frac{\alpha}{2} - r$$

oder

$$\boldsymbol{B D} = \boldsymbol{r} \cdot \left(\sec \frac{\alpha}{2} - 1 \right). \tag{4}$$

Die Abszisse $A E$ des Scheitels ist gleich der halben Sehne $A C$, nämlich:

$$\boldsymbol{A E} = \boldsymbol{A F} = \boldsymbol{r} \cdot \sin \frac{\alpha}{2}. \tag{5}$$

Die Ordinate DE des Scheitels ist gleich der Pfeilhöhe DF des Bogens, nämlich:

$$\boldsymbol{D E} = \boldsymbol{D F} = \boldsymbol{O D} - \boldsymbol{O F}$$

$$= \boldsymbol{r} \cdot \left(1 - \cos \frac{\alpha}{2} \right). \tag{6}$$

Die Bogenlänge ist:

$$\boldsymbol{A D C} = \boldsymbol{r} \cdot \frac{\pi \cdot \alpha}{200}. \tag{7}$$

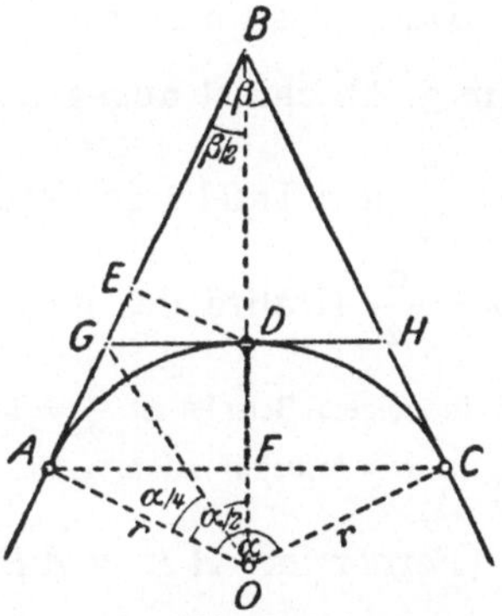

Abb. 3.

Die Tafel I enthält die Werte $\operatorname{tg} \dfrac{\alpha}{2}$, $\sec \dfrac{\alpha}{2} - 1$,

$\sin \dfrac{\alpha}{2}$, $1 - \cos \dfrac{\alpha}{2}$ und $\dfrac{\pi \alpha}{200}$ der Reihe nach auf gleicher Zeile für die Winkel α von 0 bis 100 Grad in Abständen von je 2 Minuten. Zwischenwerte ermittelt man durch Einschaltung.

Liegt α zwischen 100^g und 200^g, so berechnet man:

$$\beta = 200^g - \alpha \text{ und}$$

$$BA = BC = \frac{r}{\operatorname{tg} \dfrac{\beta}{2}}$$

$\operatorname{tg} \dfrac{\beta}{2}$ ist der Tafel I zu entnehmen für den Tafelwert $\alpha = \beta$; denn die Tafel enthält die Tangenswerte für Winkelhälften, gleichviel welche Namen die Winkel tragen. Ist z. B. der gemessene Winkel $\alpha = 123{,}6438^g$, also $\beta = 76,3562^g$, so ist $\mathrm{tg}\,\dfrac{\beta}{2}$ bei dem Tafelwert $\alpha = 76,3562^g$ zu suchen. Man findet für $\alpha = 76,34^g$ den Wert $0,68351$. Da $\mathrm{tg}\,\dfrac{\alpha}{2}$ für die folgenden 200^{cc} um 23 Einheiten der $5.$ Stelle wächst, beträgt der Zuwachs für 162^{cc}: $\dfrac{23 \cdot 162}{200} = 19$ Einheiten der $5.$ Stelle. Der Tafelwert für $76,34^g$ wächst demnach auf $0,68370$ an. Also ist

$$\frac{1}{\mathrm{tg}\,\dfrac{\beta}{2}} = 1 : 0,68370 = 1,46263.$$

Dann bestimmt man die Scheiteltangente nach der im 3. Abschnitt angegebenen Formel: $r \cdot \mathrm{tg}\,\dfrac{\alpha}{4}$, wobei $\mathrm{tg}\,\dfrac{\alpha}{4}$ aus Tafel I zu entnehmen ist für den Tafelwert:

$$\alpha = \frac{\alpha}{2} \text{ (Hälfte des gemessenen Winkels).}$$

In obigem Beispiel ist $\dfrac{\alpha}{2} = 61,8219^g$. Man findet $\mathrm{tg}\,\dfrac{\alpha}{4}$ beim Tafelwert $\alpha = 61,8219^g$ zu $0,52768$.

Ferner ist: $A E = A F = r \cdot \cos\dfrac{\beta}{2}$. In Tafel I sind nur die Werte für $\left(1 - \cos\dfrac{\alpha}{2}\right)$ enthalten; daraus ist $\cos\dfrac{\alpha}{2}$ durch Abzug von 1 zu ermitteln.

In unserem Beispiel finden wir für $\alpha = \beta = 76,3562^g$ den Wert $\left[1 - \cos\dfrac{\alpha}{2} =\right]\, 1 - \cos\dfrac{\beta}{2} = 0,17449$, also ist $\cos\dfrac{\beta}{2} = 0,82551$.

Ferner ist: $E D = D F = r - r \cdot \sin\dfrac{\beta}{2} = r\left(1 - \sin\dfrac{\beta}{2}\right)$.

Wir entnehmen $\sin\dfrac{\beta}{2}$ aus Tafel I für den Tafelwert $\alpha = \beta = 76,3562^g$ mit $0,56440$, also ist: $1 - \sin\dfrac{\beta}{2} = 0,43560$.

Der Scheitelabstand $B D$ ist zu berechnen aus:

$$\frac{r}{\sin\dfrac{\beta}{2}} - r = r\left(\frac{1}{\sin\dfrac{\beta}{2}} - 1\right) = r\left(\mathrm{cosec}\,\dfrac{\beta}{2} - 1\right).$$

Für $\alpha = \beta = 76{,}3562^g$ ist nach Tafel I: $\sin \dfrac{\beta}{2} = 0{,}56440$; demnach: $\operatorname{cosec} \dfrac{\beta}{2} = 1 : 0{,}56440 = 1{,}771793$ und $\operatorname{cosec} \dfrac{\beta}{2} - 1 = 0{,}771793$.

Die Bogenlänge beträgt $1{,}57080 \cdot r$ für je 100^g.

Für $\alpha = 123{,}6438^g$ ist der Bogen: $1{,}57080 \cdot 1{,}236438 \cdot r = 1{,}942197 \cdot r$.

Hat man die Tangenten nach Abb. 2 gegeneinander festgelegt, so berechne man aus den gemessenen Längen c, d und e das Maß

$$A C = n = \sqrt{(c + d)^2 + e^2} = \sqrt{g^2 + e^2}. \qquad (8)$$

Dann läßt sich ohne Benutzung der Tafel I berechnen:

Die Tangente:

$$A B = B C = r \cdot \frac{e}{g}. \qquad (3\,\mathrm{a})$$

Der Scheitelabstand:

$$B D = r \cdot \frac{n - g}{g}. \qquad (4\,\mathrm{a})$$

Die Scheitelabszisse:

$$A E = A F = r \cdot \frac{e}{n}. \qquad (5\,\mathrm{a})$$

Die Scheitelordinate:

$$D E = D F = r \cdot \frac{n - g}{n}. \qquad (6\,\mathrm{a})$$

Die Bogenlänge läßt sich nur mit Hilfe des Winkels bestimmen.

Beide Arten der Winkelbestimmung dürften als gleichwertig anzusehen sein. Die Art nach Abb. 2 erfordert zwar die rechnerische Prüfung nach dem Satze des Pythagoras, liefert dafür aber eine Messungsprobe, während man nach der Art der Abb. 1 zum Schutz vor Irrtümern je 2 Punkte D und E bestimmen, also die Messung verdoppeln und die Ergebnisse für den Winkel mitteln wird. Man kann beide Arten in der Weise verbinden, daß man die Strecke b der Abb. 1 wirklich halbiert und das Lot vom Mittelpunkt nach B mißt. Setzt man dann $a = c$, $\dfrac{b}{2} = e$ und das Lot gleich d, so kommt man auf die Formeln (3a) bis (6a).

Diese, namentlich (3a), verdienen besondere Beachtung wegen der Bequemlichkeit, die sie bei zeichnerischen Ermittelungen bieten. Will man etwa auf einem Plan die Tangentenlängen ermitteln, so braucht man nur vom Fußpunkt D der Abb. 2 auf der Tangente $D A$ den Halbmesser r in beliebigem Maßstab abzutragen und durch den erhaltenen Punkt die Gleichlauflinie zu der Strecke n zu ziehen. Sie schneidet von dem Lot e die gesuchte Tangentenlänge in demselben Maßstab ab.

Umgekehrt läßt sich der Halbmesser aus der verfügbaren Tangenten-länge zeichnerisch ermitteln, indem man diese auf dem Lot e in be-liebigem Maßstab abträgt und die Gleichlauflinie zu n bis zum Schnitt mit der Tangente DA zieht. Die Entfernung von D ist dann der Halb-messer in dem gewählten Maßstab.

3. Hilfstangenten.

Bei starker Krümmung oder bei Gelände-Hinder-nissen kann die Absteckung der Kleinpunkte von den Haupttangenten aus unzuverlässig oder unbequem werden. Dann berechnet man die Lage der Scheitel-tangente und nach Bedarf weitere Zwischentangenten durch fortgesetzte Unterteilung des Bogens. Nach Abb. 3 ist:

$$A G = C H = G D = D H = r \cdot \operatorname{tg} \frac{\alpha}{4}. \tag{9}$$

Man findet den Wert für $\operatorname{tg} \dfrac{\alpha}{4}$ in der Tangens-Spalte der Tafel I für den Winkel $\dfrac{\alpha}{2}$.

Mit den Werten der Abb. 2 erhält man ohne Kennt-nis des Winkels:

$$A G = C H = G D = D H = r \cdot \frac{e}{g+n}. \tag{9a}$$

4. Kleinpunkte.

Die Einzelpunkte (Kleinpunkte) können von der Tangente aus nach zwei ver-schiedenen Grundsätzen abge-steckt werden.

a) Man macht die Abschnitte der Tangente gleich groß. Dann wachsen die Abstände benach-barter Kleinpunkte voneinander mit der Entfernung vom Berüh-rungspunkt.

Der senkrechte Abstand y (Ordinate) in der Entfernung x des Fußpunktes vom Berüh-rungspunkt (Abszisse) ist nach Abb. 4:

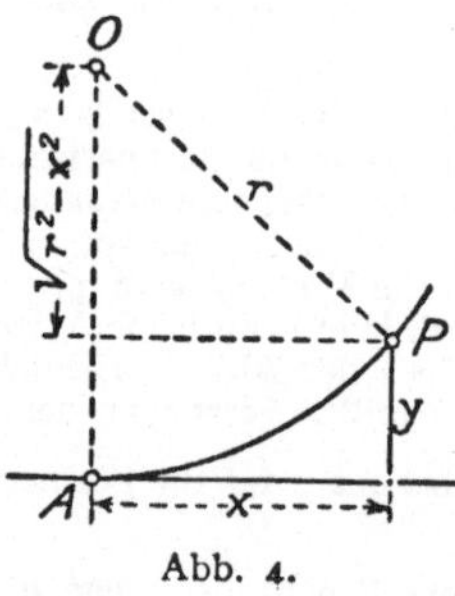

Abb. 4.

$$y = r - \sqrt{r^2 - x^2}$$
$$= r - \sqrt{(r + x)(r - x)}. \tag{10}$$

Nach dieser Formel ist die Tafel II a berechnet worden.

b) Man bestimmt die Abszissen so, daß die Kleinpunkte gleichen Abstand voneinander erhalten.

Nach Abb. 5 ist:

$$x = r \cdot \sin \alpha$$

$$y = r - r \cdot \cos \alpha = r\,(1 - \cos \alpha).$$

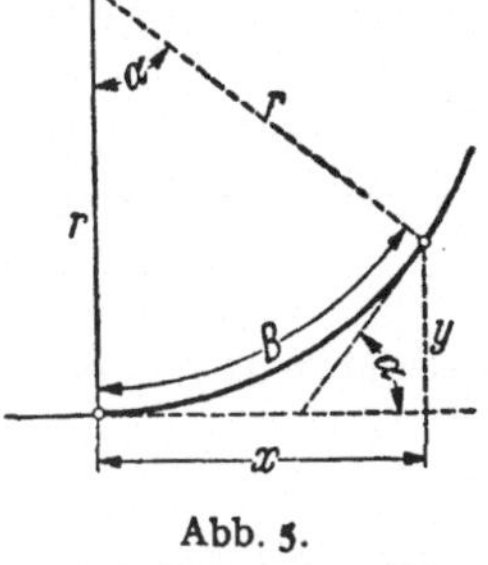

Abb. 5.

Nach diesen Formeln ist die Tafel II b aufgestellt. Die Angabe der Winkel, die zur Absteckung nicht benutzt werden, wird für Rechenarbeiten nützlich sein.

II. Überhöhungsrampe und Übergangsbogen.

5. Die Überhöhung der äußeren Schiene.

Um der Fliehkraft entgegenzuwirken, muß der äußere Schienenstrang des Bogengleises höher gelegt werden als der innere. Die erforderliche Überhöhung hängt von der Fahrgeschwindigkeit und vom Halbmesser des Bogens ab. Auf demselben Gleis verkehren aber in der Regel Schnellzüge und Güterzüge. Eine zu starke Überhöhung wirkt störend auf den Lauf der langsam fahrenden Züge, weil diese aus Mangel an Schwung auf der schiefen Ebene nach innen drängen, während es umgekehrt sein soll. Eine zu geringe Überhöhung wird von den Reisenden in den Schnellzügen unangenehm empfunden, weil die überschüssige Fliehkraft sich den Insassen mitteilt.

Daraus folgt, daß es nötig ist, für die Überhöhung außer den Regelwerten Mindest- und Höchstwerte festzusetzen.

Die Deutsche Bundesbahn hat auf Grund langer Erfahrung die Regelüberhöhung auf rund $^2/_3$ der nach den Gesetzen der Mechanik errechneten Überhöhung festgesetzt, so daß die für den Fahrgast unangenehme überschüssige Fliehbeschleunigung nie mehr als 0,65 m/sec² beträgt.

Bezeichnet V die höchste planmäßige Fahrgeschwindigkeit in Kilometern für die Stunde (km/Std.), r den Bogenhalbmesser in m und h die Überhöhung in mm, so gilt als Regelwert:

$$h = 8 \frac{V^2}{r}. \tag{11}$$

Der Höchstwert ist:

$$h = 150 \text{ mm}.$$

Der Mindestwert ist:

$$h = 11,8 \cdot \frac{V^2}{r} - 90. \tag{11a}$$

Für Strecken, die von allen Zügen mit gleicher Geschwindigkeit befahren werden, gilt als Regel:

$$h = \frac{11,8 \, V^2}{r}.$$

Die berechnete Überhöhung wird auf halbe cm abgerundet.

Die größte Geschwindigkeit, mit der ein Bogen überhaupt durchfahren werden darf, beträgt:

$$V = 4,6 \sqrt{r}.$$

Daraus folgt, daß der kleinste Halbmesser einer mit V zu befahrenden Strecke mindestens betragen muß:

$$r = \frac{V^2}{21,16}.$$

6. Die Überhöhungsrampe.

Die Überhöhung der äußeren Schiene erfordert die Herstellung einer Rampe. Diese ist am leichtesten zu überwachen und zu unterhalten, wenn sie geradlinig ansteigt. Auf dieser Strecke wächst die Überhöhung allmählich vom Werte Null bis zum Werte h. Da sie nach Gleichung (11) vom Halbmesser abhängig ist, muß der Halbmesser mit zunehmender Überhöhung allmählich kleiner werden. Der Grundriß dieser Übergangsstrecke darf also kein Kreisbogen sein, sondern er muß eine Krümmung darstellen, deren Krummheit von $\frac{1}{0} = \infty$ bis $\frac{1}{r}$ allmählich zunimmt.

Diese Strecke heißt „Übergangsbogen" (siehe Abschnitt 7).

Übergangsbogen und Überhöhungsrampe sollen in der Regel, und ihre Anfänge müssen zusammenfallen. Für die Neigung der Rampe gilt als Regel:

$$1:n = 1:10\,V,$$

als Höchstmaß ausnahmsweise:

$$1:n = 1:8\,V,$$

und

$$1:n = 1:400.$$

Aus der Verbindung mit den Gleichungen (11) und (11a), aus denen h in mm erhalten wird, folgen für die Rampenlänge l_r in m die Regelformel:

$$l_r = \frac{h \cdot V}{100} \qquad (12)$$

und die Mindestformel:

$$l_r = \frac{8\,h \cdot V}{1000}. \qquad (12a)$$

In (12a) kann für h nötigenfalls der Mindestwert nach (11a) gebraucht werden. Die Längen der Rampen und Übergangsbogen werden auf 10 oder mindestens 5 m abgerundet.

Überhöhungsrampen sollen nicht zusammenstoßen. Die Deutsche Bundesbahn verlangt ein Zwischenstück von mindestens $\frac{V}{10}$ m Länge mit gleichbleibender oder ohne Überhöhung.

Sind diese Forderungen nicht erfüllbar, so muß die Geschwindigkeit herabgesetzt werden. Die zulässige Fahrgeschwindigkeit berechnet man bei Überhöhungsmangel aus:

$$V = \sqrt{\frac{h + 100}{11,8} \cdot r},$$

bei unzureichender Rampenlänge aus:

$$V = \frac{1000 \cdot l_r}{8\,h}.$$

Es sei hier — dem Abschnitt 7 vorgreifend — bemerkt, daß die Übergangsbogen zusammenstoßen dürfen, nur nicht die Rampen. Wenn ausnahmsweise die Übergangsbogen kürzer werden müssen als die Rampen, so dürfen diese in den Kreisbogen hineinragen; aber dann muß am Ende des Übergangsbogens die Mindestüberhöhung vorhanden sein.

In unvermeidlichen kurzen Geraden zwischen gleichwendigen Bogen wird die Überhöhung — g. F. in Form einer Rampe zur Überleitung aus der einen Überhöhung in die andere — durchgeführt.

An Wegekreuzungen in Bogen zweigleisiger Strecken soll man alle 4 Schienen in eine Ebene oder wenigstens die beiden mittleren auf gleiche Höhe bringen; das erfordert eine geringfügige Abweichung in den Neigungsverhältnissen beider Gleise.

In seltenen Fällen baut man geschwungene Rampen, die aus zwei quadratischen Parabeln bestehen und als Grundriß eine Doppelparabel vierten Grades verlangen. Darauf kann hier nicht eingegangen werden.

7. Übergangsbogen von mäßiger Länge.

Die Deutsche Bundesbahn formt den Übergangsbogen als kubische Parabel. Ihre Koordinatengleichung lautet allgemein:

$$y = m\,x^3, \tag{13}$$

wenn y den senkrechten Abstand des Bogenpunktes von der Anfangstangente — die Ordinate —, x die Entfernung des Fußpunktes vom Anfangspunkt — die Abszisse — und m einen Festwert bezeichnet.

Der Krümmungshalbmesser eines beliebigen Bogenpunktes ist:

$$\varrho = \frac{\sqrt{1 + 9\,m^2 \cdot x^4}^{\,3}}{6 \cdot m \cdot x} \tag{14}$$

Für den Punkt, in dem die Parabel in den Kreis übergeht, ist $x = l$ (Parabellänge) und es soll $\varrho = r$ werden, also

$$r = \frac{\sqrt{1 + 9\,m^2 \cdot l^4}^{\,3}}{6 \cdot m \cdot l}\,.\qquad(15)$$

Der Übergangsbogen ist sehr flach; er löst sich nur ganz allmählich von der Tangente ab; d. h. der Festwert m ist außerordentlich klein. Wenn nun die Parabel nur eine mäßige Länge hat, wird das Produkt $9\,m^2 \cdot l^4$ in Gleichung (15) fast verschwindend klein, so daß man es ganz fortlassen darf. Dann wird der Zähler gleich eins, und es entsteht:

$$r = \frac{1}{6 \cdot m \cdot l}\,,$$

aus der folgt:

$$m = \frac{1}{6 \cdot r \cdot l}\,.\qquad(16)$$

Die Parabelgleichung (13) geht über in:

$$y = \frac{x^3}{6 \cdot r \cdot l}\,.\qquad(17)$$

Für die Endordinate ergibt sich:

$$k = y_l = \frac{l^3}{6 \cdot r \cdot l}$$
$$= \frac{l^2}{6\,r}\,.\qquad(18)$$

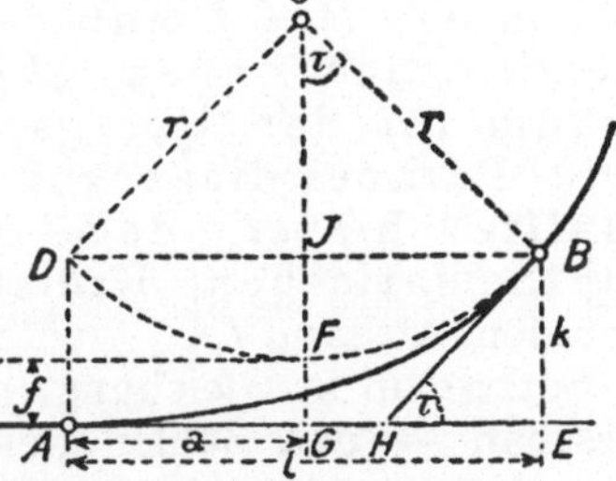

Abb. 6.

Der Schatten einer beliebigen Parabeltangente auf die Anfangstangente, die sog. Subtangente, ist stets $^1/_3$ der Abszisse des Berührungspunktes, also in Abb. 6:

$$HE = \frac{l}{3}\,.$$

Nun ist $\sphericalangle BHE = \sphericalangle BOG = \tau$ und

$$\operatorname{tg}\tau = \frac{k}{HE} = \frac{l^2}{6 \cdot r} : \frac{l}{3} = \frac{l}{2 \cdot r}\,.\qquad(19)$$

Da τ sehr klein ist, darf man den Sinus mit dem Tangens vertauschen, und es folgt dann:

$$GE = BJ = r \cdot \sin \tau = r \cdot \operatorname{tg} \tau = \frac{r \cdot l}{2 \cdot r}$$

oder:

$$GE = \frac{l}{2} \, . \tag{20}$$

Die Pfeilhöhe eines flachen Bogens ist gleich dem Quadrat der Sehne, geteilt durch das 8-fache des Halbmessers. Es ist also:

$$JF = \frac{l^2}{8 \cdot r}$$

und:

$$FG = JG - JF = k - \frac{l^2}{8 \cdot r} = \frac{l^2}{6 \cdot r} - \frac{l^2}{8 \cdot r}$$

oder

$$FG = f = \frac{l^2}{24 \cdot r} \, . \tag{21}$$

Um das Maß f muß der Kreis von der Tangente nach innen abgerückt werden, um Raum für den Übergangsbogen zu schaffen. Die Parabel liegt zur Hälfte vor und zur Hälfte hinter dem ursprünglichen, sog. mathematischen, Kreisbogenanfang und hälftet den Abstand f.

Setzt man in Gleichung (14) — wie nachher in (15) geschah — den Zähler gleich eins, so erkennt man aus: $\varrho = \dfrac{1}{6 \cdot m \cdot x}$ oder $\dfrac{1}{\varrho} = 6 \cdot m \cdot x$, daß die Krummheit $\dfrac{1}{\varrho}$ in gleichem Verhältnis mit der Bogenlänge x zunimmt. Innerhalb der Überhöhungsrampe nimmt die Überhöhung auch in gleichem Verhältnis mit der Bogenlänge zu; sie entspricht also an jeder Stelle der Krummheit. Daher ist die kubische Parabel als Übergangsbogen besonders geeignet, wenn man die Überhöhungsrampe mit ihr zusammenfallen und geradlinig ansteigen läßt.

8. Übergangsbogen von erheblicher Länge.

Die in Abschnitt 7 angegebenen Formeln verbürgen eine hinreichende Genauigkeit für Parabeln bis zu einer Länge von höchstens etwa $\dfrac{r}{3{,}5}$. Hohe Geschwindigkeiten erfordern viel längere Übergangsbogen; dann ist es nicht mehr statthaft, die Gleichung (15) in der dargestellten Weise zu vereinfachen. Wir bilden daraus zunächst:

$$6\,r\,m\,l = \sqrt{1 + 9\,m^2\,l^4}^{\,3}. \tag{22}$$

In Abb. 5 ist nach Gleichung (13):

$$BE = m \cdot l^3,$$

die Subtangente $HE = \dfrac{l}{3}$,

folglich:

$$BH = \sqrt{\frac{l^2}{9} + m^2\,l^6} = \sqrt{\frac{l^2}{9} + \frac{l^2}{9} \cdot 9 \cdot m^2\,l^4}$$

$$= \frac{l}{3}\,\sqrt{1 + 9 \cdot m^2\,l^4},$$

$$\frac{BH}{\frac{1}{3}\,l} = \frac{1}{\cos\tau} = \sqrt{1 + 9 \cdot m^2\,l^4}. \tag{23}$$

Die Verbindung mit (22) ergibt:

$$6 \cdot r \cdot m \cdot l = \frac{1}{\cos^3\tau},$$

$$m = \frac{1}{6 \cdot r \cdot l \cdot \cos^2\tau}. \tag{24}$$

Den Winkel τ kennt man zwar nicht; aber da BE im Verhältnis zu $^1/_3\,l$ stets klein ist und der Kosinus kleiner Winkel sich nur sehr langsam ändert, werden wir eine sehr gute Annäherung erhalten, wenn wir nach Gleichung (18):

$$BE = \frac{l^2}{6\,r}$$

und demnach:

$$BH = \sqrt{\frac{l^2}{9} + \frac{l^4}{36\,r^2}} = \frac{l}{3}\,\sqrt{1 + \left(\frac{l}{2\,r}\right)^2}$$

setzen. Dann ist:

$$\cos\tau = \frac{1}{\sqrt{1 + \left(\frac{l}{2\,r}\right)^2}}$$

und:

$$m = \frac{\sqrt{1 + \left(\frac{l}{2\,r}\right)^2}^{\,3}}{6\cdot r\cdot l}. \tag{25}$$

Die verbesserte Parabelgleichung lautet:

$$y = \frac{\sqrt{1 + \left(\frac{l}{2\,r}\right)^2}^{\,3}}{6\cdot r\cdot l}\, x^3. \tag{26}$$

Diese Gleichung ist der Tafel III für alle verhältnismäßig langen Parabeln zugrunde gelegt.

Die Bogenlänge der kubischen Parabel ist:

$$L = l\left[1 + \frac{1}{10}\left(\frac{l}{2r}\right)^2 - \frac{1}{72}\left(\frac{l}{2r}\right)^4 + \frac{1}{208}\left(\frac{l}{2r}\right)^6 - \cdots\right].$$

Man kann sich auf die beiden ersten Glieder der Klammer beschränken und setzen:

$$L = l + \frac{l}{10}\cdot\left(\frac{l}{2r}\right)^2. \tag{27}$$

Ist L gegeben, so wäre l aus einer Gleichung 3. Grades zu berechnen. Um das zu vermeiden, verkürzt man wegen des verschwindend kleinen Unterschiedes die Bogenlänge L um das — nahezu — gleiche Maß, um das eine gegebene Schattenlänge l vergrößert werden müßte, um auf L anzuwachsen. Man setzt also:

$$l = L - \frac{L}{10}\cdot\left(\frac{L}{2r}\right)^2. \tag{28}$$

Das ist in Tafel III geschehen; die Absteckung liefert also die im Kopf verzeichnete runde Bogenlänge L.

Das Maß f in Gleichung (21) ist nun nicht genau $^1/_4$ der Endordinate; auch liegt die Stelle, an der der verlängert gedachte Kreis der Tangente am nächsten kommt, nicht auf halber Länge von l, sondern etwas rückwärts nach dem Anfangspunkt A zu. Wir bezeichnen diesen — kürzeren — Abschnitt vom Anfangspunkt bis zum Fußpunkt des Lotes vom Kreismittelpunkt fortan mit a.

Die Rechenformeln lauten:

$$y_l = \frac{\sqrt{1 + \left(\frac{l}{2r}\right)^2}^{\,3}}{6\,r} \cdot l^2, \tag{29}$$

$$\operatorname{tg} \tau = \frac{y_l}{\frac{1}{3}l} = \frac{3 \cdot y_l}{l}, \tag{30}$$

$$a = l - r \cdot \sin \tau, \tag{31}$$

$$f = y_l + r \cdot \cos \tau - r. \tag{32}$$

Die Ordinaten der Kleinpunkte in Tafel III sind für die Parabel nach Gleichung (26), für den Kreisteil nach:

$$y = r + f - \sqrt{[r + (x - a)] \cdot [r - (x - a)]}$$

entsprechend der Gleichung (42) in Abschnitt 11 berechnet.

Der Mangel der in Abschnitt 7 besprochenen vereinfachten Gleichung macht sich bei langen Parabeln dadurch geltend, daß die Parabel außen am Kreise vorbeiführt; diesem Mangel könnte man zwar dadurch abhelfen, daß man die Parabel an den Kreis heranrückt, wie ja auch hier geschah. Aber die Parabel hat dann im Berührungspunkt nicht den Krümmungshalbmesser r. Die Bindungsform (14) hat übrigens für ϱ einen Mindestwert, der bei $x = \dfrac{1}{2{,}59\,\sqrt{m}}$ erreicht wird; von da an nimmt der Krümmungshalbmesser wieder zu. Für diesen Grenzfall ist $\tau = 26{,}78^{\mathrm{g}}$.

III. Absteckung des Kreisbogens mit Übergangsbogen von der Tangente aus.

9. Tangenten, Scheitelabstand, Scheitelkoordinaten und Bogenlänge.

Die in den Abschnitten 9 bis 11 dargestellten Beziehungen gelten nur für Bogen mit den in Abschnitt 7 behandelten Übergangsbogen von mäßiger Länge.

Nach Abb. 7 ist die Tangente vom Winkelpunkt bis zur Berührung der Parabel:

$$AB = BC + AC = (r+f) \cdot \operatorname{tg} \frac{\alpha}{2} + \frac{l}{2}. \qquad (33)$$

Der Abstand des Scheitels vom Winkelpunkt ist:

$$BD = BO - r = (r + f) \sec \frac{\alpha}{2} - r.$$

Fügt man dieser Gleichung $+f-f$ hinzu, so läßt sie sich umformen in:

$$BD = (r + f)\left(\sec \frac{\alpha}{2} - 1\right) + f. \qquad (34)$$

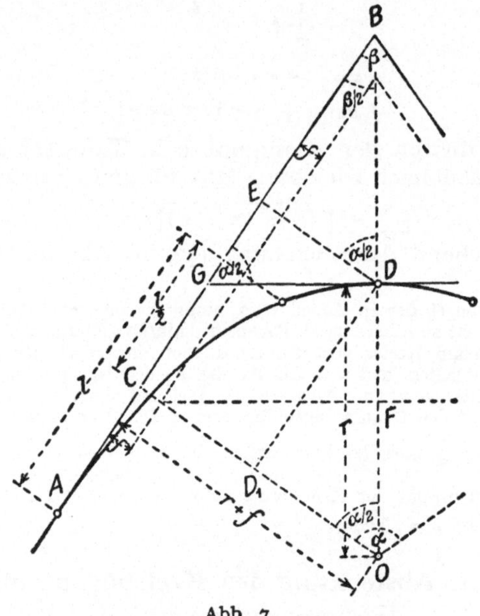

Abb. 7.

Die Abszisse des Scheitels ist:

$$AE = r \cdot \sin \frac{\alpha}{2} + \frac{l}{2}. \qquad (35)$$

Die Ordinate des Scheitels ist:

$$ED = r\left(1 - \cos \frac{\alpha}{2}\right) + f \qquad (36)$$

Die Bogenlänge ist:

$$2\,AD = r\,\frac{\pi \cdot \alpha}{200} + l. \tag{37}$$

Die Werte

$$\operatorname{tg}\frac{\alpha}{2}, \quad \sec\frac{\alpha}{2} - 1, \quad \sin\frac{\alpha}{2}, \quad 1 - \cos\frac{\alpha}{2} \quad \text{und} \quad \frac{\pi \cdot \alpha}{200}$$

sind der Tafel I zu entnehmen.

Hat man die Tangenten nach Abb. 2 gegeneinander festgelegt, so läßt sich ohne Benutzung der Tafel berechnen:

Die Tangente:

$$AB = (r + f) \cdot \frac{e}{g} + \frac{l}{2}. \tag{33a}$$

Der Scheitelabstand:

$$BD = (r + f) \cdot \frac{n - g}{g} + f. \tag{34a}$$

Die Scheitelabszisse:

$$AE = r \cdot \frac{e}{n} + \frac{l}{2}. \tag{35a}$$

Die Scheitelordinate:

$$ED = r \cdot \frac{n - g}{n} + f. \tag{36a}$$

Die Bogenlänge kann nur mit Hilfe des Winkels bestimmt werden.

10. Hilfstangenten.

Aus Abb. 7 ergibt sich mit Hilfe der aus den Gleichungen (34) bis (36) ermittelten Werte:

$$AG = AE - EG = AE - \frac{ED}{\operatorname{tg}\dfrac{\alpha}{2}}, \tag{38}$$

$$BG = \frac{BD}{\sin\dfrac{\alpha}{2}} = \frac{2\,ED}{\sin \alpha}, \tag{39}$$

$$DG = \frac{BD}{\operatorname{tg}\dfrac{\alpha}{2}}. \tag{40}$$

Aus den Gleichungen (34a) bis (36a) lassen sich mit den Bezeichnungen der Abb. 2 die entsprechenden Werte ohne Winkelkenntnis herleiten, nämlich:

$$A\,G = \frac{r \cdot n - (r+f)\,g}{e} + \frac{l}{2} = A\,E - \frac{g}{e} \cdot E\,D, \qquad (38a)$$

$$B\,G = \frac{2\,c}{e}\left(r \cdot \frac{n-g}{n} + f\right) = \frac{n}{e} \cdot B\,D, \qquad (39a)$$

$$D\,G = \frac{n \cdot (r+f) - r \cdot g}{e} = \frac{g}{e} \cdot B\,D. \qquad (40a)$$

Sind weitere Hilfslinien erforderlich, so empfiehlt es sich, die Haupttangenten um das Maß f zu verschieben und unter Berücksichtigung der Verlegung des Anfangspunktes um $\dfrac{l}{2}$ die weiteren Absteckmaße durch Unterteilung des Winkels α nach Abschnitt 3 zu bestimmen.

11. Kleinpunkte.

Die Ordinaten für die Kleinpunkte des Übergangsbogens erhält man nach Gleichung (17), nämlich

$$y = \frac{x^3}{6\,r \cdot l}. \qquad (41)$$

Die Koordinaten der Kleinpunkte des anschließenden Kreisbogens unterscheiden sich von denjenigen des ohne Übergangsbogen nach Abschnitt 4 abzusteckenden Kreisbogens durch Zuwachs der Abszisse um $\dfrac{l}{2}$ und Zuwachs der Ordinate um f. Es ist also nach Abb. 8:

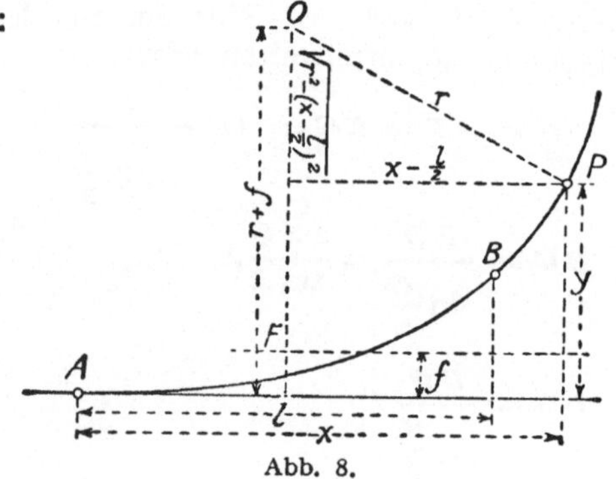

Abb. 8.

$$y = r + f - \sqrt{r^2 - \left(x - \frac{l}{2}\right)^2}$$

$$= r + f - \sqrt{\left(r - \frac{l}{2} + x\right)\left(r + \frac{l}{2} - x\right)}. \quad (42)$$

12. Kreisbogen mit langen Übergangsbogen.

Mit Hilfe des im Kopf der Tafel III angegebenen Winkels τ, der nach Gleichung (30) zu ermitteln ist, berechnet man zweckmäßig die Schnittpunkte H der

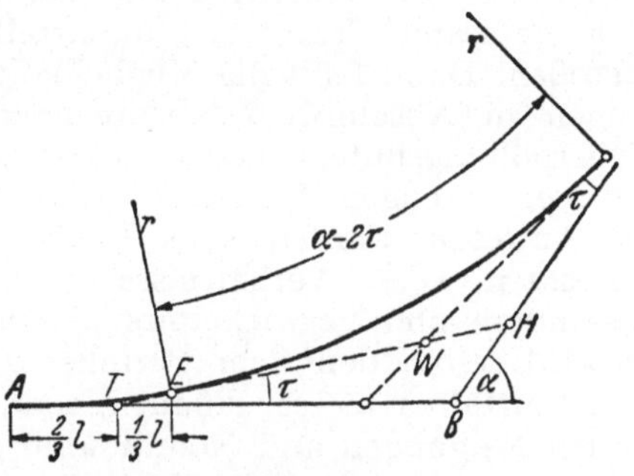

Abb. 9.

Parabelendtangente mit den gegebenen Haupttangenten. Nach Abb. 9 ist:

$$B T = A B - \frac{2}{3} l, \quad (43)$$

$$B H = B T \cdot \frac{\sin \tau}{\sin (\alpha - \tau)}, \quad (44)$$

$$T H = B T \cdot \frac{\sin \alpha}{\sin (\alpha - \tau)}. \quad (45)$$

$T E$ läßt sich aus den Koordinaten des Parabelendes nach Pythagoras berechnen. Ferner ist:

$$E W = r \cdot \operatorname{tg}\left(\frac{\alpha}{2} - \tau\right). \quad (46)$$

Bei ungünstigem (flachen) Schnitt kann man die Koordinaten des Punktes W zu den Haupttangenten berechnen nach:

$$T W \cdot \sin \tau \quad \text{und} \quad T W \cdot \cos \tau.$$

Der Kreisbogen wird dann nach Abschnitt 2 (Tafeln II) abgesteckt, nötigenfalls mit Hilfstangenten nach Abschnitt 3.

IV. Korbbogen.

Ein Korbbogen ist ein aus zwei oder mehr Kreisbogenstücken verschiedenen Halbmessers zusammengesetzter Bogen: Korbbogen sind unbeliebt wegen des Überhöhungswechsels und daher nach „Möglichkeit zu vermeiden". Sie verdanken ihre Unbeliebtheit größtenteils dem Brauch, die einzelnen Bogenstücke, wenn auch mit gemeinsamer Tangente, unmittelbar aneinander zu stoßen. Dann fehlt die Möglichkeit, eine den Ausführungen in Abschnitt 6 entsprechende Rampe für den Überhöhungsunterschied anzulegen.

Im Gebirge, in engen Flußtälern, zur Umgehung wertvoller Anwesen werden sich Korbbogen nicht vermeiden lassen. Diese Verhältnisse setzen gewöhnlich umfassendere und verwickeltere Messungen voraus. Man wird selten den Schnittwinkel der Haupttangenten unmittelbar messen können, sondern diesen meist aus den Neigungen und Koordinaten eines Vieleckzuges ableiten. Da also ein Koordinatennetz fast stets vorhanden ist, wird man gut tun, die Mittelpunkte der Bogenteile und die Hauptpunkte des Bogens nach Koordinaten zu bestimmen, diese nötigenfalls auf den Vieleckzug umzuformen und von ihm aus in die Örtlichkeit zu übertragen. Als Koordinaten-Nullpunkt wählt man zweckmäßig einen Bogenanfang auf einer Haupttangente, als Abszissenachse diese Tangente.

13. Zweiteilige Korbbogen ohne Übergangsbogen.

Gegeben seien Winkel α, die Tangenten $AB = t_1$ und $AC = t_2$ und der Halbmesser r_1 der Abb. 10. Gesucht: r_2, der Wechselpunkt D und die Lage der gemeinsamen Tangente HJ.

Man formt die Koordinaten des Mittelpunktes O_1 auf die andere Tangente um.

$$AE = r_1 \cdot \sin \alpha - t_1 \cdot \cos \alpha,$$
$$O_1 E = t_1 \cdot \sin \alpha + r_1 \cdot \cos \alpha.$$

Die Sehne CD schneidet O_1E im Punkte größter Annäherung des r_1-Kreises an AC; denn Dreieck CO_2D ist ähnlich dem Dreieck FO_1D. Man erhält weiter:

$$FE = O_1E - r_1,$$

$$CE = t_2 - AE,$$

$$\frac{FE}{CE} = \text{tg}\,\delta,$$

$$\delta = \frac{1}{2}\,\alpha_2.$$

Ferner ist:

$$O_1 - O_2 = r_2 - r_1 = \frac{CE}{\sin\alpha_2},$$

also

$$r_2 = r_1 + \frac{CE}{\sin\alpha_2}.$$

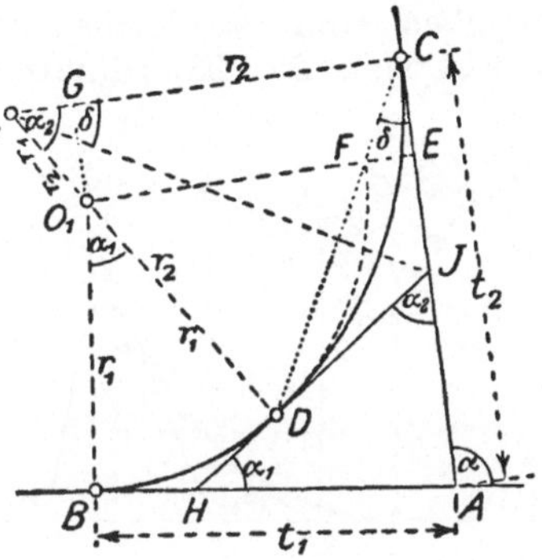

Abb. 10.

Da endlich $\alpha_1 = \alpha - \alpha_2$, sind die Abschnitte der gemeinsamen Tangente zu berechnen aus:

$$BH = DH = r_1 \cdot \text{tg}\,\frac{\alpha_1}{2}$$

und

$$DJ = CJ = r_2 \cdot \text{tg}\,\frac{\alpha_2}{2}.$$

Ist der Punkt C nicht gegeben, dafür aber r_2 bekannt, so nimmt die Rechnung nach Umformung der Koordinaten von O_1 folgenden Gang:

$$\frac{r_2 - O_1E}{r_2 - r_1} = \cos\alpha_2 = \cos 2\delta,$$

$$CE = O_1G = (r_2 - r_1) \cdot \sin 2\delta.$$

Damit ist Punkt C bestimmt. Das Weitere ergibt sich nach vorstehendem Beispiel.

Geht man von dem Bogenteil mit dem größeren Halbmesser aus, der die andere Tangente überschneidet, so ändert sich an dem Gang der Rechnung nichts. Punkt F ist dann der Punkt größten Abstandes des verlängert gedachten Ausgangsbogens von der anderen Tangente, und FE wird gleich $r_2 - O_2E$ (vgl. Abb. 12).

14. Dreiteilige Korbbogen ohne Übergangsbogen.

Wenn die Haupttangenten AB und AC, der Winkel α und die Halbmesser r_1, r_2 und r_3 der Abb. 11 gegeben sind, so forme man wie beim zweiteiligen Korbbogen die Koordinaten des Mittelpunktes eines äußeren Bogenteils, et-

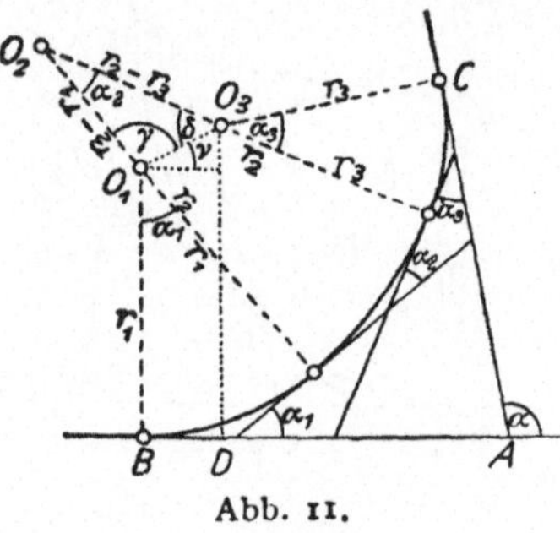

Abb. 11.

wa des r_3-Bogens, auf die andere Haupttangente um. Dann kennt man AD, BD und O_3D. Da nun

$$\operatorname{tg} v = \frac{O_3 D - r_1}{BD}$$

und

$$O_1 O_3 = \frac{O_3 D - r_1}{\sin v},$$

so kennt man von dem Dreieck $O_1 O_2 O_3$ die drei Seiten. Nach der allgemeinen Formel $\cos \alpha = \dfrac{b^2 + c^2 - a^2}{2\,b\,c}$ berechnet man die Winkel α_2, γ und δ — oder einen von ihnen und die beiden anderen nach dem Sinussatz: $a : b : c = \sin \alpha : \sin \beta : \sin \gamma$.

Endlich ist:

$$\alpha_1 = \gamma + v - 100^{\mathrm{g}}$$

und

$$\alpha_3 = \alpha - (\alpha_1 + \alpha_2).$$

Aus den Halbmessern und den Mittelpunktwinkeln ergeben sich in bekannter Weise die Abschnitte der gemeinsamen Tangenten.

Sind statt der drei Halbmesser nur zwei, etwa r_1 und r_3, dafür aber die Länge eines Bogenteils, mithin ein Winkel, etwa α_1 gegeben, so läßt sich die Aufgabe auf die Berechnung eines zweiteiligen Korbbogens nach Abschnitt 13 (bzw. 15) zurückführen. Es ist nicht immer ratsam, das Mittelpunktdreieck aufzulösen.

Korbbogen aus mehr als drei Teilen lassen sich stets auf einfachere Fälle zurückführen, zumal in der Praxis immer ein gewisser Spielraum in der Wahl der Halbmesser und der Lage der Bogenwechselpunkte vorhanden sein wird.

15. Zweiteilige Korbbogen mit Übergangsbogen an den Außenenden.

Wenn AB, α, r_1 und r_2 in Abb. 12 gegeben sind, so verschiebt man die Tangenten gleichlaufend um die Maße f_1 und f_2, die zu den Halbmessern r_1 und r_2 mit den Übergangsbogenlängen l_1 und l_2 gehören, gemäß den Gleichungen (21) oder (32) (siehe Tafel III), und berechnet die Abszissen für den Schnittpunkt A_1 auf den Tangenten AB und AC, nämlich:

$$AD = \frac{f_1}{\mathrm{tg}\,(200^g - \alpha)} + \frac{f_2}{\sin\,(200^g - \alpha)},$$

$$AE = \frac{f_1}{\sin\,(200^g - \alpha)} + \frac{f_2}{\mathrm{tg}\,(200^g - \alpha)}.$$

Sodann berechnet man

$$A_1 B_1 = A B - A D - a_1,$$

formt die auf $A_1 B_1$ bezogenen Koordinaten des Mittelpunktes O_1 auf die durch A_1 gehende Gleichlauflinie zu AC um und hat nun die im Abschnitt 13 an zweiter Stelle behandelte Aufgabe zu lösen, ohne auf die Parabeln Rücksicht zu nehmen.

Um den Punkt C festzulegen, wird man $A_1 C_1$, das sich aus der Rechnung ergeben hat, um $AE + a_2$ vergrößern. Will man die gemeinsame Tangente beider Korbbogenteile mit den Haupttangenten zum Schnitt bringen — einfacher ist die Benutzung der um f_1 und f_2 verschobenen Gleichlauflinien —, so empfiehlt sich die Berechnung der Koordinaten des Punktes F, bezogen auf die Haupttangente mit A als Nullpunkt, also:

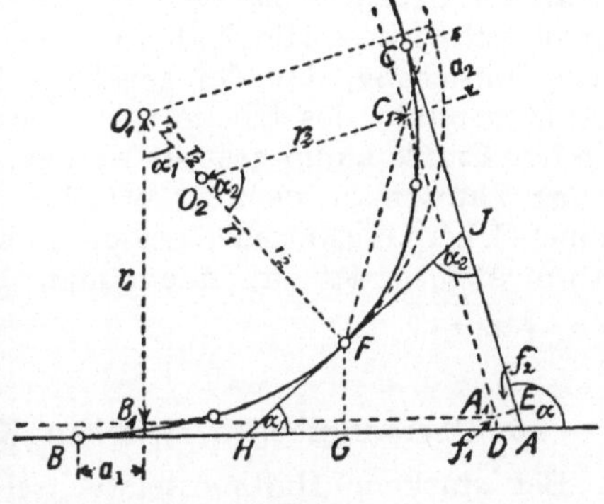

Abb. 12.

$$FG = (r_1 + f_1) - r_1 \cdot \cos \alpha_1$$

und

$$A G = (A B - a_1) - r_1 \cdot \sin \alpha_1 .$$

Dann ist

$$G H = \frac{F G}{\mathrm{tg}\, \alpha_1}$$

und

$$F H = \frac{F G}{\sin \alpha_1} .$$

In entsprechender Weise berechnet man $A J$ und $F J$ mit Benutzung der Wertgruppe r_2, f_2, a_2 und α_2.

Größere Schwierigkeit bereitet die Berechnung des zweiteiligen Korbbogens mit Übergangsbogen, wenn die Punkte A, B und C, also auch α, und r_1 gegeben sind, dagegen r_2 unbekannt ist. Weil alsdann auch die von r_2 abhängigen Werte l_2 und f_2 unbekannt sind, führt die Rechnung zu einer unbequemen Gleichung vom dritten Grade. Es ist ratsam, sich einen Näherungswert für r_2 zu verschaffen, den man wohl immer dem Bauplan entnehmen kann, und die an der vorigen Aufgabe gezeigte bescheidene Rechnung lieber mehrmals mit verbesserten Näherungswerten durchzuführen. Die Forderung, daß der gegebene Punkt C genau der Anfangspunkt des Übergangsbogens werden soll, wird in der Praxis kaum gestellt werden. Bei guter Annäherung kann man sie aber erfüllen durch den Einbau eines Übergangsbogens, dessen Länge nicht auf volle 10 m abgerundet ist, indem man diese berechnet aus

$$l = \sqrt{24\, r \cdot f} .$$

16. Übergangsbogen zwischen Korbbogenteilen.

Bei starkem Halbmesserwechsel wird ein Überhöhungswechsel, also eine Zwischenrampe, also auch ein Übergangsbogen notwendig, dessen Länge nach den Gleichungen (12) oder (12a) zu berechnen ist, wenn man für h den Unterschied der Überhöhungen einsetzt. Um den Übergangsbogen einzuschalten, muß der schärfer gekrümmte Bogen nach innen oder der flachere nach außen gerückt werden. Dann wird der schärfer gekrümmte auf die halbe Länge des Übergangsbogens allmählich flacher gestreckt und der flachere auf die andere Hälfte allmählich schärfer gekrümmt.

Die Wirkung einer solchen Verkrümmung veranschaulicht Abb. 13. Denkt man sich die Kreisbogen r_1 und r_2 als Ränder von Scheiben, um die je ein Faden geschlungen ist, und denkt man sich diese Fäden nach der Tangente hin abgewickelt, so beschreibt ein Knoten bei der Länge l die Evolventen e_2 und e_1, die sich übrigens nicht mathematisch genau decken.

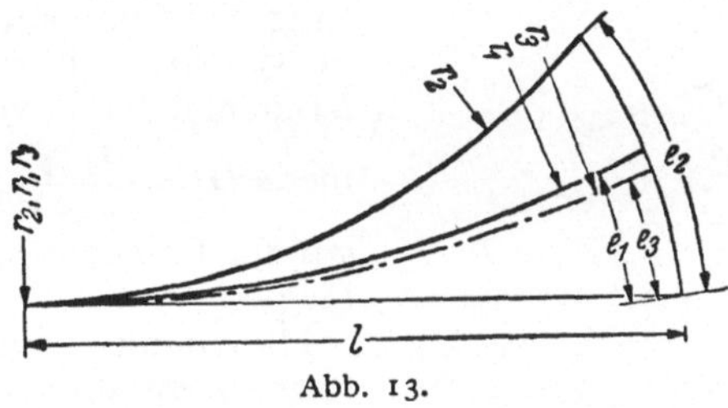

Abb. 13.

Die Kreisevolvente ist bei der Bogenlänge l allgemein: $e = \dfrac{l^2}{2\,r}$. Der Unterschied e_3 beider Evolventen ist demnach:

$$e_3 = \frac{l^2}{2\,r_2} - \frac{l^2}{2\,r_1} = l^2 \cdot \frac{r_1 - r_2}{2\,r_1 r_2} = \frac{l^2}{2 \cdot \dfrac{r_1 r_2}{r_1 - r_2}} . \qquad (47)$$

Das ist aber der Ausdruck für die Evolvente eines Bogens von der Länge l und dem Halbmesser:

$$r_3 = \frac{r_1\, r_2}{r_1 - r_2} . \qquad (48)$$

Daraus folgt:

$$\frac{1}{r_3} = \frac{1}{r_2} - \frac{1}{r_1} \qquad (49)$$

oder auch:

$$\frac{1}{r_3} + \frac{1}{r_1} = \frac{1}{r_2} . \qquad (50)$$

Das heißt: Wenn man einen Bogen vom Halbmesser r_3, also der Krummheit $\dfrac{1}{r_3}$, um so viel schärfer krümmt, daß seine mit ihm fest verbunden gedachte Tangente einen Bogen vom Halbmesser r_1, also von der Krummheit $\dfrac{1}{r_1}$, bildet, dann wächst seine eigene Krummheit auf die Summe dieser Krummheiten.

Der Kreis vom Halbmesser r_3 ist in Abb. 13 gestrichelt ,angedeutet. Seine Evolventen zur Tangente sind bei jeder Entfernung vom Bogenanfang gleich dem Abstand der Kreise r_1 und r_2 voneinander in Richtung der Evolvente. Diesen in Wirklichkeit nicht vorhandenen Kreis vom Halbmesser $r_3 = \dfrac{r_1 r_2}{r_1 - r_2}$ benutzen wir zur Berechnung der Verbiegungsmaße.

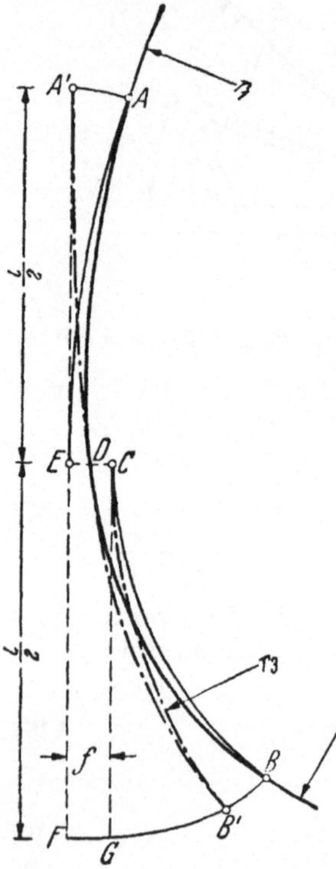

Man denke sich Abb. 14 folgendermaßen entstanden: Gegeben sei ein Bogen AE vom Halbmesser r_1 und von der Länge $\dfrac{1}{2} l$. Wir legen an E die als gleich lang zu betrachtende Tangente EA'; dann zeichnen wir eine kubische Parabel $A'B'$ von der Länge l für den Endhalbmesser r_3, den wir aus r_1 und dem gegebenen r_2 eines örtlich noch nicht festgelegten, schärfer gekrümmten Bogens berechnen nach Gleichung (48).

Nach Gleichung (21) ist
$$EC = f = \frac{l^2}{24 \cdot r_3}, \text{ also ist}$$

die Lage des Bogens CB' vom Halbmesser r_3 bestimmt. (Die Formeln des Abschnitts 8 kommen für diese Zwischenparabeln nicht in Betracht.) An die Gleichlauflinie zu $A'E$ durch C als Tangente legen wir den Bogen CB vom Halbmesser r_2. Dann ist als Evol-

Abb. 14.

vente dieses Bogens bei der Länge $\frac{1}{2}\,l$:

$$G B = \frac{l^2}{8\,r_2},$$

als Evolvente des $r_3 =$ Bogens:

$$G B' = \frac{l^2}{8\,r_3},$$

folglich:

$$B B' = \frac{l^2}{8} \cdot \left(\frac{1}{r_2} - \frac{1}{r_3} \right) = \frac{l^2}{8\,r_1}$$

nach Gleichung (50). Das ist aber die Evolvente $A A'$ für den r_1-Bogen.

In ähnlicher Weise ist leicht zu beweisen, daß die Parabel $A B$ nichts anderes ist als eine Verkrümmung der Parabel $A' B'$, daß sie mit dieser die Strecke $C E = f$ hälftet, daß die Breiten der Halbsicheln $C D B$ und $C D B'$ und ebenso die Breiten der Halbsicheln $A A' D$ und $A A' E$ bei gleicher Entfernung von der Mitte $C E$ gleich sind. Auch die Sicheln $D E A$ und $D C B$ sind in gleicher Entfernung von der Mitte gleich breit. Wir haben also nur die Evolventen (Ordinaten) für die Parabelhälfte $A' D$ zu berechnen, diese von A bis E den Ordinaten des Kreisbogens r_1 zuzusetzen und in spiegelgleicher Entfernung von der Mitte von den Ordinaten des um f abgerückten r_2-Bogens abzuziehen.

17. Absteckung des zweiteiligen Korbbogens mit Übergangsbogen an den Enden und am Krümmungswechsel.

Für die Absteckung empfiehlt es sich, die Hilfstangente an das Ende des um $\frac{l}{2}$ verlängerten flacheren Bogens zu legen. Die Rechnung nimmt dann folgenden Gang (vgl. Abb. 15):

$$R_1 = r_1 + f_1,$$
$$R_2 = r_2 + f_2.$$

$$r = \frac{r_1 \cdot r_2}{r_1 - r_2},$$

$$f = \frac{l^2}{24\,r},$$

$$R = r + f,$$

$$AD = R_1 \cdot \sin\alpha - t_1 \cdot \cos\alpha,$$

und

$$O_1 D = t_1 \cdot \sin\alpha + R_1 \cdot \cos\alpha,$$

$$DE = r_1 - O_1 D,$$

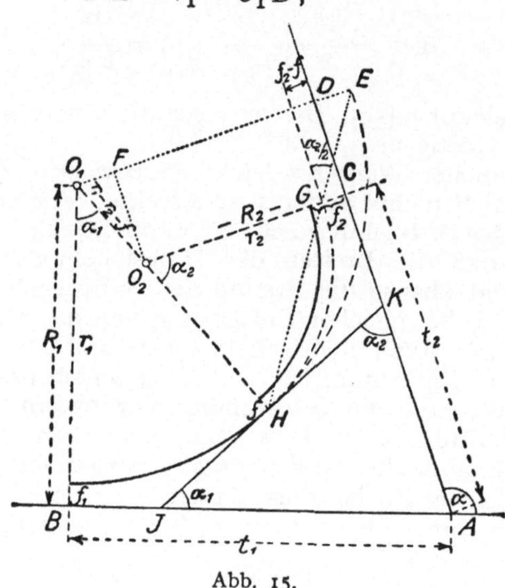

Abb. 15.

$$DC = O_2 F = \sqrt{(2r_1 - 2r_2 - f - f_2 - DE)\,(DE - f + f_2)},$$

$$\sin\alpha_2 = \frac{O_2 F}{r_1 - r_2 - f}$$

oder

$$\operatorname{tg}\frac{\alpha_2}{2} = \frac{DE + f_2 - f}{DC},$$

$$CK = (r_2 + f) \cdot \operatorname{tg}\frac{\alpha_2}{2} - \frac{f_2 - f}{\operatorname{tg}\alpha_2},$$

$$HK = (r_2 + f) \cdot \operatorname{tg}\frac{\alpha_2}{2} + \frac{f_2 - f}{\sin\alpha_2},$$

$$\alpha_1 = \alpha - \alpha_2,$$

$$BJ = r_1 \cdot \mathrm{tg}\,\frac{\alpha_1}{2} - \frac{f_1}{\mathrm{tg}\,\alpha_1}$$

$$JH = r_1 \cdot \mathrm{tg}\,\frac{\alpha_1}{2} + \frac{f_1}{\sin\alpha_1}$$

Rechenprobe: $JK : AJ : AK = \sin\alpha : \sin\alpha_2 : \sin\alpha_1$.

Die Absteckung der Zwischenparabel erläutere ein Zahlenbeispiel. Es sei $r_1 = 1800$ m und $r_2 = 500$ m.

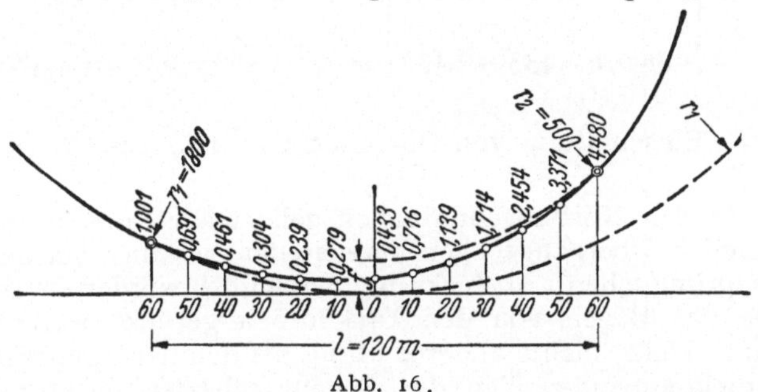

Abb. 16.

Die von der Fahrgeschwindigkeit abhängigen Überhöhungen mögen eine Rampe von rund 120 m Länge erfordern.

Wir berechnen einen Halbmesser $r = \dfrac{r_1 r_2}{r_1 - r_2}$ $= 692,3$ m, den wir als Krümmungshalbmesser am Ende einer kubischen Parabel von 120 m Länge auffassen. Für diese berechnen wir $f = \dfrac{l^2}{24 \cdot r} = 0,867$ m und die Ordinaten für die halbe Parabellänge in 10 m-Abständen. Wir erhalten nach $y = \dfrac{x^3}{6\,r\,l}$

$$
\begin{aligned}
y_{10} &= 0,002 & y_{40} &= 0,128 \\
y_{20} &= 0,016 & y_{50} &= 0,251 \\
y_{30} &= 0,054 & y_{60} &= 0,433
\end{aligned}
$$

Die Ordinaten für die Kreisbogen r_1 und r_2 entnehmen wir der Tafel II a, ordnen sie nach Zählung von der Mitte aus, wie Abb. 16 zeigt, vergrößern die Ordi-

naten des flacheren Bogens um die Parabelordinaten
und verkleinern die vorher um f vergrößerten Ordinaten des schärfer gekrümmten Bogens um die rück-
läufig geordneten Parabelordinaten.

Wir erhalten von links nach rechts der Abb. 16:

—60	$1,001+0,000=1,001$	(0	$0,867-0,433=0,434$)
—50	$0,695+0,002=0,697$	+10	$0,967-0,251=0,716$
—40	$0,445+0,016=0,461$	+20	$1,267-0,128=1,139$
—30	$0,250+0,054=0,304$	+30	$1,768-0,054=1,714$
—20	$0,111+0,128=0,239$	+40	$2,470-0,016=2,454$
—10	$0,028+0,251=0,279$	+50	$3,373-0,002=3,371$
0	$0,000+0,433=0,433$	+60	$4,480-0,000=4,480$

18. Einschaltung von Übergangsbogen in bestehende Gleise.

Zu den Korbbogenaufgaben gehört auch die, nachträglich Übergangsbogen herzustellen, wo dies bei der
ursprünglichen Absteckung versäumt worden war.
Da der Bogen von der Tangente abgerückt werden
muß, bleibt nichts anderes übrig, als den der Tangente
nahekommenden Teil des Bogens schärfer zu krüm-
men, also den ursprünglich einfachen Bogen in einen
dreiteiligen Korbbogen zu verwandeln. Dieses Verfahren ist durch das Absteckverfahren aus Evol-
ventenunterschieden überholt. Das Evolventenverfahren ermöglicht, ohne mühsame Rechnungen den Raum-
bedarf für die Übergangsbogen durch geringe Änderung
des Halbmessers und Verdrückung des Bogenscheitels
nach außen auf die ganze Bogenlänge zu verteilen oder
wenigstens durch Verwandlung des einfachen Bogens
in einen Korbbogen mit sehr geringen Krümmungs-
wechseln auf eine viel längere Strecke zu verteilen,
als nach dem früheren Verfahren möglich war.

V. Absteckung der Bogen durch Polarkoordinaten.

In gebirgigem Gelände, in stark bebauten Gegenden
und überall, wo sich die Tangenten wegen örtlicher
Hindernisse nicht in ausreichender Länge herstellen
lassen, läßt sich der Bogen nicht durch rechtwinklige
Koordinaten von der Tangente aus abstecken. Man

leitet dann den Tangentenschnittwinkel aus einem Vieleckzuge ab und bestimmt die Bogenhauptpunkte (Endpunkte, Scheitelpunkt, nach Bedarf wichtige Zwischenpunkte) durch Koordinatenberechnung. Die Kleinpunkte werden dann zweckmäßig mit dem Theodoliten durch Polarkoordinaten abgesteckt.

19. Absteckung der Kreisbogen.

Die Absteckung der Kreisbogen durch Polarkoordinaten beruht auf der Gleichheit der zu gleichen Bogen eines Kreises gehörigen Umfangswinkel, die gleich dem halben Mittelpunktwinkel des Bogens sind. Sind in Abb. 17 die Bogenstücke Ab, bc, cd usw. einander gleich, so sind die Winkel δ zwischen benachbarten Sehnen von A nach den Bogenkleinpunkten sämtlich gleich $\frac{1}{2}\gamma$, und auch der Winkel BAb zwischen Sehne und Tangente ist gleich $\delta = \frac{1}{2}\gamma$.

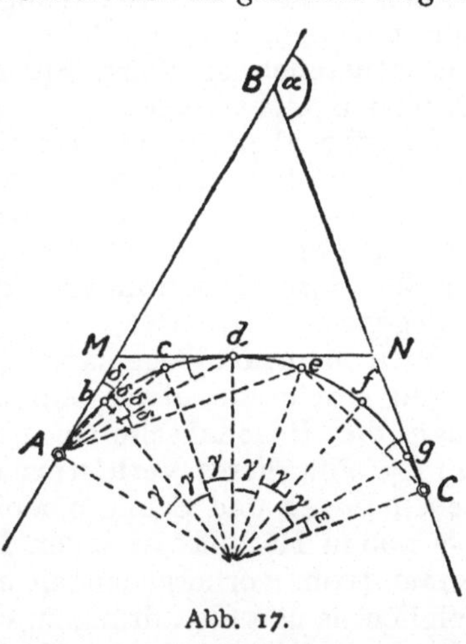

Abb. 17.

Die Tafel IV enthält für runde Halbmesserwerte die Umfangswinkel, die zu Bogenlängen von 10 m und Vielfachen von 10 m gehören. Zu Bruchteilen von 10 m Bogen gehören die gleichen Bruchteile der Winkel. Danach läßt sich der Winkel für jede gewünschte Bogenlänge leicht zusammenstellen.

Dieser Winkel und seine vervielfachten Werte 2δ, 3δ, 4δ usw. sind von AB aus im Punkte A abzusetzen; die Endpunkte der Winkelstrahlen werden bei fortschreitender Messung der gleichen Bogenlängen vom zuletzt gewonnenen Kleinpunkt aus in den Zielstrahl von A eingewinkt.

Unter der Voraussetzung geringer Übersichtlichkeit des Geländes wird man den ganzen Bogen nicht von einem Punkt aus beherrschen. Dann stellt man das Gerät um, etwa auf d, zielt einen zurückliegenden Punkt, etwa A, an und erhält durch Absetzung des entsprechenden Vielfachen (in diesem Falle des Dreifachen) von δ die Zwischentangente MN, von der aus sich der beschriebene Vorgang wiederholt.

Man wird, von einem seltenen Zufall abgesehen, den Endpunkt C nicht als Kleinpunkt treffen. Dann bestimmt man die Entfernung des letzten oder eines der letzten Kleinpunkte von C, mißt den Winkel zwischen diesem Strahl und der Tangente CB und vergleicht ihn mit dem für den Winkelrest ε aus der Tafel IV zu entnehmenden Wert. Ein nennenswerter Ausschlag darf sich nicht zeigen.

Da sich aber die unvermeidlichen Einstellfehler bei diesem Verfahren leicht anhäufen, ist es ratsam, von beiden Bogenenden aus zu arbeiten und außerdem bei langen Bogen den Scheitel oder mehrere Zwischenpunkte durch Koordinaten vom Vieleckzuge aus festzulegen.

Weil man mit Bogenlängen rechnet, aber örtlich an deren Stelle die etwas kürzeren Sehnen mißt, darf man die Bogenabschnitte nicht größer nehmen als $0,1 \cdot r$. Für dieses Verhältnis ist der Unterschied zwischen Bogen und Sehne $0,0000416\, r$; d. h. man würde bei 200 m Halbmesser jeden Kleinpunkt um mehr als 8 mm (vom vorhergehenden aus) zu weit bestimmen, folglich nach außen drängen, was zu einer unzulässigen Verzerrung führen kann. Man tut gut, die zu der gewählten Bogenabschnittlänge gehörige Sehne auszurechnen und diese abzustecken. Die Sehne ist $2\,r \cdot \sin \delta$, und $\sin \delta$ kann aus Tafel I (für den Winkel $2\,\delta$) entnommen werden.

20. Absteckung der Kreisbogen mit Übergangsbogen.

Die Übergangsbogen werden von den Tangenten aus abgesteckt. Zur Bestimmung der Tangenten im Endpunkt des Übergangsbogens benutzt man den Umstand, daß die Subtangente der dritte Teil der Parabellänge ist. Ist die Tangente vom Parabelende bis zum Schnitt mit der Haupttangente zu kurz, um dem Theodoliten ein sicheres Ziel zu bieten, so stecke man in vervielfachter Entfernung das entsprechende Vielfache der Endordinate ab. Von den Parabelendpunkten an nimmt das Verfahren den in Abschnitt 19 beschriebenen Verlauf.

VI. Andere Absteckverfahren.

Es gibt Fälle, in denen weder die Absteckung von der Tangente aus noch die durch Polarkoordinaten zweckmäßig ist.

21. Absteckung des Bogens von Sekanten aus.

Die besonders in Tunneln empfehlenswerte Absteckung von Sekanten aus beruht auf einer gleichlaufenden Verschiebung von Tangenten. Man nimmt dabei den Mittelpunkt der Sehne zum Ausgangspunkt und Nullpunkt, die Sekante zur Abszissenachse und die Pfeilhöhe zur Ordinatenachse. Für die Absteckung sind die auf die Scheiteltangente bezogenen und aus den Tafeln II zu entnehmenden Ordinaten um das gewählte Verschiebungsmaß, die Pfeilhöhe des von der Sekante abgeschnittenen Bogens, zu verändern, also innerhalb des Bogens von dieser Pfeilhöhe abzuziehen, außerhalb des Bogens um die Pfeilhöhe zu vermindern.

22. Absteckung des Bogens durch ein Sehnenvieleck.

Die Absteckung eines Sehnenvielecks ist verwandt mit dem Verfahren der Absteckung aus Polarkoordinaten. Kann man, etwa beim Tunnelbau, den Bogen der Abb. 17 nur auf geringe Länge übersehen, so stellt man das Gerät von Punkt zu Punkt weiter und setzt die Umfangswinkel ab. Nach Abb. 17 ist der Winkel $A\,b\,c = 200^{\mathrm{g}} - \gamma$, sein Nebenwinkel gleich γ. Hierbei ist zu beachten, daß der Winkel zwischen Sehne und Tangente $B\,a\,b = \dfrac{1}{2}\gamma$ ist. Die Sehne ist

$$A\,b = b\,c = 2\,r \cdot \sin \frac{\gamma}{2}.$$

23. Die Viertelsmethode.

Die Pfeilhöhe h_1 eines Bogens ist nach Abb. 18

$$h_1 = r - r \cos \alpha = r\,(1 - \cos \alpha)\,.$$

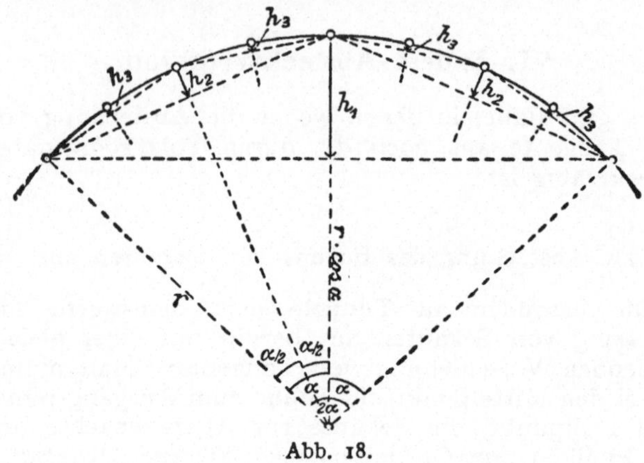

Abb. 18.

Die Pfeilhöhe h_2 des halben Bogens ist

$$h_2 = r\left(1 - \cos \frac{\alpha}{2}\right).$$

Das Verhältnis beider Pfeilhöhen ist in ziemlich weiten Grenzen $1 : 4$.

Ist $\alpha = 20^{\mathrm{g}}$, so ist:

$$1 - \cos \alpha = 0{,}048943$$

$$\frac{1 - \cos \alpha}{4} = 0{,}012236$$

aber

$$1 - \cos \frac{\alpha}{2} = 0{,}012312$$

Der Unterschied ist: $0{,}000076$

Steckt man $h_2 = \dfrac{1}{4} h_1$ in einem 20^{g} umfassenden Bogen von 1000 m Halbmesser ab, so begeht man einen Fehler von 0,076 m, aber der Bogen, dem h_2 angehört, ist in diesem Falle schon 314,16 m lang!

Ist $\alpha = 10^g$, so ist:

$$1 - \cos \alpha = 0{,}012\,312$$

$$\frac{1 - \cos \alpha}{4} = 0{,}003\,078.$$

Dagegen

$$1 - \cos \frac{\alpha}{2} = 0{,}003\,083$$

Der Unterschied ist: $\qquad 0{,}000\,005.$

In diesem Falle würde obiger Fehler nur noch 0,005 m betragen, also für die praktischen Bedürfnisse nicht mehr ins Gewicht fallen. Die zu h_2 gehörige Bogenlänge beträgt schon 157,08 m.

Da ein Bedürfnis, Bogen von solcher Länge unterzuteilen, praktisch nicht wohl denkbar ist, sondern diese meistens erheblich kleiner sind, braucht man keine Ungenauigkeit zu fürchten.

Das Verfahren eignet sich besonders zur Einschaltung von Kleinpunkten zwischen die nach Polarkoordinaten in gleichen Abständen abgesteckten Punkte.

24. Das Winkelbildverfahren.

Das von dem Landmesser Nalenz erfundene Winkelbildverfahren bedient sich zeichnerisch ermittelter Evolventenunterschiede zur Absteckung eines Kreisbogens, auch eines solchen mit Übergangsbogen, von einem anderen Bogen aus, der fehlerhaft sein kann. Das Verfahren hier darzustellen, verbietet der Raum und der Zweck dieses Buches. Bogentafeln werden dabei nicht benutzt; aber die Formeln im Anhang werden zur Prüfung der Absteckung willkommen sein.

Für Kenner dieses Verfahrens sei hier darauf hingewiesen, daß der vorhandene Bogen, der bei Absteckung des neuen Bogens als Standlinie dient, kein Gleis zu sein braucht. Man kann auch durch Absteckpfähle, die in gleichen Abständen nach Augenmaß eingeschlagen werden, einen — fehlerhaften — Bogen herstellen. Da die Arbeit nach diesem Verfahren auf Pfeilhöhenmessungen beruht, wird man hochstehende Nägel in die Pfahlköpfe treiben, sofern man die Sehne mit einer Schnur bilden will und kann.

Von den Pfählen aus werden die richtigen Bogenpunkte nach zeichnerischer Ermittelung der Verschiebungsmaße seitlich abgesteckt.

Das Verfahren ist natürlich nur zweckdienlich, wenn der Bogen nach Augenmaß einigermaßen richtig abgesteckt werden kann, und das wird der Fall sein, wenn etwa die Dammkrone einer Bahn vollendet ist und es sich nun darum handelt, die genaue Achse für den Oberbau anzugeben, besonders auch beim Tunnelbau.

VII. Ausrundung bei Gefällwechseln.

25. Absteckung der Gefällwechselbogen.

Gefällwechsel sind nach den Oberbauvorschriften der Deutschen Bundesbahn durch Bogen zu vermitteln, deren Halbmesser möglichst $r = V^2$ m betragen soll. Ausnahmsweise darf man bis auf $\dfrac{V^2}{4}$, aber nicht unter $r = 2000$ m heruntergehen. Zur Absteckung ist wie bei Bogen in der waagerechten Ebene die Berechnung der **Tangentenlänge** nötig, die vom **Halbmesser** und vom **Brechungswinkel** abhängt nach Gleichung (3).

$$t = r \cdot \mathrm{tg}\, \frac{\alpha}{2}\,.$$

Das steilste ohne Genehmigung der Hauptverwaltung der Deutschen Bundesbahn zulässige Gefälle ist für Nebenbahnen $1 : 25$. Der ungünstigste annehmbare Fall ist ein Gegengefälle von je $1 : 25$. In diesem Fall ist der Brechungswinkel

$$\alpha = 5{,}0903^{\mathrm{g}} \quad \text{und} \quad \mathrm{tg}\, \frac{\alpha}{2} = 0{,}0400000\,.$$

$$\text{Da aber} \qquad \frac{1}{2}\, \mathrm{tg}\, \alpha = 0{,}0400631$$

$$\text{um nur} \qquad\qquad\qquad \overline{0{,}0000631}$$

von $\mathrm{tg}\, \dfrac{\alpha}{2}$ abweicht und das 2000fache davon die 80 m lange Tangente mit einem Längenfehler von nur

12,6 cm belastet, und da die Verhältnisse auf Hauptbahnen trotz des größeren Ausrundungshalbmessers sehr viel günstiger liegen — stärkstes Gefälle 1 : 40 —, so kann man allgemein $\operatorname{tg} \dfrac{\alpha}{2}$ durch $\dfrac{1}{2} \operatorname{tg} \alpha$ ersetzen und statt Gleichung (3) schreiben:

$$t = \frac{r}{2} \cdot \operatorname{tg} \alpha \, .$$

Abb. 19 sei ein Ausschnitt aus einem Höhenplan. Wegen der Kleinheit der Brechungswinkel pflegt man

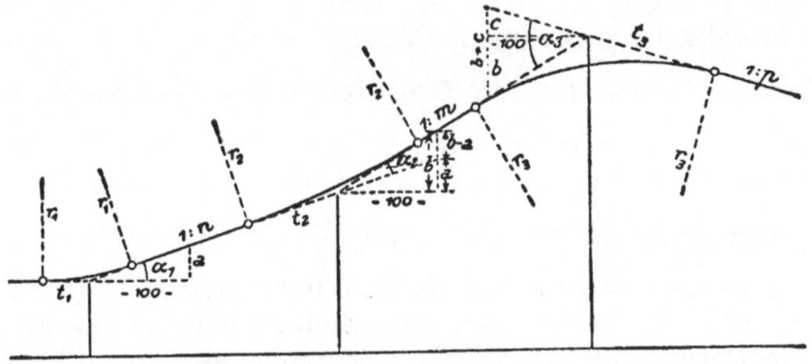

Abb. 19.

den Maßstab für die Höhen mindestens 10 fach so groß zu wählen als den Längenmaßstab. Das Bild ist also nicht winkeltreu. Der Tangens als nackte Zahl wird indessen von dieser Verzerrung nicht weiter beeinflußt als durch die Überhöhung des Maßstabes selbst, d. h. die aus dem Plan zu entnehmenden Zahlenwerte bleiben richtig und gültig.

Geht die Neigung aus der Waagerechten in 1 : n über, so ist $\operatorname{tg} \alpha_1 = \dfrac{1}{n}$. Kommt auf etwa 100 m Länge dieser Neigung 1 : n ein Höhenunterschied a, so ist $a = 100 \cdot \operatorname{tg} \alpha_1$. Soll der Ausrundungshalbmesser 10 000 m werden, so ist $t_1 = 50\,a$, weil $\dfrac{r_1}{2} = 5000$ m und a schon den hundertfachen Tangens darstellt.

Auf die Neigung 1 : n folgt die gleichgerichtete Neigung 1 : m. Verlängert man die erste, so entsteht der Brechungswinkel α_2. Erreicht die Neigung 1 : m

auf 100 m Länge den Höhenunterschied b, so ist $b - a$ der 100fache Tangens von α_2, also $t_2 = 50\,(b - a)$, wenn $r_2 = 10000$ m sein soll.

Dann folgt die entgegengesetzte Neigung $1:p$ mit dem Gefälle c auf 100 m Länge. Man erhält $t = 50\,(b + c)$ für $r_3 = 10000$ m.

Die Höhenunterschiede a, b und c für je 100 m kennt man meistens auf mm genau aus der schon abgeschlossenen Berechnung der Neigungen. Bei genauer Planunterlage genügen schon die abgegriffenen Maße für a, $b - a$, $b + c$ usw., man wird sie aber zur Sicherheit in entsprechender Entfernung vom Brechpunkt vervielfacht entnehmen. Bequem ist es, für diese Entfernung einen runden Bruchteil, etwa $\frac{1}{20}$, des Ausrundungshalbmessers zu wählen; dann ist das im Höhenmaßstab abgegriffene Maß unmittelbar der doppelte Bruchteil, also etwa $\frac{1}{10}$, der Tangente.

Um die Ausrundung durch Höhenmarken sichern zu können, steckt man vom Gefällwechselpunkt aus die Berührungspunkte der Tangenten ab; von diesen aus verfährt man durchaus so, wie es nach Abschnitt 4 in der waagerechten Ebene geschah. Die Höhen der Tangentenpunkte sind nach dem Längenschnitt zu berechnen; von diesen sind die Bogenordinaten abzuziehen, wenn der Bogenmittelpunkt unten liegt; sie sind zuzusetzen, wenn dieser oben liegt. Mit Rücksicht auf die Ausrundungsbogen sind die Ordinaten für die in Frage kommenden Halbmesser (von 2000 m aufwärts) in der Tafel II a auf mm in Längenabständen von je 5 m angegeben, soweit ein Bedürfnis dazu gegeben erscheint.

VIII. Behandlung einiger geometrischer Aufgaben.

Soll ein Weg oder Wasserlauf unter der Bahn hindurch oder über sie hinweg geführt werden, so muß man für den Entwurf des Kreuzungsbauwerks den Schnittwinkel der Mittellinien beider Flächenstreifen wissen. Fällt die Baustelle in einen Bogen der Bahn, so gibt man den Winkel zwischen der Tangente im Kreuzungspunkt und der Mittellinie des Weges oder Wasserlaufes an. Liegt auch dieser im Bogen, so gilt der Schnittwinkel der Tangenten beider Mittellinien im Kreuzungspunkt. Man hat hiernach zunächst den Kreuzungspunkt zu bestimmen, der — von Zufällen abgesehen — nicht mit einem nach der Abstecktafel ermittelten Punkt zusammenfallen wird, und weiterhin die Tangenten aufzusuchen. Der Winkel läßt sich dann nach Abschnitt 1 feststellen.

26. Bestimmung eines Bogenpunktes.

Ist der Punkt nach seiner Bogenlänge in der Streckenteilung gegeben, so ist sein Abstand von der Haupttangente, sofern er im Übergangsbogen liegt, nach Gleichung (41) — Abschnitt 11, Abb. 8 — zu berechnen.

Liegt er auf dem Kreisbogen und ist ein Übergangsbogen nicht vorhanden, so teilt man die gegebene Bogenlänge durch den Halbmesser und sucht den Bruch in der Spalte $\frac{\pi\alpha''}{,,\,200}$ der Tafel I auf. Dadurch erhält man den Winkel α zwischen den Halbmessern zum gesuchten Punkt und zum Berührungspunkt der Haupttangente. Die Abszisse des zu bestimmenden Punktes ist dann

$$x = r \cdot \sin\alpha$$

und die Ordinate

$$y = r\,(1 - \cos\alpha).$$

Die Werte $\sin\alpha$ und $1 - \cos\alpha$ lassen sich für den doppelten Wert von α aus Tafel I entnehmen.

Hat der Bogen einen Übergangsbogen nach Abschnitt 7, so teilt man die um $\frac{l}{2}$ verkürzte Bogenlänge durch den Halbmesser. Der Bruch liefert aus der Spalte $\frac{\pi\alpha''}{,,\,200}$ der Tafel I den Winkel α zwischen den Halbmessern zu dem gesuchten Punkt und dem Berührungspunkt der um f nach innen verschoben gedachten Haupttangente. Dann ist

$$x = \frac{l}{2} + r \cdot \sin\alpha$$

und

$$y = r\,(1 - \cos\alpha) + f.$$

Gewöhnlich wird der Kreuzungspunkt nicht nach der Bogenlänge bekannt, sondern nach örtlich abgesteckten Achspunkten des Weges festzustellen sein. Dann wird es sich meist nicht lohnen, die Bogenlänge durch Messung zu ermitteln. Man kommt schneller zum Ziel, wenn man die Absteckung des Bogens verdichtet. Zu dem Zweck mißt man den Abstand a der dem gesuchten Punkt zunächst liegenden nach der Bogentafel abgesteckten Punkte. Die Pfeilhöhe h des Bogenstückes über der Sehne a ist:

$$h = \frac{a^2}{8r}.$$

Hiernach läßt sich der Mittelpunkt dieses Bogenstückes einschalten und nach der Viertelsmethode — Abschnitt 23 — sind nötigenfalls weitere Punkte leicht herzustellen, bis der Abstand von Punkt zu Punkt so eng ist, daß ein Zweifel über die genaue Lage des Kreuzungspunktes nicht mehr besteht.

Liegt der Weg ebenfalls im Bogen, so ist mit der Absteckung seiner Achse ebenso zu verfahren.

27. Absteckung der Tangente.

Ist der Bogen mit Übergangsbogen versehen und fällt der Punkt P, an den die Tangente gelegt werden soll, auf die Parabel, so bestimmt man die Richtung der Tangente durch Absetzung der Subtangente, die stets gleich dem dritten Teil der Abszisse $\left(= \frac{1}{3}x\right)$ ist. Um eine größere Länge zu erhalten, steckt man ein beliebiges Vielfaches der Ordinate in entsprechend vervielfachter Entfernung ab.

Liegt der Punkt P auf dem Kreisbogen und schließt sich an diesen keine Parabel, so liegt der Schnitt S der gesuchten Tangente mit

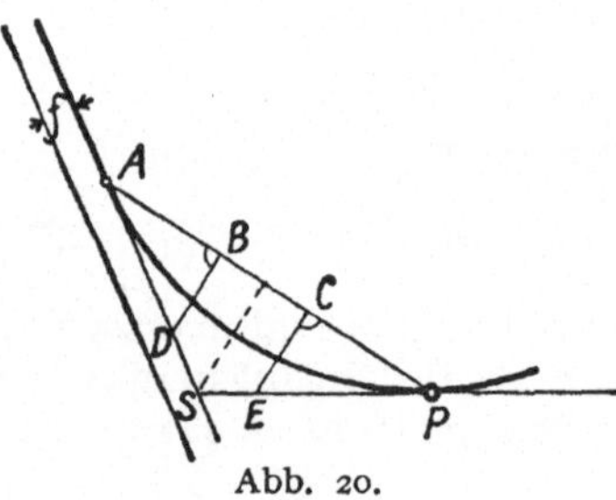

Abb. 20.

der Haupttangente nach Abb. 20 auf der Mittelsenkrechten der Sehne AP. Ist die Sehne sehr lang oder wegen örtlicher Hindernisse nicht gut meßbar, so lege man einen Punkt D der Haupttangente rechtwinkelig gegen die Sehne fest. Das Dreieck ABD (oder ein ihm ähnliches Dreieck) überträgt man an das andere Sehnenende, indem man $PC = AB$ und winkelrecht dazu $CE = BD$ absetzt.

Hat der Bogen einen Übergangsbogen, so stellt man den Punkt A durch Absetzen des Verschiebungsmaßes f von der Haupttangente her, wählt den Punkt D auf der um f verschobenen Tangente und verfährt weiter, wie vorstehend angegeben.

Bei langen Bogen messe man eine Sehne $PA = S$ von P zu einem beliebigen bereits vorhandenen Kleinpunkt A, der aber nicht schon in

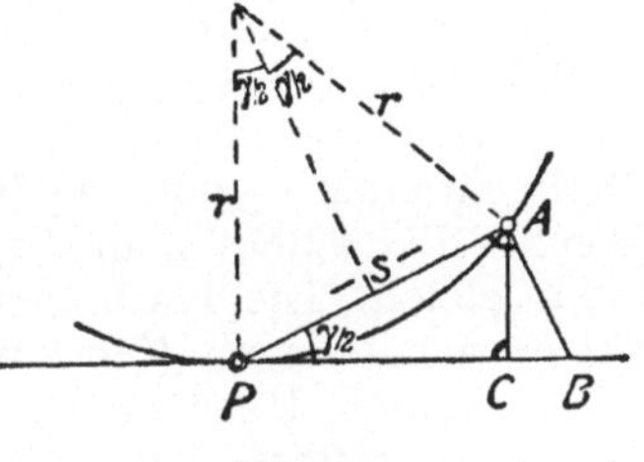

Abb. 21.

der Parabel liegen darf. Nach Abb. 21 ist dann das Lot auf S im Punkte A

$$AB = \frac{S}{\sqrt{\left(\frac{2r}{S}\right)^2 - 1}}$$

und das Lot von A auf die gesuchte Tangente

$$AC = \frac{S^2}{2r}.$$

Man kann auch den Winkel $\frac{\gamma}{2}$ ermitteln aus

$$\sin \frac{\gamma}{2} = \frac{S}{2r}$$

und dann $AB = S \cdot \operatorname{tg} \frac{\gamma}{2}$ abstecken oder den Winkel mit dem Theodoliten absetzen.

Falls ein Bauwerk nachträglich in einen schon bestehenden Bahnkörper gesetzt werden soll, so ist unter allen Umständen die Lage des Gleisbogens auf seine Richtigkeit zu prüfen und nötigenfalls zu berichtigen, was am besten nach dem Evolventenverfahren ge-

schieht. Erfahrungsgemäß sind vielfach Bauwerke ohne
solche Prüfung errichtet worden; eine später gewünschte
Verbesserung der Bogenlage ist dann nur durch un-
liebsame Umformung des einfachen Bogens in einen
Korbbogen zu erzielen.

28. Gegenkrümmungen.

Soll am Übergang der freien Strecke in einen Bahn-
hof der Abstand zweier gerader Gleise vergrößert werden,
insbesondere bei Anlage eines Zwischenbahnsteigs, so
erhält ein Gleis — oder beide — eine Gegenkrümmung.
Zweckmäßig macht man die Gegenbogen nach Abb. 22
völlig gleich. Die Halbmesser sollen, wenn möglich,
$r \geq V^2$ sein (r in m, V in km/Std.). Dann bedürfen die
Bogen keiner Überhöhung und können unmittelbar
aneinanderstoßen. Auch Übergangsbogen dürfen aneinanderstoßen, wenn sie die Regellänge haben. Man
wird dann gern geschwungene Überhöhungsrampen
bauen. Wenn eine Zwischengerade nötig ist, empfiehlt
sich die Berechnung und Absteckung nach folgenden
Formeln:

$$b = -\frac{z}{2} + \sqrt{\left(\frac{z}{2}\right)^2 + a \cdot r}$$

$$e = a \cdot \frac{r}{b}$$

$$y = \frac{b^2}{2r}$$

$$L = e + b.$$

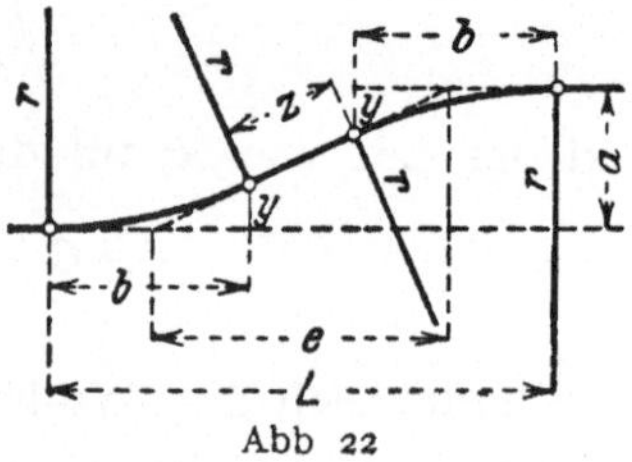

Abb 22

Ist nun eine Zwischengerade nicht erforderlich, wird
also $z = 0$, so wird:

$$b = \sqrt{a \cdot r}.$$

Die weiteren Formeln bleiben unverändert.

Tafel I

Tangente, Scheitelabstand, Scheitelkoordinaten und Länge

des Kreisbogens

vom Halbmesser $r = 1$ für Mittelpunktwinkel

von 0 bis 100 Grad
neuer Teilung

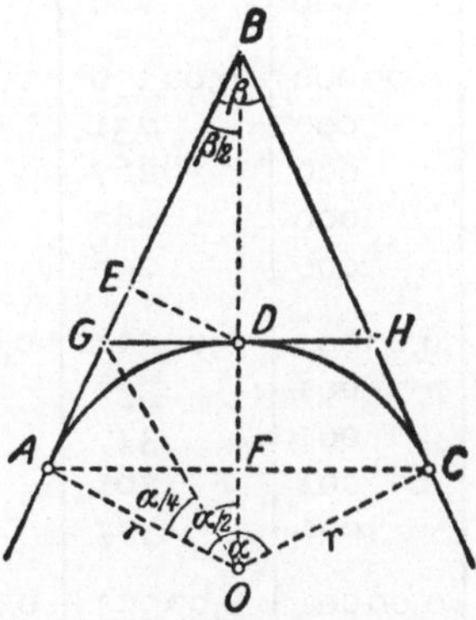

Hierzu Abschnitt 2 der
Einführung

Tafel I.

α		Tangente AB	Scheitel-abstand BD	Abszisse AE.Halbe Sehne AF	Ordinate ED.Pfeil-höhe DF	Bogen-länge ADC
g	c	$\operatorname{tg} \dfrac{\alpha}{2}$	$\sec \dfrac{\alpha}{2} - 1$	$\sin \dfrac{\alpha}{2}$	$1 - \cos \dfrac{\alpha}{2}$	$\dfrac{\pi \cdot \alpha}{200}$
0	0	0,00 000	0,00 000	0,00 000	0,00 000	0,00 000
	2	016	000	016	000	031
	4	031	000	031	000	063
	6	047	000	047	000	094
	8	063	000	063	000	126
0	10	0,00 079	0,00 000	0,00 079	0,00 000	0,00 157
	12	094	000	094	000	188
	14	110	000	110	000	220
	16	126	000	126	000	251
	18	141	000	141	000	283
0	20	0,00 157	0,00 000	0,00 157	0,00 000	0,00 314
	22	173	000	173	000	346
	24	188	000	188	000	377
	26	204	000	204	000	408
	28	220	000	220	000	440
0	30	0,00 236	0,00 000	0,00 236	0,00 000	0,00 471
	32	251	000	251	000	503
	34	267	000	267	000	534
	36	283	000	283	000	565
	38	298	000	298	000	597
0	40	0,00 314	0,00 001	0,00 314	0,00 001	0,00 628
	42	330	001	330	001	660
	44	346	001	346	001	691
	46	361	001	361	001	723
	48	377	001	377	001	754
0	50	0,00 393	0,00 001	0,00 393	0,00 001	0,00 785
	52	408	001	408	001	817
	54	424	001	424	001	848
	56	440	001	440	001	880
	58	456	001	456	001	911
0	60	471	001	471	001	942

44

g	c	Tangente $A\,B$ $\operatorname{tg}\dfrac{\alpha}{2}$	Scheitel-abstand $B\,D$ $\sec\dfrac{\alpha}{2}-1$	Abszisse $A\,E$. Halbe Sehne $A\,F$ $\sin\dfrac{\alpha}{2}$	Ordinate $E\,D$. Pfeilhöhe $D\,F$ $1-\cos\dfrac{\alpha}{2}$	Bogen-länge $A\,D\,C$ $\dfrac{\pi\cdot\alpha}{200}$
0	60	0,00471	0,00001	0,00471	0,00001	0,00942
	62	487	001	487	001	974
	64	503	001	503	001	0,01005
	66	518	001	518	001	037
	68	534	001	534	001	068
0	70	0,00550	0,00001	0,00550	0,00001	0,01100
	72	565	002	565	002	131
	74	581	002	581	002	162
	76	597	002	597	002	194
	78	613	002	613	002	225
0	80	0,00628	0,00002	0,00628	0,00002	0,01257
	82	644	002	644	002	288
	84	660	002	660	002	319
	86	675	002	675	002	351
	88	691	002	691	002	382
0	90	0,00707	0,00003	0,00707	0,00003	0,01414
	92	723	003	723	003	445
	94	738	003	738	003	477
	96	754	003	754	003	508
	98	770	003	770	003	539
I	0	0,00785	0,00003	0,00785	0,00003	0,01571
	2	801	003	801	003	602
	4	817	003	817	003	634
	6	833	003	833	003	665
	8	848	004	848	004	696
I	10	0,00864	0,00004	0,00864	0,00004	0,01728
	12	880	004	880	004	759
	14	895	004	895	004	791
	16	911	004	911	004	822
	18	927	004	927	004	854
I	20	943	004	942	004	885

45

Tafel I.

α		Tangente AB	Scheitel-abstand BD	Abszisse AE. Halbe Sehne AF	Ordinate ED. Pfeil-höhe DF	Bogen-länge ADC
g	c	$\operatorname{tg}\dfrac{\alpha}{2}$	$\sec\dfrac{\alpha}{2}-1$	$\sin\dfrac{\alpha}{2}$	$1-\cos\dfrac{\alpha}{2}$	$\dfrac{\pi\cdot\alpha}{200}$
1	20	0,00943	0,00004	0,00942	0,00004	0,01885
	22	958	005	958	005	916
	24	974	005	974	005	948
	26	990	005	990	005	979
	28	0,01005	005	0,01005	005	0,02011
1	30	0,01021	0,00005	0,01021	0,00005	0,02042
	32	037	005	037	005	073
	34	052	006	052	006	105
	36	068	006	068	006	136
	38	084	006	084	006	168
1	40	0,01100	0,00006	0,01100	0,00006	0,02199
	42	115	006	115	006	231
	44	131	006	131	006	262
	46	147	007	147	007	293
	48	162	007	162	007	325
1	50	0,01178	0,00007	0,01178	0,00007	0,02356
	52	194	007	194	007	388
	54	210	007	210	007	419
	56	225	007	225	007	450
	58	241	008	241	008	482
1	60	0,01257	0,00008	0,01257	0,00008	0,02513
	62	272	008	272	008	545
	64	288	008	288	008	576
	66	304	009	304	009	608
	68	319	009	319	009	639
1	70	0,01335	0,00009	0,01335	0,00009	0,02670
	72	351	009	351	009	702
	74	367	009	367	009	733
	76	382	010	382	010	765
	78	398	010	398	010	796
1	80	414	010	414	010	827

g	c	Tangente AB $\operatorname{tg}\dfrac{\alpha}{2}$	Scheitel-abstand BD $\sec\dfrac{\alpha}{2}-1$	Abszisse $AE.$ Halbe Sehne AF $\sin\dfrac{\alpha}{2}$	Ordinate $ED.$ Pfeil-höhe DF $1-\cos\dfrac{\alpha}{2}$	Bogen-länge ADC $\dfrac{\pi\cdot\alpha}{200}$
1	80	0,01 414	0,00 010	0,01 414	0,00 010	0,02 827
	82	429	010	429	010	859
	84	445	010	445	010	890
	86	461	011	461	011	922
	88	477	011	477	011	953
1	90	0,01 492	0,00 011	0,01 492	0,00 011	0,02 985
	92	508	011	508	011	0,03 016
	94	524	012	524	012	047
	96	539	012	539	012	079
	98	555	012	555	012	110
2	0	0,01 571	0,00 012	0,01 571	0,00 012	0,03 142
	2	587	013	587	013	173
	4	602	013	602	013	204
	6	618	013	618	013	236
	8	634	013	634	013	267
2	10	0,01 649	0,00 014	0,01 649	0,00 014	0,03 299
	12	665	014	665	014	330
	14	681	014	681	014	362
	16	697	014	697	014	393
	18	712	015	712	015	424
2	20	0,01 728	0,00 015	0,01 728	0,00 015	0,03 456
	22	744	015	744	015	487
	24	759	015	759	015	519
	26	775	016	775	016	550
	28	791	016	791	016	581
2	30	0,01 807	0,00 016	0,01 807	0,00 016	0,03 613
	32	822	017	822	017	644
	34	838	017	838	017	676
	36	854	017	854	017	707
	38	869	017	869	017	738
	40	885	018	885	018	770

Tafel I.

g	c	Tangente AB $\operatorname{tg}\dfrac{\alpha}{2}$	Scheitel-abstand BD $\sec\dfrac{\alpha}{2}-1$	Abszisse AE. Halbe Sehne AF $\sin\dfrac{\alpha}{2}$	Ordinate ED. Pfeilhöhe DF $1-\cos\dfrac{\alpha}{2}$	Bogenlänge ADC $\dfrac{\pi\cdot\alpha}{200}$
2	40	0,01885	0,00018	0,01885	0,00018	0,03770
	42	901	018	901	018	801
	44	917	018	916	018	833
	46	932	019	932	019	864
	48	948	019	948	019	896
2	50	0,01964	0,00019	0,01963	0,00019	0,03927
	52	979	020	979	020	958
	54	995	020	995	020	990
	56	0,02011	020	0,02011	020	0,04021
	58	027	021	026	021	053
2	60	0,02042	0,00021	0,02042	0,00021	0,04084
	62	058	021	057	021	115
	64	074	022	073	022	147
	66	089	022	089	022	178
	68	105	022	105	022	210
2	70	0,02121	0,00022	0,02120	0,00022	0,04241
	72	137	023	136	023	273
	74	152	023	152	023	304
	76	168	023	168	023	335
	78	184	024	183	024	367
2	80	0,02199	0,00024	0,02199	0,00024	0,04398
	82	215	025	215	025	430
	84	231	025	230	025	461
	86	247	025	247	025	492
	88	262	026	262	026	524
2	90	0,02278	0,00026	0,02277	0,00026	0,04555
	92	294	026	293	026	587
	94	309	027	309	027	618
	96	325	027	325	027	650
	98	341	027	340	027	681
3	0	357	028	356	028	712

α		Tangente AB	Scheitel-abstand BD	Abszisse AE. Halbe Sehne AF	Ordinate ED. Pfeil-höhe DF	Bogen-länge ADC
g	c	$\operatorname{tg} \dfrac{\alpha}{2}$	$\sec \dfrac{\alpha}{2} - 1$	$\sin \dfrac{\alpha}{2}$	$1 - \cos \dfrac{\alpha}{2}$	$\dfrac{\pi \cdot \alpha}{200}$
3	0	0,02 357	0,000 28	0,02 356	0,000 28	0,04 712
	2	372	028	372	028	744
	4	388	028	387	028	775
	6	404	029	403	029	807
	8	419	029	419	029	838
3	10	0,02 435	0,000 30	0,02 434	0,000 30	0,04 869
	12	451	030	450	030	901
	14	467	030	466	030	932
	16	482	031	482	031	964
	18	498	031	497	031	995
3	20	0,02 514	0,000 32	0,02 513	0,000 32	0,05 027
	22	530	032	529	032	058
	24	545	032	544	032	089
	26	561	033	560	033	121
	28	577	033	576	033	152
3	30	0,02 592	0,000 34	0,02 591	0,000 34	0,05 184
	32	608	034	607	034	215
	34	624	034	623	034	246
	36	640	035	639	035	278
	38	655	035	654	035	309
3	40	0,02 671	0,000 36	0,02 670	0,000 36	0,05 341
	42	687	036	686	036	372
	44	702	036	701	036	404
	46	718	037	717	037	435
	48	734	037	733	037	466
3	50	0,02 750	0,000 38	0,02 749	0,000 38	0,05 498
	52	765	038	764	038	529
	54	781	039	780	039	561
	56	797	039	796	039	592
	58	812	040	811	040	623
	60	828	040	827	040	655

Tafel I.

g	c	Tangente AB $\operatorname{tg}\dfrac{\alpha}{2}$	Scheitel-abstand BD $\sec\dfrac{\alpha}{2}-1$	Abszisse AE. Halbe Sehne AF $\sin\dfrac{\alpha}{2}$	Ordinate ED. Pfeilhöhe DF $1-\cos\dfrac{\alpha}{2}$	Bogen-länge ADC $\dfrac{\pi\cdot\alpha}{200}$
3	60	0,02 828	0,000 40	0,02 827	0,000 40	0,05 655
	62	844	040	843	040	686
	64	860	041	858	041	718
	66	875	041	874	041	749
	68	891	042	890	042	781
3	70	0,02 907	0,000 42	0,02 906	0,000 42	0,05 812
	72	923	043	921	043	843
	74	938	043	937	043	875
	76	954	044	953	044	906
	78	970	044	968	044	938
3	80	0,02 985	0,000 45	0,02 984	0,000 45	0,05 969
	82	0,03 001	045	0,03 000	045	0,06 000
	84	017	045	015	045	032
	86	033	046	031	046	063
	88	048	046	047	046	095
3	90	0,03 064	0,000 47	0,03 063	0,000 47	0,06 126
	92	080	047	078	047	158
	94	095	048	094	048	189
	96	111	048	110	048	220
	98	127	049	125	049	252
4	0	0,03 143	0,000 49	0,03 141	0,000 49	0,06 283
	2	158	050	157	050	315
	4	174	050	172	050	346
	6	190	051	188	051	377
	8	206	051	204	051	409
4	10	0,03 221	0,000 52	0,03 220	0,000 52	0,06 440
	12	237	052	235	052	472
	14	253	053	251	053	503
	16	268	053	267	053	535
	18	284	054	282	054	566
	20	300	054	298	054	597

50

g	c	Tangente AB $\operatorname{tg}\dfrac{\alpha}{2}$	Scheitel-abstand BD $\sec\dfrac{\alpha}{2}-1$	Abszisse AE. Halbe Sehne AF $\sin\dfrac{\alpha}{2}$	Ordinate ED. Pfeil-höhe DF $1-\cos\dfrac{\alpha}{2}$	Bogen-länge ADC $\dfrac{\pi\cdot\alpha}{200}$
4	20	0,03 300	0,00 054	0,03 298	0,00 054	0,06 597
	22	316	055	314	055	629
	24	331	055	329	055	660
	26	347	056	345	056	692
	28	363	056	361	056	723
4	30	0,03 379	0,00 057	0,03 377	0,00 057	0,06 754
	32	394	058	392	058	786
	34	410	058	408	058	817
	36	426	059	424	059	849
	38	441	059	439	059	880
4	40	0,03 457	0,00 060	0,03 455	0,00 060	0,06 912
	42	473	060	471	060	943
	44	489	061	486	061	974
	46	504	061	502	061	0,07 006
	48	520	062	518	062	037
4	50	0,03 536	0,00 062	0,03 534	0,00 062	0,07 069
	52	551	063	549	063	100
	54	567	064	565	064	131
	56	583	064	581	064	163
	58	599	065	596	065	194
4	60	0,03 614	0,00 065	0,03 612	0,00 065	0,07 226
	62	630	066	628	066	257
	64	646	066	643	066	288
	66	662	067	659	067	320
	68	677	068	675	068	351
4	70	0,03 693	0,00 068	0,03 691	0,00 068	0,07 383
	72	709	069	706	069	414
	74	725	069	722	069	446
	76	740	070	738	070	477
	78	756	070	753	070	508
	80	772	071	769	071	540

4*

Tafel I.

	α	Tangente AB	Scheitelabstand BD	Abszisse AE. Halbe Sehne AF	Ordinate ED. Pfeilhöhe DF	Bogenlänge ADC
g	c	$\operatorname{tg}\dfrac{\alpha}{2}$	$\sec\dfrac{\alpha}{2}-1$	$\sin\dfrac{\alpha}{2}$	$1-\cos\dfrac{\alpha}{2}$	$\dfrac{\pi\cdot\alpha}{200}$
4	80	0,03 772	0,000 71	0,03 769	0,000 71	0,07 540
	82	787	072	785	072	571
	84	803	072	800	072	603
	86	819	073	816	073	634
	88	835	073	832	073	665
4	90	0,03 850	0,000 74	0,03 848	0,000 74	0,07 697
	92	866	075	863	075	728
	94	882	075	879	075	760
	96	898	076	895	076	791
	98	913	076	910	076	823
5	0	0,03 929	0,000 77	0,03 926	0,000 77	0,07 854
	2	945	078	942	078	885
	4	960	078	957	078	917
	6	976	079	973	079	948
	8	992	080	989	080	980
5	10	0,04 008	0,000 80	0,04 004	0,000 80	0,08 011
	12	023	081	020	081	042
	14	039	081	035	081	074
	16	055	083	052	082	105
	18	071	083	067	083	137
5	20	0,04 086	0,000 83	0,04 083	0,000 83	0,08 168
	22	102	084	099	084	200
	24	118	085	114	085	231
	26	134	085	130	085	262
	28	149	086	146	086	294
5	30	0,04 165	0,000 87	0,04 161	0,000 87	0,08 325
	32	181	087	177	087	357
	34	196	088	193	088	388
	36	212	089	208	089	419
	38	228	089	224	089	451
	40	244	090	240	090	482

52

α		Tangente AB	Scheitel- abstand BD	Abszisse AE. Halbe Sehne AF	Ordinate ED. Pfeil- höhe DF	Bogen- länge DAC
g	c	$\operatorname{tg}\dfrac{\alpha}{2}$	$\sec\dfrac{\alpha}{2}-1$	$\sin\dfrac{\alpha}{2}$	$1-\cos\dfrac{\alpha}{2}$	$\dfrac{\pi\cdot\alpha}{200}$
5	40	0,04 244	0,000 90	0,04 240	0,000 90	0,08 482
	42	259	091	256	091	514
	44	275	091	271	091	545
	46	291	092	287	092	577
	48	307	093	303	093	608
5	50	0,04 322	0,000 93	0,04 318	0,000 93	0,08 639
	52	338	094	334	094	671
	54	354	095	350	095	702
	56	370	095	365	095	734
	58	385	096	381	096	765
5	60	0,04 401	0,000 97	0,04 397	0,000 97	0,08 796
	62	417	097	413	097	828
	64	433	098	428	098	859
	66	448	099	444	099	891
	68	464	100	460	100	922
5	70	0,04 480	0,00 100	0,04 475	0,00 100	0,08 954
	72	496	101	491	101	985
	74	511	102	507	102	0,09 016
	76	527	102	522	102	048
	78	543	103	538	103	079
5	80	0,04 558	0,00 104	0,04 554	0,00 104	0,09 111
	82	574	105	569	105	142
	84	590	105	585	105	173
	86	606	106	601	106	205
	88	621	107	616	107	236
5	90	0,04 637	0,00 107	0,04 632	0,00 107	0,09 268
	92	653	108	648	108	299
	94	669	109	664	109	331
	96	684	110	679	110	362
	98	700	110	695	110	393
6	0	716	111	711	111	425

Tafel I.

α		Tangente $A B$	Scheitel-abstand $B D$	Abszisse $A E$. Halbe Sehne $A F$	Ordinate $E D$. Pfeil-höhe $D F$	Bogen-länge $A D C$
g	c	$\mathrm{tg}\,\dfrac{\alpha}{2}$	$\sec\dfrac{\alpha}{2}-1$	$\sin\dfrac{\alpha}{2}$	$1-\cos\dfrac{\alpha}{2}$	$\dfrac{\pi\cdot\alpha}{200}$
6	0	0,04716	0,00111	0,04711	0,00111	0,09425
	2	732	112	726	112	456
	4	747	113	742	113	488
	6	763	113	758	113	519
	8	779	114	773	114	550
6	10	0,04795	0,00115	0,04789	0,00115	0,09582
	12	810	116	805	116	613
	14	826	116	820	116	645
	16	842	117	836	117	676
	18	858	118	852	118	708
6	20	0,04873	0,00119	0,04868	0,00119	0,09739
	22	889	119	883	119	770
	24	905	120	899	120	802
	26	921	121	915	121	833
	28	936	122	930	122	865
6	30	0,04952	0,00122	0,04946	0,00122	0,09896
	32	968	123	962	123	927
	34	984	124	977	124	959
	36	999	125	993	125	990
	38	0,05015	126	0,05009	126	0,10022
6	40	0,05031	0,00126	0,05024	0,00126	0,10053
	42	047	127	040	127	085
	44	062	128	056	128	116
	46	078	129	071	129	147
	48	094	130	087	130	179
6	50	0,05110	0,00130	0,05103	0,00130	0,10210
	52	125	131	119	131	242
	54	141	132	134	132	273
	56	157	133	150	133	304
	58	173	134	166	134	336
	60	188	134	181	134	367

α		Tangente AB	Scheitel-abstand BD	Abszisse AE. Halbe Sehne AF	Ordinate ED. Pfeil-höhe DF	Bogen-länge ADC
g	c	$\operatorname{tg}\dfrac{\alpha}{2}$	$\sec\dfrac{\alpha}{2}-1$	$\sin\dfrac{\alpha}{2}$	$1-\cos\dfrac{\alpha}{2}$	$\dfrac{\pi\cdot\alpha}{200}$
6	60	0,05 188	0,00 134	0,05 181	0,00 134	0,10 367
	62	204	135	197	135	399
	64	220	136	213	136	430
	66	236	137	228	137	462
	68	251	138	244	138	493
6	70	0,05 267	0,00 139	0,05 260	0,00 138	0,10 524
	72	283	139	275	139	556
	74	299	140	291	140	587
	76	314	141	307	141	619
	78	330	142	322	142	650
6	80	0,05 346	0,00 143	0,05 338	0,00 143	0,10 681
	82	362	144	354	143	713
	84	377	145	370	144	744
	86	393	145	385	145	776
	88	409	146	401	146	807
6	90	0,05 425	0,00 147	0,05 417	0,00 147	0,10 838
	92	440	148	432	148	870
	94	456	149	448	148	901
	96	472	150	464	149	933
	98	488	151	479	151	964
7	0	0,05 503	0,00 151	0,05 495	0,00 151	0,10 996
	2	519	152	511	152	0,11 027
	4	535	153	526	153	058
	6	551	154	542	154	090
	8	566	155	558	155	121
7	10	0,05 582	0,00 156	0,05 573	0,00 155	0,11 153
	12	598	157	589	156	184
	14	614	157	605	157	215
	16	629	158	620	158	247
	18	645	159	636	159	278
	20	661	160	652	160	310

Tafel I.

g	c	Tangente AB $\operatorname{tg}\dfrac{\alpha}{2}$	Scheitelabstand BD $\sec\dfrac{\alpha}{2}-1$	Abszisse AE. Halbe Sehne AF $\sin\dfrac{\alpha}{2}$	Ordinate ED. Pfeilhöhe DF $1-\cos\dfrac{\alpha}{2}$	Bogenlänge ADC $\dfrac{\pi\cdot\alpha}{200}$
7	20	0,05 661	0,00 160	0,05 652	0,00 160	0,11 310
	22	678	161	668	161	341
	24	692	162	683	162	373
	26	708	163	699	163	404
	28	724	164	715	163	435
7	30	0,05 740	0,00 165	0,05 730	0,00 164	0,11 467
	32	755	165	746	165	498
	34	771	166	762	166	530
	36	787	167	777	167	561
	38	803	168	793	168	592
7	40	0,05 818	0,00 169	0,05 809	0,00 169	0,11 624
	42	834	170	824	170	655
	44	850	171	840	171	687
	46	866	172	856	172	718
	48	882	173	871	173	750
7	50	0,05 897	0,00 174	0,05 887	0,00 173	0,11 781
	52	913	175	903	174	812
	54	929	176	918	175	844
	56	945	177	934	176	875
	58	960	177	950	177	907
7	60	0,05 976	0,00 178	0,05 965	0,00 178	0,11 938
	62	992	179	981	179	969
	64	0,06 008	180	997	180	0,12 001
	66	023	181	0,06 013	181	032
	68	039	182	028	182	064
7	70	0,06 055	0,00 183	0,06 044	0,00 183	0,12 095
	72	071	184	060	184	127
	74	086	185	075	185	158
	76	102	186	091	186	189
	78	118	187	107	187	221
	80	134	188	122	188	252

α		Tangente $A\,B$	Scheitel-abstand $B\,D$	Abszisse $A\,E$. Halbe Sehne $A\,F$	Ordinate $E\,D$. Pfeil-höhe $D\,F$	Bogen-länge $A\,D\,C$
g	c	$\operatorname{tg}\dfrac{\alpha}{2}$	$\sec\dfrac{\alpha}{2}-1$	$\sin\dfrac{\alpha}{2}$	$1-\cos\dfrac{\alpha}{2}$	$\dfrac{\pi\cdot\alpha}{200}$
7	80	0,06 134	0,00 188	0,06 122	0,00 188	0,12 252
	82	150	189	138	189	284
	84	165	190	154	190	315
	86	181	191	169	190	346
	88	197	192	185	191	378
7	90	0,06 213	0,00 193	0,06 201	0,00 192	0,12 409
	92	228	194	216	193	441
	94	244	195	232	194	472
	96	260	196	248	195	504
	98	276	197	263	196	535
8	0	0,06 292	0,00 198	0,06 279	0,00 197	0,12 566
	2	307	199	295	198	598
	4	323	200	310	199	629
	6	339	201	326	200	661
	8	355	202	342	201	692
8	10	0,06 370	0,00 203	0,06 357	0,00 202	0,12 723
	12	386	204	373	203	755
	14	402	205	389	204	786
	16	418	206	404	205	818
	18	433	207	420	206	849
8	20	0,06 449	0,00 208	0,06 436	0,00 207	0,12 881
	22	465	209	451	208	912
	24	481	210	467	209	943
	26	497	211	483	210	975
	28	512	212	499	211	0,13 006
8	30	0,06 528	0,00 213	0,06 514	0,00 212	0,13 038
	32	544	214	530	213	069
	34	560	215	546	214	100
	36	575	216	561	215	132
	38	591	217	577	217	163
	40	607	218	593	218	195

Tafel I.

g	c	Tangente AB $\operatorname{tg}\dfrac{\alpha}{2}$	Scheitelabstand BD $\sec\dfrac{\alpha}{2}-1$	Abszisse AE. Halbe Sehne AF $\sin\dfrac{\alpha}{2}$	Ordinate ED. Pfeilhöhe DF $1-\cos\dfrac{\alpha}{2}$	Bogenlänge ADC $\dfrac{\pi\cdot\alpha}{200}$
8	40	0,06 607	0,00 218	0,06 593	0,00 218	0,13 195
	42	623	219	608	219	226
	44	638	220	624	220	258
	46	654	221	640	221	289
	48	670	222	655	222	320
8	50	0,06 686	0,00 223	0,06 671	0,00 223	0,13 352
	52	702	224	687	224	383
	54	717	225	702	225	415
	56	733	226	718	226	446
	58	749	228	734	227	477
8	60	0,06 765	0,00 229	0,06 749	0,00 228	0,13 509
	62	780	230	765	229	540
	64	796	231	781	230	572
	66	812	232	796	231	603
	68	828	233	812	232	635
8	70	0,06 844	0,00 234	0,06 828	0,00 233	0,13 666
	72	859	235	843	234	697
	74	875	236	859	236	729
	76	891	237	875	237	760
	78	907	238	890	238	792
8	80	0,06 923	0,00 239	0,06 906	0,00 239	0,13 823
	82	938	240	922	240	854
	84	954	242	937	241	886
	86	970	243	953	242	917
	88	986	244	969	243	949
8	90	0,07 001	0,00 245	0,06 984	0,00 244	0,13 980
	92	017	246	0,07 000	245	0,14 012
	94	033	247	016	246	043
	96	049	248	031	248	074
	98	065	249	047	248	106
9	0	080	250	063	250	137

58

α		Tangente AB	Scheitel-abstand BD	Abszisse AE. Halbe Sehne AF	Ordinate ED. Pfeil-höhe DF	Bogen-länge ADC
g	c	$\operatorname{tg}\dfrac{\alpha}{2}$	$\sec\dfrac{\alpha}{2}-1$	$\sin\dfrac{\alpha}{2}$	$1-\cos\dfrac{\alpha}{2}$	$\dfrac{\pi\cdot\alpha}{200}$
9	0	0,07 080	0,00 250	0,07 063	0,00 250	0,14 137
	2	096	251	078	251	169
	4	112	253	094	252	200
	6	128	254	110	253	231
	8	144	255	125	254	263
9	10	0,07 159	0,00 256	0,07 141	0,00 255	0,14 294
	12	175	257	157	256	326
	14	191	258	172	258	357
	16	207	259	188	259	388
	18	222	260	204	260	420
9	20	0,07 238	0,00 262	0,07 219	0,00 261	0,14 451
	22	254	263	235	262	483
	24	270	264	251	263	514
	26	286	265	266	264	546
	28	301	266	282	265	577
9	30	0,07 317	0,00 267	0,07 298	0,00 267	0,14 608
	32	333	268	313	268	640
	34	349	270	329	269	671
	36	365	271	345	270	703
	38	380	272	360	271	734
9	40	0,07 396	0,00 273	0,07 376	0,00 272	0,14 765
	42	412	274	392	274	797
	44	428	275	407	275	828
	46	444	277	423	276	860
	48	459	278	439	277	891
9	50	0,07 475	0,00 279	0,07 454	0,00 278	0,14 923
	52	491	280	470	279	954
	54	507	281	486	281	985
	56	523	283	501	282	0,15 017
	58	538	284	517	283	048
	60	554	285	533	284	080

Tafel I.

α		Tangente AB	Scheitel-abstand BD	Abszisse AE. Halbe Sehne AF	Ordinate ED. Pfeil-höhe DF	Bogen-länge ADC
g	c	$\operatorname{tg}\dfrac{\alpha}{2}$	$\sec\dfrac{\alpha}{2}-1$	$\sin\dfrac{\alpha}{2}$	$1-\cos\dfrac{\alpha}{2}$	$\dfrac{\pi\cdot\alpha}{200}$
9	60	0,07 554	0,00 285	0,07 533	0,00 284	0,15 080
	62	570	286	548	285	111
	64	586	287	564	286	142
	66	602	289	580	288	174
	68	617	290	595	289	205
9	70	0,07 633	0,00 291	0,07 611	0,00 290	0,15 237
	72	649	292	627	291	268
	74	665	293	642	292	300
	76	681	295	658	294	331
	78	696	296	674	295	362
9	80	0,07 712	0,00 297	0,07 689	0,00 296	0,15 394
	82	728	298	705	297	425
	84	744	299	721	298	457
	86	760	301	736	300	488
	88	775	302	752	301	519
9	90	0,07 791	0,00 303	0,07 768	0,00 302	0,15 551
	92	807	304	783	303	582
	94	823	305	799	305	614
	96	839	307	815	306	645
	98	854	308	830	307	677
10	0	0,07 870	0,00 309	0,07 846	0,00 308	0,15 708
	2	886	310	862	309	739
	4	902	312	877	311	771
	6	918	313	893	312	802
	8	933	314	909	313	834
10	10	0,07 949	0,00 315	0,07 924	0,00 314	0,15 865
	12	965	317	940	316	896
	14	981	318	956	317	928
	16	997	319	971	318	959
	18	0,08 012	320	987	319	991
	20	028	322	0,08 002	321	0,16 022

α		Tangente AB	Scheitel-abstand BD	Abszisse AE. Halbe Sehne AF	Ordinate ED. Pfeil-höhe DF	Bogen-länge ADC
g	c	$\mathrm{tg}\,\dfrac{\alpha}{2}$	$\sec\dfrac{\alpha}{2}-1$	$\sin\dfrac{\alpha}{2}$	$1-\cos\dfrac{\alpha}{2}$	$\dfrac{\pi\cdot\alpha}{200}$
10	20	0,08028	0,00322	0,08002	0,00321	0,16022
	22	044	323	018	322	054
	24	060	324	034	323	085
	26	076	326	049	325	116
	28	091	327	065	326	148
10	30	0,08107	0,00328	0,08081	0,00327	0,16179
	32	123	329	096	328	211
	34	139	331	112	330	242
	36	155	332	128	331	273
	38	171	333	143	332	305
10	40	0,08186	0,00335	0,08159	0,00333	0,16336
	42	202	336	175	335	368
	44	218	337	190	336	399
	46	234	338	206	337	431
	48	250	340	222	339	462
10	50	0,08265	0,00341	0,08237	0,00340	0,16493
	52	281	342	253	341	525
	54	297	344	269	342	556
	56	313	345	284	344	588
	58	329	346	300	345	619
10	60	0,08345	0,00348	0,08316	0,00346	0,16650
	62	360	349	331	348	682
	64	376	350	347	349	713
	66	392	352	363	350	745
	68	408	353	378	352	776
10	70	0,08424	0,00354	0,08394	0,00353	0,16808
	72	439	355	410	354	839
	74	455	357	425	356	870
	76	471	358	441	357	902
	78	487	359	456	358	933
	80	503	361	472	360	965

Tafel I.

α		Tangente AB	Scheitel-abstand BD	Abszisse AE. Halbe Sehne AF	Ordinate ED. Pfeil-höhe DF	Bogen-länge ADC
g	c	$\operatorname{tg}\dfrac{\alpha}{2}$	$\sec\dfrac{\alpha}{2}-1$	$\sin\dfrac{\alpha}{2}$	$1-\cos\dfrac{\alpha}{2}$	$\dfrac{\pi\cdot\alpha}{200}$
10	80	0,08 503	0,00 361	0,08 472	0,00 360	0,16 965
	82	519	362	488	361	996
	84	534	363	503	362	0,17 027
	86	550	365	519	364	059
	88	566	366	535	365	090
10	90	0,08 582	0,00 368	0,08 550	0,00 366	0,17 122
	92	598	369	566	368	153
	94	613	370	582	369	185
	96	629	372	597	370	216
	98	645	373	613	372	247
11	0	0,08 661	0,00 374	0,08 629	0,00 373	0,17 279
	2	677	376	644	374	310
	4	693	377	660	376	342
	6	708	378	676	377	373
	8	724	380	691	378	404
11	10	0,08 740	0,00 381	0,08 707	0,00 380	0,17 436
	12	756	383	723	381	467
	14	772	384	738	383	499
	16	788	385	754	384	530
	18	803	387	769	385	562
11	20	0,08 819	0,00 388	0,08 785	0,00 387	0,17 593
	22	835	390	801	388	624
	24	851	391	816	389	656
	26	867	392	832	391	687
	28	883	394	848	392	719
11	30	0,08 898	0,00 395	0,08 863	0,00 394	0,17 750
	32	914	397	879	395	781
	34	930	398	895	396	813
	36	946	399	910	398	844
	38	962	401	926	399	876
	40	978	402	942	401	907

62

α (g)	α (c)	Tangente AB $\mathrm{tg}\,\dfrac{\alpha}{2}$	Scheitel-abstand BD $\sec\dfrac{\alpha}{2}-1$	Abszisse AE. Halbe Sehne AF $\sin\dfrac{\alpha}{2}$	Ordinate ED. Pfeil-höhe DF $1-\cos\dfrac{\alpha}{2}$	Bogen-länge ADC $\dfrac{\pi\cdot\alpha}{200}$
11	40	0,08978	0,00402	0,08942	0,00401	0,17907
	42	993	404	957	402	938
	44	0,09009	405	973	403	970
	46	025	406	989	405	0,18001
	48	041	408	0,09004	406	033
11	50	0,09057	0,00409	0,09020	0,00408	0,18064
	52	073	411	035	409	096
	54	088	412	051	411	127
	56	104	414	067	412	158
	58	120	415	082	413	190
11	60	0,09136	0,00416	0,09098	0,00415	0,18221
	62	152	418	114	416	253
	64	168	419	129	418	284
	66	183	421	145	419	315
	68	199	422	161	420	347
11	70	0,09215	0,00424	0,09176	0,00422	0,18378
	72	231	425	192	423	410
	74	247	427	208	425	441
	76	263	428	223	426	473
	78	278	430	239	428	504
11	80	0,09294	0,00431	0,09254	0,00429	0,18535
	82	310	432	270	431	567
	84	326	434	286	432	598
	86	342	435	301	434	630
	88	358	437	317	435	661
11	90	0,09374	0,00438	0,09333	0,00436	0,18692
	92	389	440	348	438	724
	94	405	441	364	439	755
	96	421	443	380	441	787
	98	437	444	395	442	818
12	0	453	446	411	444	850

Tafel I.

α		Tangente AB	Scheitel-abstand BD	Abszisse AE. Halbe Sehne AF	Ordinate ED. Pfeil-höhe DF	Bogen-länge ADC
g	c	$\operatorname{tg}\dfrac{\alpha}{2}$	$\sec\dfrac{\alpha}{2}-1$	$\sin\dfrac{\alpha}{2}$	$1-\cos\dfrac{\alpha}{2}$	$\dfrac{\pi\cdot\alpha}{200}$
12	0	0,09453	0,00446	0,09411	0,00444	0,18850
	2	469	447	426	445	881
	4	484	449	442	447	912
	6	500	450	458	448	944
	8	516	452	473	450	975
12	10	0,09532	0,00453	0,09489	0,00451	0,19007
	12	548	455	505	453	038
	14	564	456	520	454	069
	16	580	458	536	456	101
	18	595	459	552	457	132
12	20	0,09611	0,00461	0,09567	0,00459	0,19164
	22	627	462	583	460	195
	24	643	464	598	462	227
	26	659	465	614	463	258
	28	675	467	630	465	289
12	30	0,09691	0,00468	0,09645	0,00466	0,19321
	32	706	470	661	468	352
	34	722	472	677	469	384
	36	738	473	692	471	415
	38	754	475	708	472	446
12	40	0,09770	0,00476	0,09724	0,00474	0,19478
	42	786	478	739	475	509
	44	802	479	755	477	541
	46	817	481	770	478	572
	48	833	482	786	480	604
12	50	0,09849	0,00484	0,09802	0,00482	0,19635
	52	865	485	817	483	666
	54	881	487	833	485	698
	56	897	489	849	486	729
	58	913	490	864	488	761
	60	928	492	880	489	792

α		Tangente AB	Scheitel-abstand BD	Abszisse AE. Halbe Sehne AF	Ordinate ED. Pfeil-höhe DF	Bogen-länge ADC
g	c	$\operatorname{tg}\dfrac{\alpha}{2}$	$\sec\dfrac{\alpha}{2}-1$	$\sin\dfrac{\alpha}{2}$	$1-\cos\dfrac{\alpha}{2}$	$\dfrac{\pi\cdot\alpha}{200}$
12	60	0,09 928	0,00 492	0,09 880	0,00 489	0,19 792
	62	944	493	896	491	823
	64	960	495	911	492	855
	66	976	496	927	494	886
	68	992	498	942	495	918
12	70	0,10 008	0,00 500	0,09 958	0,00 497	0,19 949
	72	024	501	974	499	981
	74	040	503	989	500	0,20 012
	76	055	504	0,10 005	502	043
	78	071	506	021	503	075
12	80	0,10 087	0,00 507	0,10 036	0,00 505	0,20 106
	82	103	509	052	506	138
	84	119	511	067	508	169
	86	135	512	083	510	200
	88	151	514	099	511	232
12	90	0,10 166	0,00 515	0,10 114	0,00 513	0,20 263
	92	182	517	130	514	295
	94	198	519	146	516	326
	96	214	520	161	518	358
	98	230	522	177	519	389
13	0	0,10 246	0,00 524	0,10 192	0,00 521	0,20 420
	2	262	525	208	522	452
	4	278	527	224	524	483
	6	293	528	239	526	515
	8	309	530	255	527	546
13	10	0,10 325	0,00 532	0,10 271	0,00 529	0,20 577
	12	341	533	286	530	609
	14	357	535	302	532	640
	16	373	537	317	534	672
	18	389	538	333	535	703
	20	405	540	349	537	735

Tafel I.

α		Tangente AB	Scheitel-abstand BD	Abszisse AE. Halbe Sehne AF	Ordinate ED. Pfeil-höhe DF	Bogen-länge ADC
g	c	$\operatorname{tg}\dfrac{\alpha}{2}$	$\sec\dfrac{\alpha}{2}-1$	$\sin\dfrac{\alpha}{2}$	$1-\cos\dfrac{\alpha}{2}$	$\dfrac{\pi\cdot\alpha}{200}$
13	20	0,10 405	0,00 540	0,10 349	0,00 537	0,20 735
	22	420	541	364	539	766
	24	436	543	380	540	797
	26	452	545	396	542	829
	28	468	546	411	543	860
13	30	0,10 484	0,00 548	0,10 427	0,00 545	0,20 892
	32	500	550	442	547	923
	34	516	551	458	548	954
	36	532	553	474	550	986
	38	547	555	489	552	0,21 017
13	40	0,10 563	0,00 556	0,10 505	0,00 553	0,21 049
	42	579	558	521	555	080
	44	595	560	536	557	112
	46	611	561	552	558	143
	48	627	563	567	560	174
13	50	0,10 643	0,00 565	0,10 583	0,00 562	0,21 206
	52	659	566	599	563	237
	54	675	568	614	565	269
	56	690	570	630	567	300
	58	706	572	645	568	331
13	60	0,10 722	0,00 573	0,10 661	0,00 570	0,21 363
	62	738	575	677	572	394
	64	754	577	692	573	426
	66	770	578	708	575	457
	68	786	580	724	577	488
13	70	0,10 802	0,00 582	0,10 739	0,00 578	0,21 520
	72	818	583	755	580	551
	74	834	585	770	582	583
	76	849	587	786	583	614
	78	865	589	802	585	646
	80	881	590	817	587	677

α		Tangente AB	Scheitel- abstand BD	Abszisse AE. Halbe Sehne AF	Ordinate ED. Pfeil- höhe DF	Bogen- länge ADC
g	c	$\operatorname{tg}\dfrac{\alpha}{2}$	$\sec\dfrac{\alpha}{2}-1$	$\sin\dfrac{\alpha}{2}$	$1-\cos\dfrac{\alpha}{2}$	$\dfrac{\pi\cdot\alpha}{200}$
13	80	0,10 881	0,00 590	0,10 817	0,00 587	0,21 677
	82	897	592	833	588	708
	84	913	594	849	590	740
	86	929	595	864	592	771
	88	945	597	880	594	803
13	90	0,10 961	0,00 599	0,10 895	0,00 595	0,21 834
	92	977	601	911	597	865
	94	992	602	927	599	897
	96	0,11 008	604	942	600	928
	98	024	606	958	602	960
14	0	0,11 040	0,00 608	0,10 973	0,00 604	0,21 991
	2	056	609	989	606	0,22 023
	4	072	611	0,11 005	607	054
	6	088	613	020	609	085
	8	104	615	036	611	117
14	10	0,11 120	0,00 616	0,11 051	0,00 613	0,22 148
	12	136	618	067	614	180
	14	151	620	083	616	211
	16	167	622	098	618	242
	18	183	623	114	620	274
14	20	0,11 199	0,00 625	0,11 130	0,00 621	0,22 305
	22	215	627	145	623	337
	24	231	629	161	625	368
	26	247	630	176	627	400
	28	263	632	192	628	431
14	30	0,11 279	0,00 634	0,11 208	0,00 630	0,22 462
	32	295	636	223	632	494
	34	310	638	239	634	525
	36	326	639	254	635	557
	38	342	641	270	637	588
	40	358	643	286	639	619

Tafel I.

g	c	Tangente AB	Scheitel-abstand BD	Abszisse AE. Halbe Sehne AF	Ordinate ED. Pfeil-höhe DF	Bogen-länge ADC
		$\operatorname{tg} \dfrac{\alpha}{2}$	$\sec \dfrac{\alpha}{2} - 1$	$\sin \dfrac{\alpha}{2}$	$1 - \cos \dfrac{\alpha}{2}$	$\dfrac{\pi \cdot \alpha}{200}$
14	40	0,11 358	0,00 643	0,11 286	0,00 639	0,22 619
	42	374	645	301	641	651
	44	390	647	317	642	682
	46	406	648	332	644	714
	48	422	650	348	646	745
14	50	0,11 438	0,00 652	0,11 364	0,00 648	0,22 777
	52	454	654	379	650	808
	54	470	656	395	651	839
	56	486	657	411	653	871
	58	501	659	426	655	902
14	60	0,11 517	0,00 661	0,11 442	0,00 657	0,22 934
	62	533	663	457	659	965
	64	549	665	473	660	996
	66	565	667	489	662	0,23 028
	68	581	668	504	664	059
14	70	0,11 597	0,00 670	0,11 520	0,00 666	0,23 091
	72	613	672	535	668	122
	74	629	674	551	669	154
	76	645	676	566	671	185
	78	661	678	582	673	216
14	80	0,11 677	0,00 679	0,11 598	0,00 675	0,23 248
	82	692	681	613	677	279
	84	708	683	629	678	311
	86	724	685	645	680	342
	88	740	687	660	682	373
14	90	0,11 756	0,00 689	0,11 676	0,00 684	0,23 405
	92	772	691	691	686	436
	94	788	692	707	688	468
	96	804	694	723	689	499
	98	820	696	738	691	531
15	0	836	698	754	693	562

α		Tangente AB	Scheitel-abstand $BD.$	Abszisse $AE.$ Halbe Sehne AF	Ordinate $ED.$ Pfeil-höhe DF	Bogen-länge ADC
g	c	$\operatorname{tg}\dfrac{\alpha}{2}$	$\sec\dfrac{\alpha}{2}-1$	$\sin\dfrac{\alpha}{2}$	$1-\cos\dfrac{\alpha}{2}$	$\dfrac{\pi\cdot\alpha}{200}$
15	0	0,11 836	0,00 698	0,11 754	0,00 693	0,23 562
	2	852	700	769	695	593
	4	868	702	785	697	625
	6	884	704	801	699	656
	8	899	705	816	701	688
15	10	0,11 915	0,00 707	0,11 832	0,00 702	0,23 719
	12	931	709	847	704	750
	14	947	711	863	706	782
	16	963	713	879	708	813
	18	979	715	894	710	845
15	20	0,11 995	0,00 717	0,11 910	0,00 712	0,23 876
	22	0,12 011	719	925	714	908
	24	027	721	941	715	939
	26	043	723	957	717	970
	28	059	724	972	719	0,24 002
15	30	0,12 075	0,00 726	0,11 988	0,00 721	0,24 033
	32	091	728	0,12 003	723	065
	34	107	730	019	725	096
	36	123	732	034	727	127
	38	139	734	050	729	159
15	40	0,12 154	0,00 736	0,12 066	0,00 731	0,24 190
	42	170	738	081	733	222
	44	186	740	097	734	253
	46	202	742	112	736	285
	48	218	744	128	738	316
15	50	0,12 234	0,00 746	0,12 144	0,00 740	0,24 347
	52	250	748	159	742	379
	54	266	750	175	744	410
	56	282	751	190	746	442
	58	298	753	206	748	473
	60	314	755	222	750	504

Tafel I.

	α	Tangente AB	Scheitel-abstand BD	Abszisse AE. Halbe Sehne AF	Ordinate ED. Pfeil-höhe DF	Bogen-länge ADC
g	c	$\operatorname{tg}\dfrac{\alpha}{2}$	$\sec\dfrac{\alpha}{2}-1$	$\sin\dfrac{\alpha}{2}$	$1-\cos\dfrac{\alpha}{2}$	$\dfrac{\pi\cdot\alpha}{200}$
15	60	0,12 314	0,00 755	0,12 222	0,00 750	0,24 504
	62	330	757	237	752	536
	64	346	759	253	753	567
	66	362	761	268	755	599
	68	378	763	284	757	630
15	70	0,12 394	0,00 765	0,12 300	0,00 759	0,24 662
	72	410	767	315	761	693
	74	426	769	331	763	724
	76	441	771	346	765	756
	78	457	773	362	767	787
15	80	0,12 473	0,00 775	0,12 377	0,00 769	0,24 819
	82	489	777	393	771	850
	84	505	779	409	773	881
	86	521	781	424	775	913
	88	537	783	440	777	944
15	90	0,12 553	0,00 785	0,12 455	0,00 779	0,24 976
	92	569	787	471	781	0,25 007
	94	585	789	487	783	038
	96	601	791	502	785	070
	98	617	793	518	787	101
16	0	0,12 633	0,00 795	0,12 533	0,00 789	0,25 133
	2	649	797	549	790	164
	4	665	799	564	792	196
	6	681	801	580	794	227
	8	697	803	596	796	258
16	10	0,12 713	0,00 805	0,12 611	0,00 798	0,25 290
	12	729	807	627	800	321
	14	745	809	642	802	353
	16	761	811	658	804	384
	18	777	813	674	806	415
	20	793	815	689	808	447

α		Tangente AB	Scheitel-abstand BD	Abszisse AE. Halbe Sehne AF	Ordinate ED. Pfeil-höhe DF	Bogen-länge ADC
g	c	$\operatorname{tg}\dfrac{\alpha}{2}$	$\sec\dfrac{\alpha}{2}-1$	$\sin\dfrac{\alpha}{2}$	$1-\cos\dfrac{\alpha}{2}$	$\dfrac{\pi\cdot\alpha}{200}$
16	20	0,12 793	0,00 815	0,12 689	0,00 808	0,25 447
	22	809	817	705	810	478
	24	824	819	720	812	510
	26	840	821	736	814	541
	28	856	823	751	816	573
16	30	0,12 872	0,00 825	0,12 767	0,00 818	0,25 604
	32	888	827	783	820	635
	34	904	829	798	822	667
	36	920	831	814	824	698
	38	936	833	829	826	730
16	40	0,12 952	0,00 835	0,12 845	0,00 828	0,25 761
	42	968	837	861	830	792
	44	984	839	876	832	824
	46	0,13 000	841	892	834	855
	48	016	843	907	836	887
16	50	0,13 032	0,00 846	0,12 923	0,00 839	0,25 918
	52	048	848	938	841	950
	54	064	850	954	843	981
	56	080	852	970	845	0,26 012
	58	096	854	985	847	044
16	60	0,13 112	0,00 856	0,13 001	0,00 849	0,26 075
	62	128	858	016	851	107
	64	144	860	032	853	138
	66	160	862	047	855	169
	68	176	864	063	857	201
16	70	0,13 192	0,00 866	0,13 079	0,00 859	0,26 232
	72	208	868	094	861	264
	74	224	871	110	863	295
	76	240	873	125	865	327
	78	256	875	141	867	358
	80	272	877	156	869	389

Tafel I.

g	c	Tangente AB $\operatorname{tg}\dfrac{\alpha}{2}$	Scheitel-abstand BD $\sec\dfrac{\alpha}{2}-1$	Abszisse AE. Halbe Sehne AF $\sin\dfrac{\alpha}{2}$	Ordinate ED. Pfeil-höhe DF $1-\cos\dfrac{\alpha}{2}$	Bogen-länge ADC $\dfrac{\pi\cdot\alpha}{200}$
16	80	0,13 272	0,00 877	0,13 156	0,00 869	0,26 389
	82	288	879	172	871	421
	84	304	881	188	873	452
	86	320	883	203	875	484
	88	336	885	219	878	515
16	90	0,13 352	0,00 887	0,13 234	0,00 880	0,26 546
	92	368	890	250	882	578
	94	384	892	265	884	609
	96	400	894	281	886	641
	98	416	896	297	888	672
17	0	0,13 432	0,00 898	0,13 312	0,00 890	0,26 704
	2	448	900	328	892	735
	4	464	902	343	894	766
	6	480	904	359	896	798
	8	496	907	374	898	829
17	10	0,13 512	0,00 909	0,13 390	0,00 901	0,26 861
	12	528	911	406	903	892
	14	544	913	421	905	923
	16	560	915	437	907	955
	18	576	917	452	909	986
17	20	0,13 592	0,00 919	0,13 468	0,00 911	0,27 018
	22	608	922	483	913	049
	24	624	924	499	915	081
	26	640	926	514	917	112
	28	656	928	530	920	143
17	30	0,13 672	0,00 930	0,13 546	0,00 922	0,27 175
	32	688	932	561	924	206
	34	704	935	577	926	238
	36	720	937	592	928	269
	38	736	939	608	930	300
	40	752	941	623	932	332

α		Tangente AB	Scheitel-abstand BD	Abszisse AE. Halbe Sehne AF	Ordinate ED. Pfeil-höhe DF	Bogen-länge ADC
g	c	$\operatorname{tg}\dfrac{\alpha}{2}$	$\sec\dfrac{\alpha}{2}-1$	$\sin\dfrac{\alpha}{2}$	$1-\cos\dfrac{\alpha}{2}$	$\dfrac{\pi\cdot\alpha}{200}$
17	40	0,13 752	0,00 941	0,13 623	0,00 932	0,27 332
	42	768	943	639	934	363
	44	784	945	655	937	395
	46	800	948	670	939	426
	48	816	950	686	941	458
17	50	0,13 832	0,00 952	0,13 701	0,00 943	0,27 489
	52	848	954	717	945	520
	54	864	956	732	947	552
	56	880	959	748	950	583
	58	896	961	763	952	615
17	60	0,13 912	0,00 963	0,13 779	0,00 954	0,27 646
	62	928	965	795	956	677
	64	944	967	810	958	709
	66	960	970	826	960	740
	68	976	972	841	963	772
17	70	0,13 992	0,00 974	0,13 857	0,00 965	0,27 803
	72	0,14 008	976	872	967	835
	74	024	979	888	969	866
	76	040	981	903	971	897
	78	056	983	920	973	929
17	80	0,14 072	0,00 985	0,13 935	0,00 976	0,27 960
	82	088	987	950	978	992
	84	104	990	966	980	0,28 023
	86	120	992	981	982	054
	88	136	994	997	984	086
17	90	0,14 152	0,00 996	0,14 012	0,00 987	0,28 117
	92	168	999	028	989	149
	94	184	0,01 001	043	991	180
	96	200	003	059	993	212
	98	216	005	075	995	243
18	0	232	008	090	998	274

Tafel I.

g	c	Tangente AB $\operatorname{tg}\dfrac{\alpha}{2}$	Scheitel- abstand BD $\sec\dfrac{\alpha}{2}-1$	Abszisse AE. Halbe Sehne AF $\sin\dfrac{\alpha}{2}$	Ordinate ED. Pfeil- höhe DF $1-\cos\dfrac{\alpha}{2}$	Bogen- länge ADC $\dfrac{\pi\cdot\alpha}{200}$
18	0	0,14 232	0,01 008	0,14 090	0,00 998	0,28 274
	2	248	010	106	0,01 000	306
	4	264	012	121	002	337
	6	280	014	137	004	369
	8	296	017	152	007	400
18	10	0,14 312	0,01 019	0,14 168	0,01 009	0,28 431
	12	328	021	183	011	463
	14	344	024	199	013	494
	16	360	026	215	015	526
	18	376	028	230	018	557
18	20	0,14 392	0,01 030	0,14 246	0,01 020	0,28 588
	22	408	033	261	022	620
	24	424	035	277	024	651
	26	441	037	292	027	683
	28	457	040	308	029	714
18	30	0,14 473	0,01 042	0,14 323	0,01 031	0,28 746
	32	489	044	339	033	777
	34	505	046	354	036	808
	36	521	049	370	038	840
	38	537	051	386	040	871
18	40	0,14 553	0,01 053	0,14 401	0,01 042	0,28 903
	42	569	056	417	045	934
	44	585	058	432	047	965
	46	601	060	448	049	997
	48	617	063	463	051	0,29 028
18	50	0,14 633	0,01 065	0,14 479	0,01 054	0,29 060
	52	649	067	494	056	091
	54	665	070	510	058	123
	56	681	072	525	061	154
	58	697	074	541	063	185
	60	713	077	557	065	217

α		Tangente AB	Scheitelabstand BD	Abszisse AE. Halbe Sehne AF	Ordinate ED. Pfeilhöhe DF	Bogenlänge ADC
g	c	$\operatorname{tg}\dfrac{\alpha}{2}$	$\sec\dfrac{\alpha}{2}-1$	$\sin\dfrac{\alpha}{2}$	$1-\cos\dfrac{\alpha}{2}$	$\dfrac{\pi\cdot\alpha}{200}$
18	60	0,14 713	0,01 077	0,14 557	0,01 065	0,29 217
	62	729	079	572	067	248
	64	745	081	588	070	280
	66	761	084	603	072	311
	68	777	086	619	074	342
18	70	0,14 793	0,01 088	0,14 634	0,01 077	0,29 374
	72	810	091	650	079	405
	74	826	093	665	081	437
	76	842	095	681	084	468
	78	858	098	696	086	500
18	80	0,14 874	0,01 100	0,14 712	0,01 088	0,29 531
	82	890	102	727	090	562
	84	906	105	743	093	594
	86	922	107	759	095	625
	88	938	110	774	097	657
18	90	0,14 954	0,01 112	0,14 790	0,01 100	0,29 688
	92	970	114	805	102	719
	94	986	117	821	104	751
	96	0,15 002	119	836	107	782
	98	018	121	852	109	814
19	0	0,15 034	0,01 124	0,14 867	0,01 111	0,29 845
	2	050	126	883	114	877
	4	066	129	898	116	908
	6	083	131	914	118	939
	8	099	133	929	121	971
19	10	0,15 115	0,01 136	0,14 945	0,01 123	0,30 002
	12	131	138	960	125	034
	14	147	141	976	128	065
	16	163	143	992	130	096
	18	179	145	0,15 007	132	128
	20	195	148	023	135	159

Tafel I.

α		Tangente AB	Scheitel-abstand BD	Abszisse AE. Halbe Sehne AF	Ordinate ED. Pfeilhöhe DF	Bogen-länge ADC
g	c	$\operatorname{tg}\dfrac{\alpha}{2}$	$\sec\dfrac{\alpha}{2}-1$	$\sin\dfrac{\alpha}{2}$	$1-\cos\dfrac{\alpha}{2}$	$\dfrac{\pi\cdot\alpha}{200}$
19	20	0,15195	0,01148	0,15023	0,01135	0,30159
	22	211	150	038	137	191
	24	227	153	054	140	222
	26	243	155	069	142	254
	28	259	158	085	144	285
19	30	0,15275	0,01160	0,15100	0,01147	0,30316
	32	291	162	116	149	348
	34	308	165	131	151	379
	36	324	167	147	154	411
	38	340	170	162	156	442
19	40	0,15356	0,01172	0,15178	0,01159	0,30473
	42	372	175	193	161	505
	44	388	177	209	163	536
	46	404	179	224	166	568
	48	420	182	240	168	599
19	50	0,15436	0,01184	0,15255	0,01170	0,30631
	52	452	187	271	173	662
	54	468	189	287	175	693
	56	484	192	302	178	725
	58	500	194	318	180	756
19	60	0,15517	0,01197	0,15333	0,01183	0,30788
	62	533	199	349	185	819
	64	549	202	364	187	850
	66	565	204	380	190	882
	68	581	207	395	192	913
19	70	0,15597	0,01209	0,15411	0,01195	0,30945
	72	613	212	426	197	976
	74	629	214	442	199	0,31008
	76	645	216	457	202	039
	78	661	219	473	204	070
	80	677	221	488	207	102

α		Tangente AB	Scheitel-abstand BD	Abszisse AE. Halbe Sehne AF	Ordinate ED. Pfeil-höhe DF	Bogen-länge ADC
g	c	$\operatorname{tg}\dfrac{\alpha}{2}$	$\sec\dfrac{\alpha}{2}-1$	$\sin\dfrac{\alpha}{2}$	$1-\cos\dfrac{\alpha}{2}$	$\dfrac{\pi\cdot\alpha}{200}$
19	80	0,15 677	0,01 221	0,15 488	0,01 207	0,31 102
	82	694	224	504	209	133
	84	710	226	519	212	165
	86	726	229	535	214	196
	88	742	231	550	216	227
19	90	0,15 758	0,01 234	0,15 566	0,01 219	0,31 259
	92	774	236	581	221	290
	94	790	239	597	224	322
	96	806	241	612	226	353
	98	822	244	628	229	385
20	0	0,15 838	0,01 247	0,15 643	0,01 231	0,31 416
	2	855	249	659	234	447
	4	871	252	674	236	479
	6	887	254	690	239	510
	8	903	257	706	241	542
20	10	0,15 919	0,01 259	0,15 721	0,01 244	0,31 573
	12	935	262	737	246	604
	14	951	264	752	248	636
	16	967	267	768	251	667
	18	983	269	783	253	699
20	20	0,16 000	0,01 272	0,15 799	0,01 256	0,31 730
	22	016	274	814	258	762
	24	032	277	830	261	793
	26	048	279	845	263	824
	28	064	282	861	266	856
20	30	0,16 080	0,01 285	0,15 876	0,01 268	0,31 887
	32	096	287	892	271	919
	34	112	290	907	273	950
	36	128	292	923	276	981
	38	145	295	938	278	0,32 013
	40	161	297	954	281	044

Tafel I.

g	c	Tangente AB	Scheitelabstand BD	Abszisse AE. Halbe Sehne AF	Ordinate ED. Pfeilhöhe DF	Bogenlänge ADC
		$\operatorname{tg}\dfrac{\alpha}{2}$	$\sec\dfrac{\alpha}{2}-1$	$\sin\dfrac{\alpha}{2}$	$1-\cos\dfrac{\alpha}{2}$	$\dfrac{\pi\cdot\alpha}{200}$
20	40	0,16161	0,01297	0,15954	0,01281	0,32044
	42	177	300	969	283	076
	44	193	303	985	286	107
	46	209	305	0,16000	288	138
	48	225	308	016	291	170
20	50	0,16241	0,01310	0,16031	0,01293	0,32201
	52	257	313	047	296	233
	54	273	315	062	298	264
	56	290	318	078	301	296
	58	306	321	093	303	327
20	60	0,16322	0,01323	0,16109	0,01306	0,32358
	62	338	326	124	308	390
	64	354	328	140	311	421
	66	370	331	155	314	453
	68	386	334	171	316	484
20	70	0,16403	0,01336	0,16186	0,01319	0,32515
	72	419	339	202	321	547
	74	435	342	217	324	578
	76	451	344	233	326	610
	78	467	347	248	329	641
20	80	0,16483	0,01349	0,16264	0,01331	0,32673
	82	499	352	279	334	704
	84	515	355	295	337	735
	86	532	357	310	339	767
	88	548	360	326	342	798
20	90	0,16564	0,01363	0,16341	0,01344	0,32830
	92	580	365	357	347	861
	94	596	368	372	349	892
	96	612	370	388	352	924
	98	628	373	403	354	955
21	0	645	376	419	357	987

α		Tangente AB	Scheitel-abstand BD	Abszisse AE. Halbe Sehne AF	Ordinate ED. Pfeil-höhe DF	Bogen-länge ADC
g	c	$\operatorname{tg}\dfrac{\alpha}{2}$	$\sec\dfrac{\alpha}{2}-1$	$\sin\dfrac{\alpha}{2}$	$1-\cos\dfrac{\alpha}{2}$	$\dfrac{\pi\cdot\alpha}{200}$
21	0	0,16 645	0,01 376	0,16 419	0,01 357	0,32 987
	2	661	378	434	360	0,33 018
	4	677	381	450	362	050
	6	693	384	465	365	081
	8	709	386	481	367	112
21	10	0,16 725	0,01 389	0,16 496	0,01 370	0,33 144
	12	741	392	512	373	175
	14	758	394	527	375	207
	16	774	397	543	378	238
	18	790	400	558	380	269
21	20	0,16 806	0,01 402	0,16 574	0,01 383	0,33 301
	22	822	405	589	386	332
	24	838	408	605	388	364
	26	854	410	620	391	395
	28	871	413	636	393	427
21	30	0,16 887	0,01 416	0,16 651	0,01 396	0,33 458
	32	903	418	667	399	489
	34	919	421	682	401	521
	36	935	424	698	404	552
	38	951	427	713	407	584
21	40	0,16 968	0,01 429	0,16 728	0,01 409	0,33 615
	42	984	432	744	412	646
	44	0,17 000	435	758	414	678
	46	016	437	775	417	709
	48	032	440	790	420	741
21	50	0,17 048	0,01 443	0,16 806	0,01 422	0,33 772
	52	065	446	821	425	804
	54	081	448	837	428	835
	56	097	451	852	430	866
	58	113	454	868	433	898
	60	129	456	883	436	929

Tafel I.

α		Tangente AB	Scheitel-abstand BD	Abszisse AE. Halbe Sehne AF	Ordinate ED. Pfeil-höhe DF	Bogen-länge ADC
g	c	$\operatorname{tg}\dfrac{\alpha}{2}$	$\sec\dfrac{\alpha}{2}-1$	$\sin\dfrac{\alpha}{2}$	$1-\cos\dfrac{\alpha}{2}$	$\dfrac{\pi\cdot\alpha}{200}$
21	60	0,17 129	0,01 456	0,16 883	0,01 436	0,33 929
	62	145	459	899	438	961
	64	162	462	914	441	992
	66	178	465	930	444	0,34 023
	68	194	467	945	446	055
21	70	0,17 210	0,01 470	0,16 961	0,01 449	0,34 086
	72	226	473	976	452	118
	74	242	476	992	454	149
	76	259	478	0,17 007	457	181
	78	275	481	023	460	212
21	80	0,17 291	0,01 484	0,17 038	0,01 462	0,34 243
	82	307	487	054	465	275
	84	323	489	069	468	306
	86	340	492	085	470	338
	88	356	495	100	473	369
21	90	0,17 372	0,01 498	0,17 116	0,01 476	0,34 400
	92	388	500	131	478	432
	94	404	503	146	481	463
	96	420	506	162	484	495
	98	437	509	177	486	526
22	0	0,17 453	0,01 512	0,17 193	0,01 489	0,34 558
	2	469	514	208	492	589
	4	485	517	224	494	620
	6	501	520	239	497	652
	8	518	523	255	500	683
22	10	0,17 534	0,01 526	0,17 270	0,01 503	0,34 715
	12	550	528	286	505	746
	14	566	531	301	508	777
	16	582	534	317	511	809
	18	599	537	332	513	840
	20	615	540	348	516	872

80

α		Tangente AB	Scheitel-abstand BD	Abszisse AE. Halbe Sehne AF	Ordinate ED. Pfeil-höhe DF	Bogen-länge ADC
g	c	$\mathrm{tg}\,\dfrac{\alpha}{2}$	$\sec\dfrac{\alpha}{2}-1$	$\sin\dfrac{\alpha}{2}$	$1-\cos\dfrac{\alpha}{2}$	$\dfrac{\pi\cdot\alpha}{200}$
22	20	0,17 615	0,01 540	0,17 348	0,01 516	0,34 872
	22	631	542	363	519	903
	24	647	545	379	522	935
	26	663	548	394	524	966
	28	680	551	410	527	997
22	30	0,17 696	0,01 554	0,17 425	0,01 530	0,35 029
	32	712	556	440	533	060
	34	728	559	456	535	092
	36	744	562	471	538	123
	38	760	565	487	541	154
22	40	0,17 777	0,01 568	0,17 502	0,01 544	0,35 186
	42	793	571	518	546	217
	44	809	573	533	549	249
	46	825	576	549	552	280
	48	842	579	564	555	312
22	50	0,17 858	0,01 582	0,17 580	0,01 557	0,35 343
	52	874	585	595	560	374
	54	890	588	611	563	406
	56	906	591	626	566	437
	58	923	593	642	568	469
22	60	0,17 939	0,01 596	0,17 657	0,01 571	0,35 500
	62	955	599	672	574	531
	64	971	602	688	577	563
	66	987	605	703	580	594
	68	0,18 004	608	719	582	626
22	70	0,18 020	0,01 611	0,17 734	0,01 585	0,35 657
	72	036	613	750	588	688
	74	052	616	765	591	720
	76	069	619	781	593	751
	78	085	622	796	596	783
	80	101	625	812	599	814

Tafel I.

α		Tangente AB	Scheitel-abstand BD	Abszisse AE. Halbe Sehne AF	Ordinate ED. Pfeil-höhe DF	Bogen-länge ADC
g	c	$\mathrm{tg}\ \dfrac{\alpha}{2}$	$\sec \dfrac{\alpha}{2}-1$	$\sin \dfrac{\alpha}{2}$	$1-\cos \dfrac{\alpha}{2}$	$\dfrac{\pi\cdot\alpha}{200}$
22	80	0,18 101	0,01 625	0,17 812	0,01 599	0,35 814
	82	117	628	827	602	846
	84	133	631	842	605	877
	86	150	634	858	607	908
	88	166	637	873	610	940
22	90	0,18 182	0,01 639	0,17 889	0,01 613	0,35 971
	92	198	642	904	616	0,36 003
	94	215	645	920	619	034
	96	231	648	935	622	065
	98	247	651	951	624	097
23	0	0,18 263	0,01 654	0,17 966	0,01 627	0,36 128
	2	279	657	982	630	160
	4	296	660	997	633	191
	6	312	663	0,18 012	636	223
	8	328	666	028	638	254
23	10	0,18 344	0,01 669	0,18 043	0,01 641	0,36 285
	12	361	672	059	644	317
	14	377	675	074	647	348
	16	393	677	090	650	380
	18	409	680	105	653	411
23	20	0,18 426	0,01 683	0,18 121	0,01 656	0,36 442
	22	442	686	136	658	474
	24	458	689	151	661	505
	26	474	692	167	664	537
	28	491	695	182	667	568
23	30	0,18 507	0,01 698	0,18 198	0,01 670	0,36 600
	32	523	701	213	673	631
	34	539	704	229	675	662
	36	556	707	244	678	694
	38	572	710	260	681	725
	40	588	713	275	684	757

α		Tangente AB	Scheitel-abstand BD	Abszisse AE. Halbe Sehne AF	Ordinate ED. Pfeil-höhe DF	Bogen-länge ADC
g	c	$\operatorname{tg}\dfrac{\alpha}{2}$	$\sec\dfrac{\alpha}{2}-1$	$\sin\dfrac{\alpha}{2}$	$1-\cos\dfrac{\alpha}{2}$	$\dfrac{\pi\cdot\alpha}{200}$
23	40	0,18 588	0,01 713	0,18 275	0,01 684	0,36 757
	42	604	716	290	687	788
	44	621	719	306	690	819
	46	637	722	321	693	851
	48	653	725	337	696	882
23	50	0,18 669	0,01 728	0,18 352	0,01 698	0,36 914
	52	686	731	368	701	945
	54	702	734	383	704	977
	56	718	737	399	707	0,37 008
	58	734	740	414	710	039
23	60	0,18 751	0,01 743	0,18 429	0,01 713	0,37 071
	62	767	746	445	716	102
	64	783	749	460	719	134
	66	799	752	476	722	165
	68	816	755	491	724	196
23	70	0,18 832	0,01 758	0,18 507	0,01 727	0,37 228
	72	848	761	522	730	259
	74	864	764	538	733	291
	76	881	767	553	736	322
	78	897	770	568	739	354
23	80	0,18 913	0,01 773	0,18 584	0,01 742	0,37 385
	82	930	776	599	745	416
	84	946	779	615	748	448
	86	962	782	630	751	479
	88	978	785	646	754	511
23	90	0,18 995	0,01 788	0,18 661	0,01 757	0,37 542
	92	0,19 011	791	676	760	573
	94	027	794	692	762	605
	96	043	797	707	765	636
	98	060	800	723	768	668
24	0	076	803	738	771	699

Tafel I.

g	c	Tangente AB	Scheitel-abstand BD	Abszisse AE. Halbe Sehne AF	Ordinate ED. Pfeil-höhe DF	Bogen-länge ADC
		$\operatorname{tg}\dfrac{\alpha}{2}$	$\sec\dfrac{\alpha}{2}-1$	$\sin\dfrac{\alpha}{2}$	$1-\cos\dfrac{\alpha}{2}$	$\dfrac{\pi\cdot\alpha}{200}$
24	0	0,19076	0,01803	0,18738	0,01771	0,37699
	2	092	806	754	774	731
	4	109	809	769	777	762
	6	125	812	784	780	793
	8	141	815	800	783	825
24	10	0,19157	0,01818	0,18815	0,01786	0,37856
	12	174	822	831	789	888
	14	190	825	846	792	919
	16	206	828	862	795	950
	18	223	831	877	798	982
24	20	0,19239	0,01834	0,18892	0,01801	0,38013
	22	255	837	908	804	045
	24	271	840	923	807	076
	26	288	843	939	810	108
	28	304	846	954	813	139
24	30	0,19320	0,01849	0,18970	0,01816	0,38170
	32	337	852	985	819	202
	34	353	856	0,19000	822	233
	36	369	859	016	825	265
	38	386	862	031	828	296
24	40	0,19402	0,01865	0,19047	0,01831	0,38327
	42	418	868	062	834	359
	44	434	871	077	837	390
	46	451	874	093	840	422
	48	467	877	108	843	453
24	50	0,19483	0,01880	0,19124	0,01846	0,38485
	52	500	883	139	849	516
	54	516	887	155	852	547
	56	532	890	170	855	579
	58	549	893	185	858	610
	60	565	896	201	861	642

84

α		Tangente AB	Scheitel-abstand BD	Abszisse AE. Halbe Sehne AF	Ordinate ED. Pfeil-höhe DF	Bogen-länge ADC
g	c	$\operatorname{tg}\dfrac{\alpha}{2}$	$\sec\dfrac{\alpha}{2}-1$	$\sin\dfrac{\alpha}{2}$	$1-\cos\dfrac{\alpha}{2}$	$\dfrac{\pi\cdot\alpha}{200}$
24	60	0,19565	0,01896	0,19201	0,01861	0,38642
	62	581	899	216	864	673
	64	597	902	232	867	704
	66	614	905	247	870	736
	68	630	908	262	873	767
24	70	0,19646	0,01912	0,19278	0,01876	0,38799
	72	663	915	293	879	830
	74	679	918	309	882	862
	76	695	921	324	885	893
	78	712	924	340	888	924
24	80	0,19728	0,01927	0,19355	0,01891	0,38956
	82	744	931	370	894	987
	84	761	934	386	897	0,39019
	86	777	937	401	900	050
	88	793	940	417	903	081
24	90	0,19810	0,01943	0,19432	0,01906	0,39113
	92	826	946	447	909	144
	94	842	950	463	912	176
	96	859	953	478	915	207
	98	875	960	494	918	238
25	0	0,19891	0,01959	0,19509	0,01921	0,39270
	2	908	962	524	924	301
	4	924	965	540	928	333
	6	940	969	555	931	364
	8	957	972	571	934	396
25	10	0,19973	0,01975	0,19586	0,01937	0,39427
	12	989	978	601	940	458
	14	0,20006	982	617	943	490
	16	022	985	632	946	521
	18	038	988	648	949	553
	20	055	991	663	952	584

Tafel I.

α		Tangente AB	Scheitel-abstand BD	Abszisse AE. Halbe Sehne AF	Ordinate ED. Pfeil-höhe DF	Bogen-länge ADC
g	c	$\operatorname{tg}\dfrac{\alpha}{2}$	$\sec\dfrac{\alpha}{2}-1$	$\sin\dfrac{\alpha}{2}$	$1-\cos\dfrac{\alpha}{2}$	$\dfrac{\pi\cdot\alpha}{200}$
25	20	0,20055	0,01991	0,19663	0,01952	0,39584
	22	071	994	678	955	615
	24	087	998	694	958	647
	26	104	0,02001	709	962	678
	28	120	004	725	965	710
25	30	0,20136	0,02007	0,19740	0,01968	0,39741
	32	153	010	755	971	773
	34	169	014	771	974	804
	36	185	017	786	977	835
	38	202	020	802	980	867
25	40	0,20218	0,02023	0,19817	0,01983	0,39898
	42	234	027	832	986	930
	44	251	030	848	989	961
	46	267	033	863	993	992
	48	283	036	879	996	0,40024
25	50	0,20300	0,02040	0,19894	0,01999	0,40055
	52	316	043	909	0,02002	087
	54	333	046	925	005	118
	56	349	049	940	008	150
	58	365	053	956	011	181
25	60	0,20382	0,02056	0,19971	0,02014	0,40212
	62	398	059	986	018	244
	64	414	062	0,20002	021	275
	66	431	066	017	024	307
	68	447	069	033	027	338
25	70	0,20463	0,02072	0,20048	0,02030	0,40369
	72	480	076	063	033	401
	74	496	079	079	037	432
	76	513	082	094	040	464
	78	529	085	110	043	495
	80	545	089	125	046	527

α		Tangente AB	Scheitelabstand BD	Abszisse AE. Halbe Sehne AF	Ordinate ED. Pfeilhöhe DF	Bogenlänge ADC
g	c	$\mathrm{tg}\,\dfrac{\alpha}{2}$	$\sec\dfrac{\alpha}{2}-1$	$\sin\dfrac{\alpha}{2}$	$1-\cos\dfrac{\alpha}{2}$	$\dfrac{\pi\cdot\alpha}{200}$
25	80	0,20 545	0,02 089	0,20 125	0,02 046	0,40 527
	82	562	092	140	049	558
	84	578	095	156	052	589
	86	594	099	171	055	621
	88	611	102	186	059	652
25	90	0,20 627	0,02 105	0,20 202	0,02 062	0,40 684
	92	643	109	217	065	715
	94	660	112	233	068	746
	96	676	115	248	071	778
	98	693	118	263	075	809
26	0	0,20 709	0,02 122	0,20 279	0,02 078	0,40 841
	2	725	125	294	081	872
	4	742	128	309	084	904
	6	758	132	325	087	935
	8	775	135	340	091	966
26	10	0,20 791	0,02 138	0,20 356	0,02 094	0,40 998
	12	807	142	371	097	0,41 029
	14	824	145	386	100	061
	16	840	148	402	103	092
	18	856	152	417	106	123
26	20	0,20 873	0,02 155	0,20 433	0,02 110	0,41 155
	22	889	158	448	113	186
	24	906	162	463	116	218
	26	922	165	479	119	249
	28	938	169	494	123	281
26	30	0,20 955	0,02 172	0,20 509	0,02 126	0,41 312
	32	971	175	525	129	343
	34	988	179	540	132	375
	36	0,21 004	182	555	135	406
	38	020	185	571	139	438
	40	037	189	586	142	469

Tafel I.

α		Tangente AB	Scheitel-abstand BD	Abszisse AE. Halbe Sehne AF	Ordinate ED. Pfeil-höhe DF	Bogen-länge ADC
g	c	$\operatorname{tg}\dfrac{\alpha}{2}$	$\sec\dfrac{\alpha}{2}-1$	$\sin\dfrac{\alpha}{2}$	$1-\cos\dfrac{\alpha}{2}$	$\dfrac{\pi\cdot\alpha}{200}$
26	40	0,21037	0,02189	0,20586	0,02142	0,41469
	42	053	192	602	145	500
	44	070	196	617	148	532
	46	086	199	632	152	563
	48	102	202	648	155	595
26	50	0,21119	0,02206	0,20663	0,02158	0,41626
	52	135	209	678	161	658
	54	152	212	694	165	689
	56	168	216	709	168	720
	58	185	219	725	171	752
26	60	0,21201	0,02223	0,20740	0,02174	0,41783
	62	217	226	755	178	815
	64	234	230	771	181	846
	66	250	233	786	184	877
	68	267	236	801	187	909
26	70	0,21283	0,02240	0,20817	0,02191	0,41940
	72	299	243	832	194	972
	74	316	247	848	197	0,42003
	76	332	250	863	200	035
	78	349	253	878	204	066
26	80	0,21365	0,02257	0,20894	0,02207	0,42097
	82	382	260	909	210	129
	84	398	264	924	214	160
	86	414	267	940	217	192
	88	431	271	955	220	223
26	90	0,21447	0,02274	0,20970	0,02224	0,42254
	92	464	278	986	227	286
	94	480	281	0,21001	230	317
	96	497	284	016	233	349
	98	513	288	032	237	380
27	0	529	291	047	240	412

α		Tangente AB	Scheitel-abstand BD	Abszisse AE. Halbe Sehne AF	Ordinate ED. Pfeil-höhe DF	Bogen-länge ADC
g	c	$\operatorname{tg}\dfrac{\alpha}{2}$	$\sec\dfrac{\alpha}{2}-1$	$\sin\dfrac{\alpha}{2}$	$1-\cos\dfrac{\alpha}{2}$	$\dfrac{\pi\cdot\alpha}{200}$
27	0	0,21 529	0,02 291	0,21 047	0,02 240	0,42 412
	2	546	295	063	243	443
	4	562	298	078	247	474
	6	579	302	093	250	506
	8	595	305	109	253	537
27	10	0,21 612	0,02 309	0,21 124	0,02 257	0.42 569
	12	628	312	139	260	600
	14	645	316	155	263	631
	16	661	319	170	267	663
	18	677	323	185	270	694
27	20	0,21 694	0,02 326	0,21 201	0,02 273	0,42 726
	22	710	330	216	276	757
	24	727	333	231	280	788
	26	743	337	247	283	820
	28	760	340	262	287	851
27	30	0,21 776	0,02 344	0,21 277	0,02 290	0,42 883
	32	793	347	293	293	914
	34	809	351	308	297	946
	36	825	354	324	300	977
	38	842	358	339	303	0,43 008
27	40	0,21 858	0,02 361	0,21 354	0,02 307	0,43 040
	42	875	365	370	310	071
	44	891	368	385	313	103
	46	908	372	400	317	134
	48	924	375	416	320	165
27	50	0,21 941	0,02 379	0,21 431	0,02 323	0,43 197
	52	957	382	446	327	228
	54	974	386	462	330	260
	56	990	389	477	334	291
	58	0,22 007	393	492	337	323
	60	023	396	508	340	354

Tafel I.

α		Tangente AB	Scheitelabstand BD	Abszisse AE. Halbe Sehne AF	Ordinate ED. Pfeilhöhe DF	Bogenlänge ADC
g	c	$\mathrm{tg}\,\dfrac{\alpha}{2}$	$\sec\dfrac{\alpha}{2}-1$	$\sin\dfrac{\alpha}{2}$	$1-\cos\dfrac{\alpha}{2}$	$\dfrac{\pi\cdot\alpha}{200}$
27	60	0,22 023	0,02 396	0,21 508	0,02 340	0,43 354
	62	039	400	523	344	385
	64	056	403	538	347	417
	66	072	407	554	350	448
	68	089	411	569	354	480
27	70	0,22 105	0,02 414	0,21 584	0,02 357	0,43 511
	72	122	418	600	361	542
	74	138	421	615	364	574
	76	155	425	630	367	605
	78	171	428	646	371	637
27	80	0,22 188	0,02 432	0,21 661	0,02 374	0,43 668
	82	204	435	676	378	700
	84	221	439	692	381	731
	86	237	443	707	384	762
	88	254	446	722	388	794
27	90	0,22 270	0,02 450	0,21 738	0,02 392	0,43 825
	92	287	453	753	395	857
	94	303	457	768	398	888
	96	320	461	784	401	919
	98	336	464	799	405	951
28	0	0,22 353	0,02 468	0,21 814	0,02 408	0,43 982
	2	369	471	830	412	0,44 014
	4	386	475	845	415	045
	6	402	479	860	419	077
	8	419	482	876	422	108
28	10	0,22 435	0,02 486	0,21 891	0,02 425	0,44 139
	12	452	489	906	429	171
	14	468	493	922	432	202
	16	485	497	937	436	234
	18	501	500	952	439	265
	20	518	504	968	443	296

g	c	Tangente AB $\operatorname{tg}\frac{\alpha}{2}$	Scheitel-abstand BD $\sec\frac{\alpha}{2}-1$	Abszisse AE. Halbe Sehne AF $\sin\frac{\alpha}{2}$	Ordinate ED. Pfeilhöhe DF $1-\cos\frac{\alpha}{2}$	Bogen-länge ADC $\frac{\pi\cdot\alpha}{200}$
28	20	0,22 518	0,02 504	0,21 968	0,02 443	0,44 296
	22	534	507	983	446	328
	24	551	511	998	450	359
	26	567	515	0,22 014	453	391
	28	584	518	029	457	422
28	30	0,22 600	0,02 522	0,22 044	0,02 460	0,44 454
	32	617	526	060	463	485
	34	633	529	075	467	516
	36	650	533	090	470	548
	38	666	537	105	474	579
28	40	0,22 683	0,02 540	0,22 121	0,02 477	0,44 611
	42	699	544	136	481	642
	44	716	548	151	484	673
	46	732	551	167	488	705
	48	749	555	182	491	736
28	50	0,22 765	0,02 559	0,22 197	0,02 495	0,44 768
	52	782	562	213	498	799
	54	798	566	228	502	831
	56	815	570	243	505	862
	58	831	573	259	509	893
28	60	0,22 848	0,02 577	0,22 274	0,02 512	0,44 925
	62	864	581	289	516	956
	64	881	584	305	519	988
	66	898	588	320	523	0,45 019
	68	914	592	335	526	050
28	70	0,22 931	0,02 595	0,22 351	0,02 530	0,45 082
	72	947	599	366	533	113
	74	964	603	381	537	145
	76	980	606	396	540	176
	78	997	610	412	544	208
	80	0,23 013	614	427	547	239

Tafel I.

α		Tangente AB	Scheitel-abstand BD	Abszisse AE. Halbe Sehne AF	Ordinate ED. Pfeil-höhe DF	Bogen-länge ADC
g	c	$\mathrm{tg}\,\dfrac{\alpha}{2}$	$\sec\dfrac{\alpha}{2}-1$	$\sin\dfrac{\alpha}{2}$	$1-\cos\dfrac{\alpha}{2}$	$\dfrac{\pi\cdot\alpha}{200}$
28	80	0,23013	0,02614	0,22427	0,02547	0,45239
	82	030	618	442	551	270
	84	046	621	458	554	302
	86	063	625	473	558	333
	88	079	629	488	561	365
28	90	0,23096	0,02632	0,22504	0,02565	0,45396
	92	113	636	519	568	427
	94	129	640	534	572	459
	96	146	644	550	576	490
	98	162	647	565	579	522
29	0	0,23179	0,02651	0,22580	0,02583	0,45553
	2	195	655	595	586	585
	4	212	659	611	590	616
	6	228	662	626	593	647
	8	245	666	641	597	679
29	10	0,23262	0,02670	0,22657	0,02600	0,45710
	12	278	674	672	604	742
	14	295	677	687	608	773
	16	311	681	703	611	804
	18	328	685	718	615	836
29	20	0,23344	0,02689	0,22733	0,02618	0,45867
	22	361	692	748	622	899
	24	377	696	764	625	930
	26	394	700	779	629	962
	28	411	704	794	633	993
29	30	0,23427	0,02708	0,22810	0,02636	0,46024
	32	444	711	825	640	056
	34	460	715	840	643	087
	36	477	719	855	647	119
	38	493	723	871	650	150
	40	510	726	886	654	181

α		Tangente AB	Scheitel-abstand BD	Abszisse AE. Halbe Sehne AF	Ordinate ED. Pfeil-höhe DF	Bogen-länge ADC
g	c	$\operatorname{tg}\dfrac{\alpha}{2}$	$\sec\dfrac{\alpha}{2}-1$	$\sin\dfrac{\alpha}{2}$	$1-\cos\dfrac{\alpha}{2}$	$\dfrac{\pi\cdot\alpha}{200}$
29	40	0,23 510	0,02 726	0,22 886	0,02 654	0,46 181
	42	527	730	901	658	213
	44	543	734	917	661	244
	46	560	738	932	665	276
	48	576	742	947	668	307
29	50	0,23 593	0,02 745	0,22 963	0,02 672	0,46 338
	52	610	749	978	676	370
	54	626	753	993	679	401
	56	643	757	0,23 008	683	433
	58	659	761	024	687	464
29	60	0,23 676	0,02 765	0,23 039	0,02 690	0,46 496
	62	692	768	054	694	527
	64	709	772	070	697	558
	66	726	776	085	701	590
	68	742	780	100	705	621
29	70	0,23 759	0,02 784	0,23 115	0,02 708	0,46 653
	72	775	788	131	712	684
	74	792	791	146	716	715
	76	809	795	161	719	747
	78	825	799	176	723	778
29	80	0,23 842	0,02 803	0,23 192	0,02 726	0,46 810
	82	858	807	207	730	841
	84	875	811	222	734	873
	86	892	814	238	737	904
	88	908	818	253	741	935
29	90	0,23 925	0,02 822	0,23 268	0,02 745	0,46 967
	92	941	826	283	748	998
	94	958	830	299	752	0,47 030
	96	975	834	314	756	061
	98	991	838	329	759	092
30	0	0,24 008	842	345	763	124

Tafel I.

α		Tangente AB	Scheitel-abstand BD	Abszisse AE. Halbe Sehne AF	Ordinate ED. Pfeil-höhe DF	Bogen-länge ADC
g	c	$\operatorname{tg}\dfrac{\alpha}{2}$	$\sec\dfrac{\alpha}{2}-1$	$\sin\dfrac{\alpha}{2}$	$1-\cos\dfrac{\alpha}{2}$	$\dfrac{\pi\cdot\alpha}{200}$
30	0	0,24008	0,02842	0,23345	0,02763	0,47124
	2	024	845	360	767	155
	4	041	849	375	770	187
	6	058	853	390	774	218
	8	074	857	406	778	250
30	10	0,24091	0,02861	0,23421	0,02781	0,47281
	12	108	865	436	785	312
	14	124	869	451	789	344
	16	141	873	467	792	375
	18	157	877	482	796	407
30	20	0,24174	0,02880	0,23497	0,02800	0,47438
	22	191	884	513	803	469
	24	207	888	528	807	501
	26	224	892	543	811	532
	28	241	896	558	815	564
30	30	0,24257	0,02900	0,23574	0,02818	0,47595
	32	274	904	589	822	627
	34	290	908	604	826	658
	36	307	912	619	829	689
	38	324	916	635	833	721
30	40	0,24340	0,02920	0,23650	0,02837	0,47752
	42	357	924	665	841	784
	44	374	928	680	844	815
	46	390	931	696	848	846
	48	407	935	711	852	878
30	50	0,24424	0,02939	0,23726	0,02855	0,47909
	52	440	943	741	859	941
	54	457	947	757	863	972
	56	474	951	772	867	0,48004
	58	490	955	787	870	035
	60	507	959	802	874	066

94

α		Tangente AB	Scheitel-abstand BD	Abszisse AE. Halbe Sehne AF	Ordinate ED. Pfeil-höhe DF	Bogen-länge ADC
g	c	$\operatorname{tg}\dfrac{\alpha}{2}$	$\sec\dfrac{\alpha}{2}-1$	$\sin\dfrac{\alpha}{2}$	$1-\cos\dfrac{\alpha}{2}$	$\dfrac{\pi\cdot\alpha}{200}$
30	60	0,24 507	0,02 959	0,23 802	0,02 874	0,48 066
	62	523	963	818	878	098
	64	540	967	833	882	129
	66	557	971	848	885	161
	68	573	975	864	889	192
30	70	0,24 590	0,02 979	0,23 879	0,02 893	0,48 223
	72	607	983	894	897	255
	74	623	987	909	900	286
	76	640	991	925	904	318
	78	657	995	940	908	349
30	80	0,24 673	0,02 999	0,23 955	0,02 912	0,48 381
	82	690	0,03 003	970	915	412
	84	707	007	986	919	443
	86	723	011	0,24 001	923	475
	88	740	015	016	927	506
30	90	0,24 757	0,03 019	0,24 031	0,02 930	0,48 538
	92	773	023	047	934	569
	94	790	027	062	938	600
	96	807	031	077	942	632
	98	823	035	092	946	663
31	0	0,24 840	0,03 039	0,24 108	0,02 949	0,48 695
	2	857	043	123	953	726
	4	873	047	138	957	758
	6	890	051	153	961	789
	8	906	055	168	965	820
31	10	0,24 924	0,03 059	0,24 184	0,02 968	0,48 852
	12	940	063	199	972	883
	14	957	067	214	976	915
	16	974	071	229	980	946
	18	990	075	245	984	977
	20	0,25 007	079	260	987	0,49 009

Tafel I.

g	c	Tangente AB $\operatorname{tg}\dfrac{\alpha}{2}$	Scheitelabstand BD $\sec\dfrac{\alpha}{2}-1$	Abszisse $AE.$ Halbe Sehne AF $\sin\dfrac{\alpha}{2}$	Ordinate $ED.$ Pfeilhöhe DF $1-\cos\dfrac{\alpha}{2}$	Bogenlänge ADC $\dfrac{\pi\cdot\alpha}{200}$
31	20	0,25 007	0,03 079	0,24 260	0,02 987	0,49 009
	22	024	083	275	991	040
	24	040	087	290	995	072
	26	057	091	306	999	103
	28	074	096	321	0,03 003	135
31	30	0,25 090	0,03 100	0,24 336	0,03 006	0,49 166
	32	107	104	351	010	197
	34	124	108	367	014	229
	36	141	112	382	018	260
	38	157	116	397	022	292
31	40	0,25 174	0,03 120	0,24 412	0,03 026	0,49 323
	42	191	124	428	029	354
	44	207	128	443	033	386
	46	224	132	458	037	417
	48	241	136	473	041	449
31	50	0,25 257	0,03 140	0,24 488	0,03 045	0,49 480
	52	274	144	504	049	512
	54	291	149	519	052	543
	56	308	153	534	056	574
	58	324	157	549	060	606
31	60	0,25 341	0,03 161	0,24 565	0,03 064	0,49 637
	62	358	165	580	068	669
	64	374	169	595	072	700
	66	391	173	610	076	731
	68	408	177	625	079	763
31	70	0,25 425	0,03 182	0,24 641	0,03 083	0,49 794
	72	441	186	656	087	826
	74	458	190	671	091	857
	76	475	194	686	095	888
	78	492	198	702	099	920
	80	508	202	717	103	951

96

α		Tangente AB	Scheitel-abstand BD	Abszisse AE. Halbe Sehne AF	Ordinate ED. Pfeil-höhe DF	Bogen-länge ADC
g	c	$\operatorname{tg}\dfrac{\alpha}{2}$	$\sec\dfrac{\alpha}{2}-1$	$\sin\dfrac{\alpha}{2}$	$1-\cos\dfrac{\alpha}{2}$	$\dfrac{\pi\cdot\alpha}{200}$
31	80	0,25508	0,03202	0,24717	0,03103	0,49951
	82	525	206	732	107	983
	84	542	210	747	111	0,50014
	86	558	214	762	114	046
	88	575	219	778	118	077
31	90	0,25592	0,03223	0,24793	0,03122	0,50108
	92	609	227	808	126	140
	94	625	231	823	130	171
	96	642	235	839	134	203
	98	659	239	854	138	234
32	0	0,25676	0,03244	0,24869	0,03142	0,50265
	2	692	248	884	146	297
	4	709	252	899	150	328
	6	726	256	915	153	360
	8	743	260	930	157	391
32	10	0,25759	0,03264	0,24945	0,03161	0,50423
	12	776	269	960	165	454
	14	793	273	975	169	485
	16	810	277	991	173	517
	18	826	281	0,25006	177	548
32	20	0,25843	0,03285	0,25021	0,03181	0,50580
	22	860	290	036	185	611
	24	877	294	052	189	642
	26	893	298	067	193	674
	28	910	302	082	197	705
32	30	0,25927	0,03306	0,25097	0,03201	0,50737
	32	944	311	112	204	768
	34	960	315	128	208	800
	36	977	319	143	213	831
	38	994	323	158	216	862
	40	0,26011	327	173	220	894

Tafel I.

g	c	Tangente AB	Scheitel-abstand BD	Abszisse AE. Halbe Sehne AF	Ordinate ED. Pfeil-höhe DF	Bogen-länge ADC
		$\operatorname{tg} \dfrac{\alpha}{2}$	$\sec \dfrac{\alpha}{2} - 1$	$\sin \dfrac{\alpha}{2}$	$1 - \cos \dfrac{\alpha}{2}$	$\dfrac{\pi \cdot \alpha}{200}$
32	40	0,26011	0,03327	0,25173	0,03220	0,50894
	42	028	332	188	224	925
	44	044	336	204	228	957
	46	061	340	219	232	988
	48	078	344	234	236	0,51019
32	50	0,26095	0,03349	0,25249	0,03240	0,51051
	52	111	353	264	244	082
	54	128	357	280	248	114
	56	145	361	295	252	145
	58	162	366	310	256	177
32	60	0,26179	0,03370	0,25325	0,03260	0,51208
	62	195	374	340	264	239
	64	212	378	356	268	271
	66	229	383	371	272	302
	68	246	387	386	276	334
32	70	0,26262	0,03391	0,25401	0,03280	0,51365
	72	279	395	416	284	396
	74	296	400	431	288	428
	76	313	404	447	292	459
	78	330	408	462	296	491
32	80	0,26346	0,03412	0,25477	0,03300	0,51522
	82	363	417	492	304	554
	84	380	421	507	308	585
	86	397	425	523	312	616
	88	414	430	538	316	648
32	90	0,26430	0,03434	0,25553	0,03320	0,51679
	92	447	438	568	324	711
	94	464	442	583	328	742
	96	481	447	599	332	773
	98	498	451	614	336	805
33	0	515	455	629	340	836

98

g	c	Tangente AB — $\mathrm{tg}\,\dfrac{\alpha}{2}$	Scheitel-abstand BD — $\sec\dfrac{\alpha}{2}-1$	Abszisse AE. Halbe Sehne AF — $\sin\dfrac{\alpha}{2}$	Ordinate ED. Pfeil-höhe DF — $1-\cos\dfrac{\alpha}{2}$	Bogen-länge ADC — $\dfrac{\pi\cdot\alpha}{200}$
33	0	0,26 515	0,03 455	0,25 629	0,03 340	0,51 836
	2	531	460	644	344	868
	4	548	464	659	348	899
	6	565	468	674	352	931
	8	582	473	690	356	962
33	10	0,26 599	0,03 477	0,25 705	0,03 360	0,51 993
	12	615	481	720	364	0,52 025
	14	632	486	735	368	056
	16	649	490	750	372	088
	18	666	494	766	376	119
33	20	0,26 683	0,03 499	0,25 781	0,03 380	0,52 150
	22	700	503	796	384	182
	24	716	507	811	388	213
	26	733	512	826	393	245
	28	750	516	841	397	276
33	30	0,26 767	0,03 520	0,25 857	0,03 401	0,52 308
	32	784	525	872	405	339
	34	801	529	887	409	370
	36	817	533	902	413	402
	38	834	538	917	417	433
33	40	0,26 851	0,03 542	0,25 932	0,03 421	0,52 465
	42	868	547	948	425	496
	44	885	551	963	429	527
	46	902	555	978	433	559
	48	918	560	993	437	590
33	50	0,26 935	0,03 564	0,26 008	0,03 441	0,52 622
	52	952	568	023	445	653
	54	969	573	039	450	685
	56	986	577	054	454	716
	58	0,27 003	582	069	458	747
	60	020	586	084	462	779

Tafel I.

α		Tangente AB	Scheitel-abstand BD	Abszisse AE. Halbe Sehne AF	Ordinate ED. Pfeil-höhe DF	Bogen-länge ADC
g	c	$\operatorname{tg} \dfrac{\alpha}{2}$	$\sec \dfrac{\alpha}{2} - 1$	$\sin \dfrac{\alpha}{2}$	$1 - \cos \dfrac{\alpha}{2}$	$\dfrac{\pi \cdot \alpha}{200}$
33	60	0,27020	0,03586	0,26084	0,03462	0,52779
	62	036	590	099	466	810
	64	053	595	114	470	842
	66	070	599	130	474	873
	68	087	604	145	478	904
33	70	0,27104	0,03608	0,26160	0,03482	0,52936
	72	121	612	175	486	967
	74	138	617	190	491	999
	76	154	621	205	495	0,53030
	78	171	626	221	499	061
33	80	0,27188	0,03630	0,26236	0,03503	0,53093
	82	205	635	251	507	124
	84	222	639	266	511	156
	86	239	643	281	515	187
	88	256	648	296	519	219
33	90	0,27273	0,03652	0,26312	0,03524	0,53250
	92	289	657	327	528	281
	94	306	661	342	532	313
	96	323	666	357	536	344
	98	340	670	372	540	376
34	0	0,27357	0,03674	0,26387	0,03544	0,53407
	2	374	679	402	548	438
	4	391	683	418	553	470
	6	408	688	433	557	501
	8	424	692	448	561	533
34	10	0,27441	0,03697	0,26463	0,03565	0,53564
	12	458	701	478	569	596
	14	475	706	493	573	627
	16	492	710	508	577	658
	18	509	715	524	582	690
	20	526	719	539	586	721

α		Tangente AB	Scheitel-abstand BD	Abszisse AE. Halbe Sehne AF	Ordinate ED. Pfeil-höhe DF	Bogen-länge ADC
g	c	$\operatorname{tg}\dfrac{\alpha}{2}$	$\sec\dfrac{\alpha}{2}-1$	$\sin\dfrac{\alpha}{2}$	$1-\cos\dfrac{\alpha}{2}$	$\dfrac{\pi\cdot\alpha}{200}$
34	20	0,27 526	0,03 719	0,26 539	0,03 586	0,53 721
	22	543	724	554	590	753
	24	560	728	569	594	784
	26	577	733	584	598	815
	28	593	737	599	603	847
34	30	0,27 610	0,03 742	0,26 615	0,03 607	0,53 878
	32	627	746	630	611	910
	34	644	751	645	615	941
	36	661	755	660	619	973
	38	678	760	675	623	0,54 004
34	40	0,27 695	0,03 764	0,26 690	0,03 628	0,54 035
	42	712	769	705	632	067
	44	729	773	720	636	098
	46	746	778	736	640	130
	48	763	782	751	644	161
34	50	0,27 779	0,03 787	0,26 766	0,03 649	0,54 192
	52	796	791	781	653	224
	54	813	796	796	657	255
	56	830	800	811	661	287
	58	847	805	826	665	318
34	60	0,27 864	0,03 809	0,26 842	0,03 670	0,54 350
	62	881	814	857	674	381
	64	898	819	872	678	412
	66	915	823	887	682	444
	68	932	828	902	687	475
34	70	0,27 949	0,03 832	0,26 917	0,03 691	0,54 507
	72	966	837	932	695	538
	74	983	841	947	699	569
	76	0,28 000	846	963	703	601
	78	016	850	978	708	632
	80	033	855	993	712	664

Tafel I.

α (g)	α (c)	Tangente AB $\operatorname{tg}\frac{\alpha}{2}$	Scheitel-abstand BD $\sec\frac{\alpha}{2}-1$	Abszisse AE. Halbe Sehne AF $\sin\frac{\alpha}{2}$	Ordinate ED. Pfeil-höhe DF $1-\cos\frac{\alpha}{2}$	Bogen-länge ADC $\frac{\pi\cdot\alpha}{200}$
34	80	0,28033	0,03855	0,26993	0,03712	0,54664
	82	050	860	0,27008	716	695
	84	067	864	023	720	727
	86	084	869	038	725	758
	88	101	873	053	729	789
34	90	0,28118	0,03878	0,27068	0,03733	0,54821
	92	135	883	084	737	852
	94	152	887	099	742	884
	96	169	892	114	746	915
	98	186	896	129	750	946
35	0	0,28203	0,03901	0,27144	0,03754	0,54978
	2	220	906	159	759	0,55009
	4	237	910	174	763	041
	6	254	915	189	767	072
	8	271	919	205	772	104
35	10	0,28288	0,03924	0,27220	0,03776	0,55135
	12	305	929	235	780	166
	14	322	933	250	784	198
	16	339	938	265	789	229
	18	356	942	280	793	261
35	20	0,28373	0,03947	0,27295	0,03797	0,55292
	22	390	952	310	802	323
	24	407	956	325	806	355
	26	423	961	341	810	386
	28	440	966	356	814	418
35	30	0,28457	0,03970	0,27371	0,03819	0,55449
	32	474	975	386	823	481
	34	491	980	401	827	512
	36	508	984	416	832	543
	38	525	989	431	836	575
	40	542	994	446	840	606

α		Tangente AB	Scheitel-abstand BD	Abszisse AE. Halbe Sehne AF	Ordinate ED. Pfeil-höhe DF	Bogen-länge ADC
g	c	$\operatorname{tg}\dfrac{\alpha}{2}$	$\sec\dfrac{\alpha}{2}-1$	$\sin\dfrac{\alpha}{2}$	$1-\cos\dfrac{\alpha}{2}$	$\dfrac{\pi\cdot\alpha}{200}$
35	40	0,28 542	0,03 994	0,27 446	0,03 840	0,55 606
	42	559	998	461	845	638
	44	576	0,04 003	476	849	669
	46	593	008	492	853	700
	48	610	012	507	857	732
35	50	0,28 627	0,04 017	0,27 522	0,03 862	0,55 763
	52	644	022	537	866	795
	54	661	026	552	870	826
	56	678	031	567	875	858
	58	695	036	582	879	889
35	60	0,28 712	0,04 040	0,27 597	0,03 883	0,55 920
	62	729	045	612	888	952
	64	746	050	627	892	983
	66	763	054	643	896	0,56 015
	68	780	059	658	901	046
35	70	0,28 797	0,04 064	0,27 673	0,03 905	0,56 077
	72	814	069	688	910	109
	74	831	073	703	914	140
	76	848	078	718	918	172
	78	865	083	733	923	203
35	80	0,28 882	0,04 087	0,27 748	0,03 927	0,56 235
	82	899	092	763	931	266
	84	916	097	778	936	297
	86	933	102	794	940	329
	88	951	106	809	944	360
35	90	0,28 968	0,04 111	0,27 824	0,03 949	0,56 392
	92	985	116	839	953	423
	94	0,29 002	121	854	957	454
	96	019	125	869	962	486
	98	036	130	884	966	517
36	0	053	135	899	971	549

Tafel I.

α		Tangente AB	Scheitel-abstand BD	Abszisse AE. Halbe Sehne AF	Ordinate ED. Pfeil-höhe DF	Bogen-länge ADC
g	c	$\operatorname{tg}\dfrac{\alpha}{2}$	$\sec\dfrac{\alpha}{2}-1$	$\sin\dfrac{\alpha}{2}$	$1-\cos\dfrac{\alpha}{2}$	$\dfrac{\pi\cdot\alpha}{200}$
36	0	0,29053	0,04135	0,27899	0,03971	0,56549
	2	070	140	914	975	580
	4	087	144	929	979	611
	6	104	149	944	984	643
	8	121	154	959	988	674
36	10	0,29138	0,04159	0,27975	0,03993	0,56706
	12	155	163	990	997	737
	14	172	168	0,28005	0,04001	769
	16	189	173	020	006	800
	18	206	178	035	010	831
36	20	0,29223	0,04182	0,28050	0,04015	0,56863
	22	240	187	065	019	894
	24	257	192	080	023	926
	26	274	197	095	028	957
	28	291	202	110	032	988
36	30	0,29308	0,04206	0,28125	0,04037	0,57020
	32	325	211	140	041	051
	34	342	216	155	045	083
	36	360	221	171	050	114
	38	377	226	186	054	146
36	40	0,29394	0,04230	0,28201	0,04059	0,57177
	42	411	235	216	063	208
	44	428	240	231	068	240
	46	445	245	246	072	271
	48	462	250	261	076	303
36	50	0,29479	0,04255	0,28276	0,04081	0,57334
	52	496	259	291	085	365
	54	513	264	306	090	397
	56	530	269	321	094	428
	58	547	274	336	099	460
	60	564	279	351	103	491

α		Tangente $A B$	Scheitel-abstand $B D$	Abszisse $A E$. Halbe Sehne $A F$	Ordinate $E D$. Pfeil-höhe $D F$	Bogen-länge $A D C$
g	c	$\operatorname{tg} \dfrac{\alpha}{2}$	$\sec \dfrac{\alpha}{2} - 1$	$\sin \dfrac{\alpha}{2}$	$1 - \cos \dfrac{\alpha}{2}$	$\dfrac{\pi \cdot \alpha}{200}$
36	60	0,29564	0,04279	0,28351	0,04103	0,57491
	62	581	284	366	108	523
	64	599	288	381	112	554
	66	616	293	397	117	585
	68	633	298	412	121	619
36	70	0,29650	0,04303	0,28427	0,04125	0,57648
	72	667	308	442	130	680
	74	684	313	457	134	711
	76	701	318	472	139	742
	78	718	322	487	143	774
36	80	0,29735	0,04327	0,28502	0,04148	0,57805
	82	752	332	517	152	837
	84	769	337	532	157	868
	86	787	342	547	161	900
	88	804	347	562	166	931
36	90	0,29821	0,04352	0,28577	0,04170	0,57962
	92	838	357	592	175	994
	94	855	361	607	179	0,58025
	96	872	366	622	184	057
	98	889	371	637	188	088
37	0	0,29906	0,04376	0,28652	0,04193	0,58119
	2	923	381	668	197	151
	4	941	386	683	202	182
	6	958	391	698	206	214
	8	975	396	713	211	245
37	10	0,29992	0,04401	0,28728	0,04215	0,58277
	12	0,30009	406	743	220	308
	14	026	411	758	224	339
	16	043	416	773	229	371
	18	060	420	788	233	402
	20	078	425	803	238	434

Tafel I.

g	c	Tangente AB	Scheitel-abstand BD	Abszisse AE. Halbe Sehne AF	Ordinate ED. Pfeil-höhe DF	Bogen-länge ADC
	α	$\operatorname{tg}\dfrac{\alpha}{2}$	$\sec\dfrac{\alpha}{2}-1$	$\sin\dfrac{\alpha}{2}$	$1-\cos\dfrac{\alpha}{2}$	$\dfrac{\pi\cdot\alpha}{200}$
37	20	0,30 078	0,04 425	0,28 803	0,04 238	0,58 434
	22	095	430	818	242	465
	24	112	435	833	247	496
	26	129	440	848	251	528
	28	146	445	863	256	559
37	30	0,30 163	0,04 450	0,28 878	0,04 260	0,58 591
	32	180	455	893	265	622
	34	197	460	908	270	654
	36	215	465	923	274	685
	38	232	470	938	279	716
37	40	0,30 249	0,04 475	0,28 953	0,04 283	0,58 748
	42	266	480	968	288	779
	44	283	485	983	292	811
	46	300	490	998	297	842
	48	318	495	0,29 013	301	873
37	50	0,30 335	0,04 500	0,29 028	0,04 306	0,58 905
	52	352	505	044	311	936
	54	369	510	059	315	968
	56	386	515	074	320	999
	58	403	520	089	324	0,59 031
37	60	0,30 420	0,04 525	0,29 104	0,04 329	0,59 062
	62	438	530	119	333	093
	64	455	535	134	338	125
	66	472	540	149	343	156
	68	489	545	164	347	188
37	70	0,30 506	0,04 550	0,29 179	0,04 352	0,59 219
	72	523	555	194	356	250
	74	541	560	209	361	282
	76	558	565	224	365	313
	78	575	570	239	370	345
	80	592	575	254	375	376

α		Tangente AB	Scheitel-abstand BD	Abszisse AE. Halbe Sehne AF	Ordinate ED. Pfeil-höhe DF	Bogen-länge ADC
g	c	$\operatorname{tg}\dfrac{\alpha}{2}$	$\sec\dfrac{\alpha}{2}-1$	$\sin\dfrac{\alpha}{2}$	$1-\cos\dfrac{\alpha}{2}$	$\dfrac{\pi\cdot\alpha}{200}$
37	80	0,30 592	0,04 575	0,29 254	0,04 375	0,59 376
	82	609	580	269	379	408
	84	627	585	284	384	439
	86	644	590	299	388	470
	88	661	595	314	393	502
37	90	0,30 678	0,04 600	0,29 329	0,04 398	0,59 533
	92	695	605	344	402	565
	94	712	610	359	407	596
	96	730	615	374	410	627
	98	747	620	389	416	659
38	0	0,30 764	0,04 625	0,29 404	0,04 421	0,59 690
	2	781	630	419	425	722
	4	798	635	434	430	753
	6	816	640	449	435	785
	8	833	645	464	439	816
38	10	0,30 850	0,04 650	0,29 479	0,04 444	0,59 847
	12	867	656	494	448	879
	14	884	661	509	453	910
	16	902	666	524	458	942
	18	919	671	539	462	973
38	20	0,30 936	0,04 676	0,29 554	0,04 467	0,60 004
	22	953	681	569	472	036
	24	970	686	584	476	067
	26	988	691	599	481	099
	28	0,31 005	696	614	486	130
38	30	0,31 022	0,04 701	0,29 629	0,04 490	0,60 161
	32	039	707	644	495	193
	34	057	712	659	500	224
	36	074	717	674	504	256
	38	091	722	689	508	287
	40	108	727	704	514	319

Tafel I.

g	c	Tangente AB $\operatorname{tg} \dfrac{\alpha}{2}$	Scheitel-abstand BD $\sec \dfrac{\alpha}{2} - 1$	Abszisse AE. Halbe Sehne AF $\sin \dfrac{\alpha}{2}$	Ordinate ED. Pfeil-höhe DF $1 - \cos \dfrac{\alpha}{2}$	Bogen-länge ADC $\dfrac{\pi \cdot \alpha}{200}$
38	40	0,31 108	0,04 727	0,29 704	0,04 514	0,60 319
	42	125	732	719	518	350
	44	143	737	734	523	381
	46	160	742	749	528	413
	48	177	747	764	532	444
38	50	0,31 194	0,04 753	0,29 779	0,04 537	0,60 476
	52	212	758	794	542	507
	54	229	763	809	546	538
	56	246	768	824	551	570
	58	263	773	839	556	601
38	60	0,31 281	0,04 778	0,29 854	0,04 560	0,60 633
	62	298	783	869	565	664
	64	315	789	884	570	696
	66	332	794	899	574	727
	68	350	799	914	579	758
38	70	0,31 367	0,04 804	0,29 929	0,04 584	0,60 790
	72	384	809	944	588	821
	74	401	814	959	593	853
	76	419	819	974	598	884
	78	436	825	989	603	915
38	80	0,31 453	0,04 830	0,30 004	0,04 607	0,60 947
	82	470	835	019	612	978
	84	488	840	034	617	0,61 010
	86	505	845	049	621	041
	88	522	851	064	626	073
38	90	0,31 539	0,04 856	0,30 079	0,04 631	0,61 104
	92	557	861	094	636	135
	94	574	866	109	640	167
	96	591	871	124	645	198
	98	609	877	139	650	230
39	0	626	882	154	655	261

g	c	Tangente AB $\operatorname{tg}\dfrac{\alpha}{2}$	Scheitel-abstand BD $\sec\dfrac{\alpha}{2}-1$	Abszisse AE. Halbe Sehne AF $\sin\dfrac{\alpha}{2}$	Ordinate ED. Pfeil-höhe DF $1-\cos\dfrac{\alpha}{2}$	Bogen-länge ADC $\dfrac{\pi\cdot\alpha}{200}$
39	0	0,31 626	0,04 882	0,30 154	0,04 655	0,61 261
	2	643	887	169	659	292
	4	660	892	184	664	324
	6	678	897	199	669	355
	8	695	903	214	674	387
39	10	0,31 712	0,04 908	0,30 229	0,04 678	0,61 418
	12	730	913	244	683	450
	14	747	918	259	688	481
	16	764	924	274	693	512
	18	781	929	289	697	544
39	20	0,31 799	0,04 934	0,30 304	0,04 702	0,61 575
	22	816	939	319	707	607
	24	833	945	333	712	638
	26	851	950	348	716	669
	28	868	955	363	721	701
39	30	0,31 885	0,04 960	0,30 378	0,04 726	0,61 732
	32	903	966	393	731	764
	34	920	971	408	735	795
	36	937	976	423	740	827
	38	954	981	438	745	858
39	40	0,31 972	0,04 987	0,30 453	0,04 750	0,61 889
	42	989	992	468	755	921
	44	0,32 006	997	483	759	952
	46	024	0,05 002	498	764	984
	48	041	008	513	769	0,62 015
39	50	0,32 058	0,05 013	0,30 528	0,04 774	0,62 046
	52	076	018	543	778	078
	54	093	024	558	783	109
	56	110	029	573	788	141
	58	128	034	588	793	172
	60	145	040	603	798	204

Tafel I.

g	c	Tangente AB	Scheitel-abstand BD	Abszisse AE. Halbe Sehne AF	Ordinate ED. Pfeilhöhe DF	Bogen-länge ADC
		$\operatorname{tg}\dfrac{\alpha}{2}$	$\sec\dfrac{\alpha}{2}-1$	$\sin\dfrac{\alpha}{2}$	$1-\cos\dfrac{\alpha}{2}$	$\dfrac{\pi\cdot\alpha}{200}$
39	60	0,32 145	0,05 040	0,30 603	0,04 798	0,62 204
	62	162	045	618	803	235
	64	180	050	633	807	266
	66	197	055	648	812	298
	68	214	061	663	817	329
39	70	0,32 232	0,05 066	0,30 678	0,04 822	0,62 361
	72	249	071	692	827	392
	74	266	077	707	831	423
	76	284	082	722	836	455
	78	301	087	737	841	486
39	80	0,32 318	0,05 093	0,30 752	0,04 846	0,62 518
	82	336	098	767	851	549
	84	353	103	782	856	581
	86	370	109	797	860	612
	88	388	114	812	865	643
39	90	0,32 405	0,05 119	0,30 827	0,04 870	0,62 675
	92	423	125	842	875	706
	94	440	130	857	880	738
	96	457	135	872	885	769
	98	475	141	887	889	800
40	0	0,32 492	0,05 146	0,30 902	0,04 894	0,62 832
	2	509	152	917	899	863
	4	527	157	932	904	895
	6	544	162	947	909	926
	8	561	168	961	914	958
40	10	0,32 579	0,05 173	0,30 976	0,04 919	0,62 989
	12	596	178	991	924	0,63 020
	14	614	184	0,31 006	928	052
	16	631	189	021	933	083
	18	648	195	036	938	115
	20	666	200	051	943	146

α		Tangente AB	Scheitel-abstand BD	Abszisse AE. Halbe Sehne AF	Ordinate ED. Pfeil-höhe DF	Bogen-länge ADC
g	c	$\operatorname{tg}\dfrac{\alpha}{2}$	$\sec\dfrac{\alpha}{2}-1$	$\sin\dfrac{\alpha}{2}$	$1-\cos\dfrac{\alpha}{2}$	$\dfrac{\pi\cdot\alpha}{200}$
40	20	0,32 666	0,05 200	0,31 051	0,04 943	0,63 146
	22	683	205	066	948	177
	24	700	211	081	953	209
	26	718	216	096	958	240
	28	735	222	111	963	272
40	30	0,32 753	0,05 227	0,31 126	0,04 967	0,63 303
	32	770	232	141	972	335
	34	787	238	156	977	366
	36	805	243	170	982	397
	38	822	249	185	987	429
40	40	0,32 840	0,05 254	0,31 200	0,04 992	0,63 460
	42	857	260	215	997	492
	44	874	265	230	0,05 002	523
	46	892	270	245	007	554
	48	909	276	260	012	586
40	50	0,32 927	0,05 281	0,31 275	0,05 016	0,63 617
	52	944	287	290	021	649
	54	962	292	305	026	680
	56	979	298	320	031	711
	58	996	303	335	036	743
40	60	0,33 014	0,05 309	0,31 349	0,05 041	0,63 774
	62	031	314	364	046	806
	64	049	320	379	051	837
	66	066	325	394	056	869
	68	083	330	409	061	900
40	70	0,33 101	0,05 336	0,31 424	0,05 066	0,63 931
	72	118	341	439	071	963
	74	136	347	454	076	994
	76	153	352	469	080	0,64 026
	78	171	358	484	085	057
	80	188	363	499	090	088

Tafel I.

g	c	Tangente AB $\operatorname{tg}\dfrac{\alpha}{2}$	Scheitel-abstand BD $\sec\dfrac{\alpha}{2}-1$	Abszisse AE. Halbe Sehne AF $\sin\dfrac{\alpha}{2}$	Ordinate ED. Pfeil-höhe DF $1-\cos\dfrac{\alpha}{2}$	Bogen-länge ADC $\dfrac{\pi\cdot\alpha}{200}$
40	80	0,33 188	0,05 363	0,31 499	0,05 090	0,64 088
	82	205	369	514	095	120
	84	223	374	528	100	151
	86	240	380	543	105	183
	88	258	385	558	110	214
40	90	0,33 275	0,05 391	0,31 573	0,05 115	0,64 246
	92	293	396	588	120	277
	94	310	402	603	125	308
	96	328	407	618	130	340
	98	345	413	633	135	371
41	0	0,33 363	0,05 418	0,31 648	0,05 140	0,64 403
	2	380	424	663	145	434
	4	397	430	677	150	465
	6	415	435	692	155	497
	8	432	441	707	160	528
41	10	0,33 450	0,05 446	0,31 722	0,05 165	0,64 560
	12	467	452	737	170	591
	14	485	457	752	175	623
	16	502	463	767	180	654
	18	520	468	782	185	685
41	20	0,33 537	0,05 474	0,31 797	0,05 190	0,64 717
	22	555	479	812	195	748
	24	572	485	826	200	780
	26	590	491	841	205	811
	28	607	496	856	210	842
41	30	0,33 625	0,05 502	0,31 871	0,05 215	0,64 874
	32	642	507	886	220	905
	34	660	513	901	225	937
	36	677	518	916	230	968
	38	695	524	931	235	0,65 000
	40	712	530	946	240	031

α		Tangente AB	Scheitel-abstand BD	Abszisse AE. Halbe Sehne AF	Ordinate ED. Pfeil-höhe DF	Bogen-länge ADC
g	c	$\mathrm{tg}\,\dfrac{\alpha}{2}$	$\sec\dfrac{\alpha}{2}-1$	$\sin\dfrac{\alpha}{2}$	$1-\cos\dfrac{\alpha}{2}$	$\dfrac{\pi\cdot\alpha}{200}$
41	40	0,33712	0,05530	0,31946	0,05240	0,65031
	42	730	535	960	245	062
	44	747	541	975	250	094
	46	765	546	990	255	125
	48	782	552	0,32005	260	157
41	50	0,33800	0,05558	0,32020	0,05265	0,65188
	52	817	563	035	270	219
	54	835	569	050	275	251
	56	852	574	065	280	282
	58	870	580	079	285	314
41	60	0,33887	0,05586	0,32094	0,05290	0,65345
	62	905	591	109	295	377
	64	922	597	124	300	408
	66	940	603	139	305	439
	68	957	608	154	310	471
41	70	0,33975	0,05614	0,32169	0,05315	0,65502
	72	992	619	184	320	534
	74	0,34010	625	198	325	565
	76	027	631	213	331	596
	78	045	636	228	336	628
41	80	0,34062	0,05642	0,32243	0,05341	0,65659
	82	080	648	258	346	691
	84	097	653	273	351	722
	86	115	659	288	356	754
	88	132	665	303	361	785
41	90	0,34150	0,05670	0,32317	0,05366	0,65816
	92	167	676	332	371	848
	94	185	682	347	376	879
	96	203	687	362	381	911
	98	220	693	377	386	942
42	0	238	699	392	391	973

Tafel I.

α		Tangente AB	Scheitel- abstand BD	Abszisse AE. Halbe Sehne AF	Ordinate ED. Pfeil- höhe DF	Bogen- länge ADC
g	c	$\mathrm{tg}\ \dfrac{\alpha}{2}$	$\sec \dfrac{\alpha}{2} - 1$	$\sin \dfrac{\alpha}{2}$	$1 - \cos \dfrac{\alpha}{2}$	$\dfrac{\pi \cdot \alpha}{200}$
42	0	0,34 238	0,05 699	0,32 392	0,05 391	0,65 973
	2	255	704	407	397	0,66 005
	4	273	710	421	402	036
	6	290	716	436	407	068
	8	308	721	451	412	099
42	10	0,34 325	0,05 727	0,32 466	0,05 417	0,66 131
	12	343	733	481	422	162
	14	361	739	496	427	193
	16	378	744	511	432	225
	18	396	750	525	437	256
42	20	0,34 413	0,05 756	0,32 540	0,05 442	0,66 288
	22	431	761	555	448	319
	24	448	767	570	453	350
	26	466	773	585	458	382
	28	484	779	600	463	413
42	30	0,34 501	0,05 784	0,32 615	0,05 468	0,66 445
	32	519	790	629	473	476
	34	536	796	644	478	508
	36	554	802	659	483	539
	38	571	807	674	489	570
42	40	0,34 589	0,05 813	0,32 689	0,05 494	0,66 602
	42	607	819	704	499	633
	44	624	825	718	504	665
	46	642	830	733	509	696
	48	659	836	748	514	727
42	50	0,34 677	0,05 842	0,32 763	0,05 519	0,66 759
	52	695	848	778	525	790
	54	712	853	793	530	822
	56	730	859	808	535	853
	58	747	865	822	540	885
	60	765	871	837	545	916

α		Tangente AB	Scheitel-abstand BD	Abszisse AE. Halbe Sehne AF	Ordinate ED. Pfeil-höhe DF	Bogen-länge ADC
g	c	$\text{tg}\,\dfrac{\alpha}{2}$	$\sec\dfrac{\alpha}{2}-1$	$\sin\dfrac{\alpha}{2}$	$1-\cos\dfrac{\alpha}{2}$	$\dfrac{\pi\cdot\alpha}{200}$
42	60	0,34765	0,05871	0,32837	0,05545	0,66916
	62	783	876	852	550	947
	64	800	882	867	555	979
	66	818	888	882	561	0,67010
	68	835	894	897	566	042
42	70	0,34853	0,05900	0,32911	0,05571	0,67073
	72	871	905	926	576	104
	74	888	911	941	581	136
	76	906	917	956	586	167
	78	924	923	971	592	199
42	80	0,34941	0,05929	0,32986	0,05597	0,67230
	82	959	934	0,33000	602	261
	84	976	940	015	607	293
	86	994	946	030	612	324
	88	0,35012	952	045	618	356
42	90	0,35029	0,05958	0,33060	0,05623	0,67387
	92	047	964	074	628	419
	94	065	969	089	633	450
	96	082	975	104	638	481
	98	100	981	119	644	513
43	0	0,35118	0,05987	0,33134	0,05649	0,67544
	2	135	993	149	654	576
	4	153	999	163	659	607
	6	170	0,06005	178	664	638
	8	188	010	193	670	670
43	10	0,35206	0,06016	0,33208	0,05675	0,67701
	12	223	022	223	680	733
	14	241	028	238	685	764
	16	259	034	252	690	796
	18	276	040	267	696	827
	20	294	046	282	701	858

Tafel I.

g	c	Tangente AB $\operatorname{tg}\dfrac{\alpha}{2}$	Scheitel-abstand BD $\sec\dfrac{\alpha}{2}-1$	Abszisse AE. Halbe Sehne AF $\sin\dfrac{\alpha}{2}$	Ordinate ED. Pfeilhöhe DF $1-\cos\dfrac{\alpha}{2}$	Bogen-länge ADC $\dfrac{\pi\cdot\alpha}{200}$
43	20	0,35 294	0,06 046	0,33 282	0,05 701	0,67 858
	22	312	051	297	706	890
	24	329	057	312	711	921
	26	347	063	326	717	953
	28	365	069	341	722	984
43	30	0,35 382	0,06 075	0,33 356	0,05 727	0,68 015
	32	400	081	371	732	047
	34	418	087	386	738	078
	36	435	093	400	743	110
	38	453	099	415	748	141
43	40	0,35 471	0,06 105	0,33 430	0,05 753	0,68 173
	42	488	110	445	759	204
	44	506	116	460	764	235
	46	524	122	474	769	267
	48	542	128	489	774	298
43	50	0,35 559	0,06 134	0,33 504	0,05 780	0,68 330
	52	577	140	519	785	361
	54	595	146	534	790	392
	56	612	152	548	795	424
	58	630	158	563	801	455
43	60	0,35 648	0,06 164	0,33 578	0,05 806	0,68 487
	62	665	170	593	812	518
	64	683	176	608	817	550
	66	701	182	622	822	581
	68	719	188	637	827	612
43	70	0,35 736	0,06 194	0,33 652	0,05 832	0,68 644
	72	754	200	667	838	675
	74	772	206	682	843	707
	76	789	212	696	848	738
	78	807	217	711	854	769
	80	825	223	726	859	801

α		Tangente AB	Scheitel-abstand BD	Abszisse AE. Halbe Sehne AF	Ordinate ED. Pfeil-höhe DF	Bogen-länge ADC
g	c	$\operatorname{tg}\dfrac{\alpha}{2}$	$\sec\dfrac{\alpha}{2}-1$	$\sin\dfrac{\alpha}{2}$	$1-\cos\dfrac{\alpha}{2}$	$\dfrac{\pi\cdot\alpha}{200}$
43	80	0,35 825	0,06 223	0,33 726	0,05 859	0,68 801
	82	843	229	741	864	832
	84	860	235	756	869	864
	86	878	241	770	875	895
	88	896	247	785	880	927
43	90	0,35 914	0,06 253	0,33 800	0,05 885	0,68 958
	92	931	259	815	891	989
	94	949	265	830	896	0,69 021
	96	967	271	844	901	052
	98	984	277	859	907	084
44	0	0,36 002	0,06 283	0,33 874	0,05 912	0,69 115
	2	020	289	889	917	146
	4	038	295	903	923	178
	6	055	301	918	928	209
	8	073	307	933	933	241
44	10	0,36 091	0,06 313	0,33 948	0,05 939	0,69 272
	12	109	319	962	944	304
	14	126	326	977	949	335
	16	144	332	992	954	366
	18	162	338	0,34 007	960	398
44	20	0,36 180	0,06 344	0,34 022	0,05 965	0,69 429
	22	198	350	036	971	461
	24	215	356	051	976	492
	26	233	362	066	981	523
	28	251	368	081	987	555
44	30	0,36 269	0,06 374	0,34 095	0,05 992	0,69 586
	32	286	380	110	997	618
	34	304	386	125	0,06 003	649
	36	322	392	140	008	681
	38	340	398	154	013	712
	40	358	404	169	019	743

Tafel I.

α		Tangente AB	Scheitelabstand BD	Abszisse AE. Halbe Sehne AF	Ordinate ED. Pfeilhöhe DF	Bogenlänge ADC
g	c	$\operatorname{tg}\dfrac{\alpha}{2}$	$\sec\dfrac{\alpha}{2}-1$	$\sin\dfrac{\alpha}{2}$	$1-\cos\dfrac{\alpha}{2}$	$\dfrac{\pi\cdot\alpha}{200}$
44	40	0,36358	0,06404	0,34169	0,06019	0,69743
	42	375	410	184	024	775
	44	393	416	199	030	806
	46	411	422	213	035	838
	48	429	429	228	040	869
44	50	0,36446	0,06435	0,34243	0,06046	0,69900
	52	464	441	258	051	932
	54	482	447	273	056	963
	56	500	453	287	062	995
	58	518	459	302	067	0,70026
44	60	0,36535	0,06465	0,34317	0,06073	0,70058
	62	553	471	332	078	089
	64	571	477	346	083	120
	66	589	484	361	089	152
	68	607	490	376	094	183
44	70	0,36624	0,06496	0,34391	0,06100	0,70215
	72	642	502	405	105	246
	74	660	508	420	110	277
	76	678	514	435	116	309
	78	696	520	450	121	340
44	80	0,36714	0,06526	0,34464	0,06127	0,70372
	82	731	533	479	132	403
	84	749	539	494	137	435
	86	767	545	509	143	466
	88	785	551	523	148	497
44	90	0,36803	0,06557	0,34538	0,06154	0,70529
	92	821	563	553	159	560
	94	838	570	567	165	592
	96	856	576	582	170	623
	98	874	582	597	175	654
45	0	892	588	612	181	686

118

α		Tangente AB	Scheitel-abstand BD	Abszisse AE. Halbe Sehne AF	Ordinate ED. Pfeil-höhe DF	Bogen-länge ADC
g	c	$\operatorname{tg}\frac{\alpha}{2}$	$\sec\frac{\alpha}{2}-1$	$\sin\frac{\alpha}{2}$	$1-\cos\frac{\alpha}{2}$	$\frac{\pi\cdot\alpha}{200}$
45	0	0,36 892	0,06 588	0,34 612	0,06 181	0,70 686
	2	910	594	626	186	717
	4	928	600	641	192	749
	6	945	607	656	197	780
	8	963	613	671	203	811
45	10	0,36 981	0,06 619	0,34 685	0,06 208	0,70 843
	12	999	625	700	214	874
	14	0,37 017	631	715	219	906
	16	035	638	730	224	937
	18	053	644	744	230	969
45	20	0,37 071	0,06 650	0,34 759	0,06 235	0,71 000
	22	088	656	774	241	031
	24	106	662	788	246	063
	26	124	669	803	252	094
	28	142	675	818	257	126
45	30	0,37 160	0,06 681	0,34 833	0,06 263	0,71 157
	32	178	687	847	268	188
	34	196	694	862	274	220
	36	214	700	877	279	251
	38	231	706	892	285	282
45	40	0,37 249	0,06 712	0,34 906	0,06 290	0,71 314
	42	267	719	921	296	346
	44	285	725	936	301	377
	46	303	731	950	307	408
	48	321	737	965	312	440
45	50	0,37 339	0,06 743	0,34 980	0,06 318	0,71 471
	52	357	750	995	323	503
	54	375	756	0,35 009	329	534
	56	392	762	024	334	565
	58	410	769	039	340	597
	60	428	775	053	345	628

Tafel I.

α		Tangente AB	Scheitel-abstand BD	Abszisse AE. Halbe Sehne AF	Ordinate ED. Pfeil-höhe DF	Bogen-länge ADC
g	c	$\operatorname{tg}\dfrac{\alpha}{2}$	$\sec\dfrac{\alpha}{2}-1$	$\sin\dfrac{\alpha}{2}$	$1-\cos\dfrac{\alpha}{2}$	$\dfrac{\pi\cdot\alpha}{200}$
45	60	0,37 428	0,06 775	0,35 053	0,06 345	0,71 628
	62	446	781	068	351	660
	64	464	787	083	356	691
	66	482	794	098	362	723
	68	500	800	112	367	754
45	70	0,37 518	0,06 806	0,35 127	0,06 373	0,71 785
	72	536	813	142	378	817
	74	554	819	156	384	848
	76	572	825	171	389	880
	78	590	831	186	395	911
45	80	0,37 607	0,06 838	0,35 201	0,06 400	0,71 942
	82	625	844	215	406	974
	84	643	850	230	411	0,72 005
	86	661	857	245	417	037
	88	679	863	259	422	068
45	90	0,37 697	0,06 869	0,35 274	0,06 428	0,72 100
	92	715	876	289	433	131
	94	733	882	303	439	162
	96	751	888	318	444	194
	98	769	895	333	450	225
46	0	0,37 787	0,06 901	0,35 347	0,06 456	0,72 257
	2	805	907	362	461	288
	4	823	914	377	467	319
	6	841	920	392	472	351
	8	859	926	406	478	382
46	10	0,37 877	0,06 933	0,35 421	0,06 483	0,72 414
	12	895	939	436	489	445
	14	913	946	450	495	477
	16	931	952	465	500	508
	18	948	958	480	506	539
	20	966	965	494	511	571

α		Tangente AB	Scheitel-abstand BD	Abszisse AE. Halbe Sehne AF	Ordinate ED. Pfeil-höhe DF	Bogen-länge ADC
g	c	$\operatorname{tg}\dfrac{\alpha}{2}$	$\sec\dfrac{\alpha}{2}-1$	$\sin\dfrac{\alpha}{2}$	$1-\cos\dfrac{\alpha}{2}$	$\dfrac{\pi\cdot\alpha}{200}$
46	20	0,37966	0,06965	0,35494	0,06511	0,72571
	22	984	971	509	517	602
	24	0,38002	977	524	522	634
	26	020	984	538	528	665
	28	038	990	553	534	696
46	30	0,38056	0,06997	0,35568	0,06539	0,72728
	32	074	0,07003	582	545	759
	34	092	009	597	550	791
	36	110	016	612	556	822
	38	128	022	627	562	854
46	40	0,38146	0,07029	0,35641	0,06567	0,72885
	42	164	035	656	573	916
	44	182	042	671	578	948
	46	200	048	685	584	979
	48	218	054	700	590	0,73011
46	50	0,38236	0,07061	0,35715	0,06595	0,73042
	52	254	067	729	601	073
	54	272	074	744	606	105
	56	290	080	759	612	136
	58	308	087	773	618	168
46	60	0,38326	0,07093	0,35788	0,06623	0,73199
	62	344	099	803	629	231
	64	362	106	817	634	262
	66	380	112	832	640	293
	68	398	119	847	646	325
46	70	0,38416	0,07125	0,35861	0,06651	0,73356
	72	434	132	876	657	388
	74	453	138	891	663	419
	76	471	145	905	668	450
	78	489	151	920	674	482
	80	507	158	935	680	513

Tafel I.

α		Tangente AB	Scheitelabstand BD	Abszisse AE. Halbe Sehne AF	Ordinate ED. Pfeilhöhe DF	Bogenlänge ADC
g	c	$\mathrm{tg}\ \dfrac{\alpha}{2}$	$\sec \dfrac{\alpha}{2} - 1$	$\sin \dfrac{\alpha}{2}$	$1 - \cos \dfrac{\alpha}{2}$	$\dfrac{\pi \cdot \alpha}{200}$
46	80	0,38 507	0,07 158	0,35 935	0,06 680	0,73 513
	82	525	164	949	685	545
	84	543	171	964	691	576
	86	561	177	979	697	608
	88	579	184	993	702	639
46	90	0,38 597	0,07 190	0,36 008	0,06 708	0,73 670
	92	615	197	022	713	702
	94	633	203	037	719	733
	96	651	210	052	725	765
	98	669	216	066	730	796
47	0	0,38 687	0,07 223	0,36 081	0,06 736	0,73 827
	2	705	229	096	742	859
	4	723	236	110	747	890
	6	741	242	125	753	922
	8	759	249	140	759	953
47	10	0,38 777	0,07 255	0,36 154	0,06 764	0,73 985
	12	795	262	169	770	0,74 016
	14	814	268	184	776	047
	16	832	275	198	782	079
	18	850	281	213	787	110
47	20	0,38 868	0,07 288	0,36 228	0,06 793	0,74 142
	22	886	294	242	799	173
	24	904	301	257	804	204
	26	922	308	271	810	236
	28	940	314	286	816	267
47	30	0,38 958	0,07 321	0,36 301	0,06 821	0,74 299
	32	976	327	315	827	330
	34	994	334	330	833	361
	36	0,39 012	340	345	838	393
	38	031	347	359	844	424
	40	049	354	374	850	456

α		Tangente AB	Scheitel-abstand BD	Abszisse AE. Halbe Sehne AF	Ordinate ED. Pfeil-höhe DF	Bogen-länge ADC
g	c	$\operatorname{tg}\dfrac{\alpha}{2}$	$\sec\dfrac{\alpha}{2}-1$	$\sin\dfrac{\alpha}{2}$	$1-\cos\dfrac{\alpha}{2}$	$\dfrac{\pi\cdot\alpha}{200}$
47	40	0,39049	0,07354	0,36374	0,06850	0,74456
	42	067	360	389	856	487
	44	085	367	403	861	519
	46	103	373	418	867	550
	48	121	380	432	873	581
47	50	0,39139	0,07387	0,36447	0,06879	0,74613
	52	157	393	462	884	644
	54	175	400	476	890	676
	56	194	406	491	896	707
	58	212	413	506	901	738
47	60	0,39230	0,07420	0,36520	0,06907	0,74770
	62	248	426	535	913	801
	64	266	433	549	919	833
	66	284	440	564	924	864
	68	302	446	579	930	896
47	70	0,39320	0,07453	0,36593	0,06936	0,74927
	72	339	459	608	942	958
	74	357	466	623	947	990
	76	375	473	637	953	0,75021
	78	393	479	652	959	053
47	80	0,39411	0,07486	0,36666	0,06965	0,75084
	82	429	493	681	970	115
	84	448	499	696	976	147
	86	466	506	710	982	178
	88	484	513	725	988	210
47	90	0,39502	0,07519	0,36739	0,06993	0,75241
	92	520	526	754	999	273
	94	538	533	769	0,07005	304
	96	556	539	783	011	335
	98	575	546	798	017	367
48	0	593	553	812	022	398

Tafel I.

α		Tangente AB	Scheitel-abstand BD	Abszisse AE. Halbe Sehne AF	Ordinate ED. Pfeil-höhe DF	Bogen-länge ADC
g	c	$\operatorname{tg}\dfrac{\alpha}{2}$	$\sec\dfrac{\alpha}{2}-1$	$\sin\dfrac{\alpha}{2}$	$1-\cos\dfrac{\alpha}{2}$	$\dfrac{\pi\cdot\alpha}{200}$
48	0	0,39593	0,07553	0,36812	0,07022	0,75398
	2	611	559	827	028	430
	4	629	566	842	034	461
	6	647	573	856	040	492
	8	666	580	871	046	524
48	10	0,39684	0,07586	0,36885	0,07051	0,75555
	12	702	593	900	057	587
	14	720	600	915	063	618
	16	738	606	929	069	650
	18	756	613	944	074	681
48	20	0,39775	0,07620	0,36958	0,07080	0,75712
	22	793	627	973	086	744
	24	811	633	988	092	775
	26	829	640	0,37002	098	807
	28	847	647	017	104	838
48	30	0,39866	0,07653	0,37031	0,07109	0,75869
	32	884	660	046	115	901
	34	902	667	061	121	932
	36	920	674	075	127	964
	38	938	680	090	133	995
48	40	0,39957	0,07687	0,37104	0,07138	0,76027
	42	975	694	119	144	058
	44	993	701	134	150	089
	46	0,40011	707	148	156	121
	48	030	714	163	162	152
48	50	0,40048	0,07721	0,37177	0,07168	0,76184
	52	066	728	192	173	215
	54	084	735	206	179	246
	56	102	741	221	185	278
	58	121	748	236	191	309
	60	139	755	250	197	341

124

α		Tangente AB	Scheitel-abstand BD	Abszisse AE. Halbe Sehne AF	Ordinate ED. Pfeil-höhe DF	Bogen-länge ADC
g	c	$\mathrm{tg}\ \dfrac{\alpha}{2}$	$\sec \dfrac{\alpha}{2} - 1$	$\sin \dfrac{\alpha}{2}$	$1 - \cos \dfrac{\alpha}{2}$	$\dfrac{\pi \cdot \alpha}{200}$
48	60	0,40 139	0,07 755	0,37 250	0,07 197	0,76 341
	62	157	762	265	203	372
	64	175	769	279	209	404
	66	194	775	294	214	435
	68	212	782	308	220	466
48	70	0,40 230	0,07 789	0,37 323	0,07 226	0,76 498
	72	248	796	338	232	529
	74	267	803	352	238	561
	76	285	809	367	244	592
	78	303	816	381	250	623
48	80	0,40 321	0,07 823	0,37 396	0,07 256	0,76 655
	82	340	830	410	261	686
	84	358	837	425	267	718
	86	376	844	440	273	749
	88	394	850	454	279	781
48	90	0,40 413	0,07 857	0,37 469	0,07 285	0,76 812
	92	431	864	483	291	843
	94	449	871	498	297	875
	96	468	878	512	303	906
	98	486	885	527	308	938
49	0	0,40 504	0,07 892	0,37 542	0,07 314	0,76 969
	2	522	898	556	320	0,77 000
	4	541	905	571	326	032
	6	559	912	585	332	063
	8	577	919	600	338	095
49	10	0,40 596	0,07 926	0,37 614	0,07 344	0,77 126
	12	614	933	629	350	158
	14	632	940	643	356	189
	16	651	947	658	362	220
	18	669	953	673	368	252
	20	687	960	687	373	283

Tafel I.

α		Tangente AB	Scheitel-abstand BD	Abszisse AE. Halbe Sehne AF	Ordinate ED. Pfeil-höhe DF	Bogen-länge ADC
g	c	$\operatorname{tg}\dfrac{\alpha}{2}$	$\sec\dfrac{\alpha}{2}-1$	$\sin\dfrac{\alpha}{2}$	$1-\cos\dfrac{\alpha}{2}$	$\dfrac{\pi\cdot\alpha}{200}$
49	20	0,40 687	0,07 960	0,37 687	0,07 373	0,77 283
	22	705	967	702	379	315
	24	724	974	716	385	346
	26	742	981	731	391	377
	28	760	988	745	397	409
49	30	0,40 779	0,07 995	0,37 760	0,07 403	0,77 440
	32	797	0,08 002	774	409	472
	34	815	009	789	415	503
	36	834	016	803	421	535
	38	852	023	818	427	566
49	40	0,40 870	0,08 030	0,37 833	0,07 433	0,77 597
	42	889	036	847	439	629
	44	907	043	862	445	660
	46	925	050	876	451	692
	48	944	057	891	457	723
49	50	0,40 962	0,08 064	0,37 905	0,07 462	0,77 754
	52	980	071	920	468	786
	54	999	078	934	474	817
	56	0,41 017	085	949	480	849
	58	035	092	963	486	880
49	60	0,41 054	0,08 099	0,37 978	0,07 492	0,77 911
	62	072	106	992	498	943
	64	090	113	0,38 007	504	974
	66	109	120	022	510	0,78 006
	68	127	127	036	516	037
49	70	0,41 146	0,08 134	0,38 051	0,07 522	0,78 069
	72	164	141	065	528	100
	74	182	148	080	534	131
	76	201	155	094	540	163
	78	219	162	109	546	194
	80	237	169	123	552	226

α		Tangente AB	Scheitel-abstand BD	Abszisse AE. Halbe Sehne AF	Ordinate ED. Pfeil-höhe DF	Bogen-länge ADC
g	c	$\operatorname{tg} \dfrac{\alpha}{2}$	$\sec \dfrac{\alpha}{2} - 1$	$\sin \dfrac{\alpha}{2}$	$1 - \cos \dfrac{\alpha}{2}$	$\dfrac{\pi \cdot \alpha}{200}$
49	80	0,41 237	0,08 169	0,38 123	0,07 552	0,78 226
	82	256	176	138	558	257
	84	274	183	152	564	288
	86	293	190	167	570	320
	88	311	197	181	576	351
49	90	0,41 329	0,08 204	0,38 196	0,07 582	0,78 383
	92	348	211	210	588	414
	94	366	218	225	594	446
	96	385	225	239	600	477
	98	403	232	254	606	508
50	0	0,41 421	0,08 239	0,38 268	0,07 612	0,78 540
	2	440	246	283	618	571
	4	458	253	297	624	603
	6	477	260	312	630	634
	8	495	267	326	636	665
50	10	0,41 513	0,08 274	0,38 341	0,07 642	0,78 697
	12	532	282	355	648	728
	14	550	289	370	654	760
	16	569	296	384	660	791
	18	587	303	399	666	823
50	20	0,41 606	0,08 310	0,38 413	0,07 672	0,78 854
	22	624	317	428	678	885
	24	642	324	442	684	917
	26	661	331	457	690	948
	28	679	338	471	696	980
50	30	0,41 698	0,08 345	0,38 486	0,07 702	0,79 011
	32	716	352	500	709	042
	34	735	359	515	715	074
	36	753	367	529	721	105
	38	771	374	544	727	137
	40	790	381	558	733	168

Tafel I.

α		Tangente AB	Scheitel-abstand BD	Abszisse AE. Halbe Sehne AF	Ordinate ED. Pfeil-höhe DF	Bogen-länge ADC
g	c	$\operatorname{tg}\dfrac{\alpha}{2}$	$\sec\dfrac{\alpha}{2}-1$	$\sin\dfrac{\alpha}{2}$	$1-\cos\dfrac{\alpha}{2}$	$\dfrac{\pi\cdot\alpha}{200}$
50	40	0,41 790	0,08 381	0,38 558	0,07 733	0,79 168
	42	808	388	573	739	200
	44	827	395	587	745	231
	46	845	402	602	751	262
	48	864	409	616	757	294
50	50	0,41 882	0,08 416	0,38 631	0,07 763	0,79 325
	52	901	424	645	769	357
	54	919	431	660	775	388
	56	938	438	674	781	419
	58	956	445	689	787	451
50	60	0,41 975	0,08 452	0,38 703	0,07 793	0,79 482
	62	993	459	718	799	514
	64	0,42 011	466	732	806	545
	66	030	474	747	812	577
	68	048	481	761	818	608
50	70	0,42 067	0,08 488	0,38 776	0,07 824	0,79 639
	72	085	495	790	830	671
	74	104	502	805	836	702
	76	122	509	819	842	734
	78	141	517	834	848	765
50	80	0,42 159	0,08 524	0,38 848	0,07 854	0,79 796
	82	178	531	863	860	828
	84	196	538	877	867	859
	86	215	545	891	873	891
	88	233	553	906	879	922
50	90	0,42 252	0,08 560	0,38 920	0,07 885	0,79 954
	92	270	567	935	891	985
	94	289	574	949	897	0,80 016
	96	307	581	964	903	048
	98	326	589	978	909	079
51	0	345	596	993	915	111

128

α		Tangente AB	Scheitel-abstand BD	Abszisse AE. Halbe Sehne AF	Ordinate ED. Pfeil-höhe DF	Bogen-länge ADC
g	c	$\operatorname{tg}\dfrac{\alpha}{2}$	$\sec\dfrac{\alpha}{2}-1$	$\sin\dfrac{\alpha}{2}$	$1-\cos\dfrac{\alpha}{2}$	$\dfrac{\pi\cdot\alpha}{200}$
51	0	0,42345	0,08596	0,38993	0,07915	0,80111
	2	363	603	0,39007	922	142
	4	382	610	022	928	173
	6	400	618	036	934	205
	8	419	625	051	940	236
51	10	0,42437	0,08632	0,39065	0,07946	0,80268
	12	456	639	080	952	299
	14	474	647	094	958	331
	16	493	654	108	965	362
	18	511	661	123	971	393
51	20	0,42530	0,08668	0,39137	0,07977	0,80425
	22	548	676	152	983	456
	24	567	683	166	989	488
	26	586	690	181	995	519
	28	604	697	195	0,08001	550
51	30	0,42623	0,08705	0,39210	0,08008	0,80582
	32	641	712	224	014	613
	34	660	719	239	020	645
	36	678	726	253	026	676
	38	697	734	267	032	708
51	40	0,42716	0,08741	0,39282	0,08038	0,80739
	42	734	748	296	045	770
	44	753	756	311	051	802
	46	771	763	325	057	833
	48	790	770	340	063	865
51	50	0,42808	0,08778	0,39354	0,08069	0,80896
	52	827	785	369	075	927
	54	846	792	383	082	959
	56	864	800	397	088	990
	58	883	807	412	094	0,81022
	60	901	814	426	100	053

Tafel I.

α		Tangente AB	Scheitel-abstand BD	Abszisse AE. Halbe Sehne AF	Ordinate ED. Pfeil-höhe DF	Bogen-länge ADC
g	c	$\operatorname{tg}\dfrac{\alpha}{2}$	$\sec\dfrac{\alpha}{2}-1$	$\sin\dfrac{\alpha}{2}$	$1-\cos\dfrac{\alpha}{2}$	$\dfrac{\pi\cdot\alpha}{200}$
51	60	0,42 901	0,08 814	0,39 426	0,08 100	0,81 053
	62	920	822	441	106	085
	64	939	829	455	113	116
	66	957	836	470	119	147
	68	976	844	484	125	179
51	70	0,42 994	0,08 851	0,39 498	0,08 131	0,81 210
	72	0,43 013	858	513	137	242
	74	032	866	527	144	273
	76	050	873	542	150	304
	78	069	880	556	156	336
51	80	0,43 088	0,08 888	0,39 571	0,08 162	0,81 367
	82	106	895	585	168	399
	84	125	902	599	175	430
	86	143	910	614	181	461
	88	162	917	628	187	493
51	90	0,43 181	0,08 925	0,39 643	0,08 193	0,81 524
	92	199	932	657	200	556
	94	218	939	672	206	587
	96	237	947	686	212	619
	98	255	954	700	218	650
52	0	0,43 274	0,08 962	0,39 715	0,08 225	0,81 681
	2	293	969	729	231	713
	4	311	976	744	237	744
	6	330	984	758	243	776
	8	348	991	772	250	807
52	10	0,43 367	0,08 999	0,39 787	0,08 256	0,81 838
	12	386	0,09 006	801	262	870
	14	404	014	816	268	901
	16	423	021	830	275	933
	18	442	028	844	281	964
	20	460	036	859	287	996

α		Tangente AB	Scheitel-abstand BD	Abszisse AE. Halbe Sehne AF	Ordinate ED. Pfeil-höhe DF	Bogen-länge ADC
g	c	$\operatorname{tg}\dfrac{\alpha}{2}$	$\sec\dfrac{\alpha}{2}-1$	$\sin\dfrac{\alpha}{2}$	$1-\cos\dfrac{\alpha}{2}$	$\dfrac{\pi\cdot\alpha}{200}$
52	20	0,43 460	0,09 036	0,39 859	0,08 287	0,81 996
	22	479	043	873	293	0,82 027
	24	498	051	888	300	058
	26	517	058	902	306	090
	28	535	066	917	312	121
52	30	0,43 554	0,09 073	0,39 931	0,08 318	0,82 153
	32	573	081	945	325	184
	34	591	088	960	331	215
	36	610	096	974	337	247
	38	629	103	989	343	278
52	40	0,43 647	0,09 110	0,40 003	0,08 350	0,82 310
	42	666	118	017	356	341
	44	685	125	032	362	373
	46	703	133	046	369	404
	48	722	140	060	375	435
52	50	0,43 741	0,09 148	0,40 075	0,08 381	0,82 467
	52	760	155	089	388	498
	54	778	163	104	394	530
	56	797	170	118	400	561
	58	816	178	132	406	592
52	60	0,43 834	0,09 185	0,40 147	0,08 413	0,82 624
	62	853	193	161	419	655
	64	872	201	176	425	687
	66	891	208	190	432	718
	68	909	216	204	438	750
52	70	0,43 928	0,09 223	0,40 219	0,08 444	0,82 781
	72	947	231	233	451	812
	74	966	238	248	457	844
	76	984	246	262	463	875
	78	0,44 003	253	276	470	907
	80	022	261	291	476	938

Tafel I.

α		Tangente AB	Scheitel-abstand BD	Abszisse AE. Halbe Sehne AF	Ordinate ED. Pfeil-höhe DF	Bogen-länge ADC
g	c	$\operatorname{tg} \dfrac{\alpha}{2}$	$\sec \dfrac{\alpha}{2} - 1$	$\sin \dfrac{\alpha}{2}$	$1 - \cos \dfrac{\alpha}{2}$	$\dfrac{\pi \cdot \alpha}{200}$
52	80	0,44 022	0,09 261	0,40 291	0,08 476	0,82 938
	82	041	268	305	482	969
	84	059	276	319	489	0,83 001
	86	078	284	334	495	032
	88	097	291	348	501	064
52	90	0,44 116	0,09 299	0,40 363	0,08 508	0,83 095
	92	134	306	377	514	127
	94	153	314	391	520	158
	96	172	321	406	527	189
	98	191	329	420	533	221
53	0	0,44 210	0,09 337	0,40 434	0,08 539	0,83 252
	2	228	344	449	546	284
	4	247	352	463	552	315
	6	266	359	477	558	346
	8	285	367	492	565	378
53	10	0,44 303	0,09 375	0,40 506	0,08 571	0,83 409
	12	322	382	521	577	441
	14	341	390	535	584	472
	16	360	397	549	590	504
	18	379	405	564	597	535
53	20	0,44 397	0,09 413	0,40 578	0,08 603	0,83 566
	22	416	420	592	609	598
	24	435	428	607	616	629
	26	454	436	621	622	661
	28	473	443	635	628	692
53	30	0,44 491	0,09 451	0,40 650	0,08 635	0,83 723
	32	510	459	664	641	755
	34	529	466	678	648	786
	36	548	474	693	654	818
	38	567	482	707	660	849
	40	586	489	721	667	881

α		Tangente AB	Scheitel-abstand BD	Abszisse AE. Halbe Sehne AF	Ordinate ED. Pfeil-höhe DF	Bogen-länge ADC
g	c	$\operatorname{tg} \dfrac{\alpha}{2}$	$\sec \dfrac{\alpha}{2} - 1$	$\sin \dfrac{\alpha}{2}$	$1 - \cos \dfrac{\alpha}{2}$	$\dfrac{\pi \cdot \alpha}{200}$
53	40	0,44 586	0,09 489	0,40 721	0,08 667	0,83 881
	42	604	497	736	673	912
	44	623	505	750	680	943
	46	642	512	765	686	975
	48	661	520	779	692	0,84 006
53	50	0,44 680	0,09 528	0,40 793	0,08 699	0,84 038
	52	699	535	808	705	069
	54	718	543	822	712	100
	56	736	551	836	718	132
	58	755	558	851	724	163
53	60	0,44 774	0,09 566	0,40 865	0,08 731	0,84 195
	62	793	574	879	737	226
	64	812	581	894	744	258
	66	831	589	908	750	289
	68	850	597	922	757	320
53	70	0,44 868	0,09 605	0,40 937	0,08 763	0,84 352
	72	887	612	951	769	383
	74	906	620	965	776	415
	76	925	628	980	782	446
	78	944	636	994	789	477
53	80	0,44 963	0,09 643	0,41 008	0,08 795	0,84 509
	82	982	651	023	802	540
	84	0,45 001	659	037	808	572
	86	019	667	051	814	603
	88	038	674	066	821	635
53	90	0,45 057	0,09 682	0,41 080	0,08 827	0,84 666
	92	076	690	094	834	697
	94	095	698	108	840	729
	96	114	705	123	847	760
	98	133	713	137	853	792
54	0	152	721	151	860	823

Tafel I.

g	c	Tangente AB	Scheitel-abstand BD	Abszisse AE. Halbe Sehne AF	Ordinate ED. Pfeil-höhe DF	Bogen-länge ADC
		$\operatorname{tg}\dfrac{\alpha}{2}$	$\sec\dfrac{\alpha}{2}-1$	$\sin\dfrac{\alpha}{2}$	$1-\cos\dfrac{\alpha}{2}$	$\dfrac{\pi\cdot\alpha}{200}$
54	0	0,45 152	0,09 721	0,41 151	0,08 860	0,84 823
	2	171	729	166	866	854
	4	190	736	180	873	886
	6	208	744	194	879	917
	8	227	752	209	886	949
54	10	0,45 246	0,09 760	0,41 223	0,08 892	0,84 980
	12	265	768	237	898	0,85 011
	14	284	775	252	905	043
	16	303	783	266	911	074
	18	322	791	280	918	106
54	20	0,45 341	0,09 799	295	0,08 924	0,85 137
	22	360	807	309	931	169
	24	379	815	323	937	200
	26	398	822	337	944	231
	28	417	830	352	950	263
54	30	0,45 436	0,09 838	0,41 366	0,08 957	0,85 294
	32	455	846	380	963	326
	34	474	854	395	970	357
	36	493	862	409	976	388
	38	512	869	423	983	420
54	40	0,45 530	0,09 877	0,41 438	0,08 989	0,85 451
	42	549	885	452	996	483
	44	568	893	466	0,09 002	514
	46	587	901	480	009	546
	48	606	909	495	015	577
54	50	0,45 625	0,09 917	0,41 509	0,09 022	0,85 608
	52	644	925	523	028	640
	54	663	932	538	035	671
	56	682	940	552	041	703
	58	701	948	566	048	734
	60	720	956	580	055	765

α		Tangente AB	Scheitel-abstand BD	Abszisse AE. Halbe Sehne AF	Ordinate ED. Pfeil-höhe DF	Bogen-länge ADC
g	c	$\operatorname{tg}\dfrac{\alpha}{2}$	$\sec\dfrac{\alpha}{2}-1$	$\sin\dfrac{\alpha}{2}$	$1-\cos\dfrac{\alpha}{2}$	$\dfrac{\pi\cdot\alpha}{200}$
54	60	0,45 720	0,09 956	0,41 580	0,09 055	0,85 765
	62	739	964	595	061	797
	64	758	972	609	068	828
	66	777	980	623	074	860
	68	796	988	638	081	891
54	70	0,45 815	996	0,41 652	0,09 087	0,85 923
	72	834	0,10 004	666	094	954
	74	853	011	680	100	985
	76	872	019	695	107	0,86 017
	78	891	027	709	113	048
54	80	0,45 910	0,10 035	0,41 723	0,09 120	0,86 080
	82	929	043	738	127	111
	84	948	051	752	133	142
	86	967	059	766	140	174
	88	986	067	780	146	205
54	90	0,46 005	0,10 075	0,41 795	0,09 153	0,86 237
	92	024	083	809	159	268
	94	044	091	823	166	300
	96	063	099	837	173	331
	98	082	107	852	179	362
55	0	0,46 101	0,10 115	0,41 866	0,09 186	0,86 394
	2	120	123	880	192	425
	4	139	131	895	199	457
	6	158	139	909	205	488
	8	177	147	923	212	519
55	10	0,46 196	0,10 155	0,41 937	0,09 219	0,86 551
	12	215	163	952	225	582
	14	234	171	966	232	614
	16	253	179	980	238	645
	18	272	187	994	245	677
	20	291	195	0,42 009	252	708

Tafel I.

α		Tangente AB	Scheitel-abstand BD	Abszisse AE. Halbe Sehne AF	Ordinate ED. Pfeil-höhe DF	Bogen-länge ADC
g	c	$\operatorname{tg}\dfrac{\alpha}{2}$	$\sec\dfrac{\alpha}{2}-1$	$\sin\dfrac{\alpha}{2}$	$1-\cos\dfrac{\alpha}{2}$	$\dfrac{\pi\cdot\alpha}{200}$
55	20	0,46291	0,10195	0,42009	0,09252	0,86708
	22	310	203	023	258	739
	24	329	211	037	265	771
	26	348	219	051	271	802
	28	368	227	066	278	834
55	30	0,46387	0,10235	0,42080	0,09285	0,86865
	32	406	243	094	291	896
	34	425	251	108	298	928
	36	444	259	123	304	959
	38	463	267	137	311	991
55	40	0,46482	0,10275	0,42151	0,09318	0,87022
	42	501	283	165	324	054
	44	520	291	180	331	085
	46	539	299	194	338	116
	48	559	307	208	344	148
55	50	0,46578	0,10315	0,42222	0,09351	0,87179
	52	597	323	237	357	211
	54	616	332	251	364	242
	56	635	340	265	371	273
	58	654	348	279	377	305
55	60	0,46673	0,10356	0,42294	0,09384	0,87336
	62	692	364	308	391	368
	64	712	372	322	397	399
	66	731	380	336	404	431
	68	750	388	350	411	462
55	70	0,46769	0,10396	0,42365	0,09417	0,87493
	72	788	404	379	424	525
	74	807	413	393	431	556
	76	826	421	407	437	588
	78	846	429	422	444	619
	80	865	437	436	451	650

α		Tangente AB	Scheitel- abstand BD	Abszisse AE. Halbe Sehne AF	Ordinate ED. Pfeil- höhe DF	Bogen- länge ADC
g	c	$\operatorname{tg}\dfrac{\alpha}{2}$	$\sec\dfrac{\alpha}{2}-1$	$\sin\dfrac{\alpha}{2}$	$1-\cos\dfrac{\alpha}{2}$	$\dfrac{\pi\cdot\alpha}{200}$
55	80	0,46 865	0,10 437	0,42 436	0,09 451	0,87 650
	82	884	445	450	457	682
	84	903	453	464	464	713
	86	922	461	478	471	745
	88	941	469	493	477	776
55	90	0,46 961	0,10 478	0,42 507	0,09 484	0,87 808
	92	980	486	521	491	839
	94	999	494	535	497	870
	96	0,47 018	502	550	504	902
	98	037	510	564	511	933
56	0	0,47 056	0,10 518	0,42 578	0,09 517	0,87 965
	2	076	527	592	524	996
	4	095	535	606	531	0,88 027
	6	114	543	621	537	059
	8	133	551	635	544	090
56	10	0,47 152	0,10 559	0,42 649	0,09 551	0,88 122
	12	172	567	663	557	153
	14	191	576	677	564	185
	16	210	584	692	571	216
	18	229	592	706	578	247
56	20	0,47 248	0,10 600	0,42 720	0,09 584	0,88 279
	22	268	608	734	591	310
	24	287	617	748	597	342
	26	306	625	763	604	373
	28	325	633	777	611	404
56	30	0,47 345	0,10 641	0,42 791	0,09 618	0,88 436
	32	364	650	805	625	467
	34	383	658	819	631	499
	36	402	666	834	638	530
	38	421	674	848	645	561
	40	441	682	862	652	593

Tafel I.

g	c	Tangente AB $\operatorname{tg}\frac{\alpha}{2}$	Scheitelabstand BD $\sec\frac{\alpha}{2}-1$	Abszisse AE. Halbe Sehne AF $\sin\frac{\alpha}{2}$	Ordinate ED. Pfeilhöhe DF $1-\cos\frac{\alpha}{2}$	Bogenlänge ADC $\frac{\pi\cdot\alpha}{200}$
56	40	0,47 441	0,10 682	0,42 862	0,09 652	0,88 593
	42	460	691	876	658	624
	44	479	699	890	665	656
	46	498	707	905	672	687
	48	518	716	919	678	719
56	50	0,47 537	0,10 724	0,42 933	0,09 685	0,88 750
	52	556	732	947	692	781
	54	575	740	961	699	813
	56	595	749	975	705	844
	58	614	757	990	712	876
56	60	0,47 633	0,10 765	0,43 004	0,09 719	0,88 907
	62	653	773	018	726	938
	64	672	782	032	732	970
	66	691	790	046	739	0,89 001
	68	710	798	061	746	033
56	70	0,47 730	0,10 807	0,43 075	0,09 753	0,89 064
	72	749	815	089	760	096
	74	768	823	103	767	127
	76	788	832	117	773	158
	78	807	840	131	780	190
56	80	0,47 826	0,10 848	0,43 146	0,09 787	0,89 221
	82	845	857	160	793	253
	84	865	865	174	800	284
	86	884	873	188	807	315
	88	903	882	202	814	347
56	90	0,47 923	0,10 890	0,43 216	0,09 821	0,89 378
	92	942	898	231	827	410
	94	961	907	245	834	441
	96	981	915	259	841	473
	98	0,48 000	923	273	848	504
57	0	019	932	287	854	535

138

α		Tangente $A\,B$	Scheitel-abstand $B\,D$	Abszisse $A\,E$. Halbe Sehne $A\,F$	Ordinate $E\,D$. Pfeil-höhe $D\,F$	Bogen-länge $A\,D\,C$
g	c	$\operatorname{tg}\dfrac{\alpha}{2}$	$\sec\dfrac{\alpha}{2}-1$	$\sin\dfrac{\alpha}{2}$	$1-\cos\dfrac{\alpha}{2}$	$\dfrac{\pi\cdot\alpha}{200}$
57	0	0,48019	0,10932	0,43287	0,09854	0,89535
	2	039	940	301	861	567
	4	058	948	316	868	598
	6	077	957	330	875	630
	8	097	965	344	882	661
57	10	0,48116	0,10974	0,43358	0,09889	0,89692
	12	135	982	372	895	724
	14	155	990	386	902	755
	16	174	999	401	909	787
	18	193	0,11007	415	916	818
57	20	0,48213	0,11016	0,43429	0,09923	0,89850
	22	232	024	443	929	881
	24	251	032	457	936	912
	26	271	041	471	943	944
	28	290	049	485	950	975
57	30	0,48310	0,11058	0,43500	0,09957	0,90007
	32	329	066	514	964	038
	34	348	075	528	970	069
	36	368	083	542	977	101
	38	387	091	556	984	132
57	40	0,48407	0,11100	0,43570	0,09991	0,90164
	42	426	108	584	998	195
	44	445	117	599	0,10005	227
	46	465	125	613	011	258
	48	484	134	627	018	289
57	50	0,48503	0,11142	0,43641	0,10025	0,90321
	52	523	151	655	032	352
	54	542	159	669	039	384
	56	562	168	683	046	415
	58	581	176	697	053	446
	60	601	185	712	059	478

Tafel I.

α		Tangente AB	Scheitel-abstand BD	Abszisse AE. Halbe Sehne AF	Ordinate ED. Pfeilhöhe DF	Bogenlänge ADC
g	c	$\operatorname{tg}\dfrac{\alpha}{2}$	$\sec\dfrac{\alpha}{2}-1$	$\sin\dfrac{\alpha}{2}$	$1-\cos\dfrac{\alpha}{2}$	$\dfrac{\pi\cdot\alpha}{200}$
57	60	0,48601	0,11185	0,43712	0,10059	0,90478
	62	620	193	726	066	509
	64	639	202	740	073	541
	66	659	210	754	080	572
	68	678	219	768	087	604
57	70	0,48698	0,11227	0,43782	0,10094	0,90635
	72	717	236	796	101	666
	74	737	244	810	108	698
	76	756	253	825	114	729
	78	775	261	839	121	761
57	80	0,48795	0,11270	0,43853	0,10128	0,90792
	82	814	278	867	135	823
	84	834	287	881	142	855
	86	853	295	895	149	886
	88	873	304	909	156	918
57	90	0,48892	0,11312	0,43923	0,10163	0,90949
	92	912	321	937	170	981
	94	931	329	952	177	0,91012
	96	951	338	966	183	043
	98	970	347	980	190	075
58	0	0,48989	0,11355	0,43994	0,10197	0,91106
	2	0,49009	364	0,44008	204	138
	4	028	372	022	211	169
	6	048	381	036	218	200
	8	067	389	050	225	232
58	10	0,49087	0,11398	0,44064	0,10232	0,91263
	12	106	407	079	239	295
	14	126	415	093	246	326
	16	145	424	107	253	358
	18	165	432	121	260	389
	20	184	441	135	266	420

α		Tangente AB	Scheitel-abstand BD	Abszisse AE. Halbe Sehne AF	Ordinate ED. Pfeil-höhe DF	Bogen-länge ADC
g	c	$\operatorname{tg} \dfrac{\alpha}{2}$	$\sec \dfrac{\alpha}{2} - 1$	$\sin \dfrac{\alpha}{2}$	$1 - \cos \dfrac{\alpha}{2}$	$\dfrac{\pi \cdot \alpha}{200}$
58	20	0,49 184	0,11 441	0,44 135	0,10 266	0,91 420
	22	204	450	149	273	452
	24	223	458	163	280	483
	26	243	467	177	287	515
	28	262	476	191	294	546
58	30	0,49 282	0,11 484	0,44 205	0,10 301	0,91 577
	32	302	493	219	308	609
	34	321	501	234	315	640
	36	341	510	248	322	672
	38	360	519	262	329	703
58	40	0,49 380	0,11 527	0,44 276	0,10 336	0,91 735
	42	399	536	290	343	766
	44	419	545	304	350	797
	46	438	553	318	357	829
	48	458	562	332	364	860
58	50	0,49 477	0,11 571	0,44 346	0,10 371	0,91 892
	52	497	579	360	378	923
	54	516	588	374	385	954
	56	536	597	388	392	986
	58	556	605	403	399	0,92 017
58	60	0,49 575	0,11 614	0,44 417	0,10 406	0,92 049
	62	595	623	431	413	080
	64	614	631	445	420	111
	66	634	640	459	426	143
	68	653	649	473	433	174
58	70	0,49 673	0,11 658	0,44 487	0,10 440	0,92 206
	72	693	666	501	447	237
	74	712	675	515	454	269
	76	732	684	529	461	300
	78	751	692	543	468	331
	80	771	701	557	475	363

Tafel I.

α		Tangente AB	Scheitel-abstand BD	Abszisse AE. Halbe Sehne AF	Ordinate ED. Pfeil-höhe DF	Bogen-länge ADC
g	c	$\operatorname{tg}\dfrac{\alpha}{2}$	$\sec\dfrac{\alpha}{2}-1$	$\sin\dfrac{\alpha}{2}$	$1-\cos\dfrac{\alpha}{2}$	$\dfrac{\pi\cdot\alpha}{200}$
58	80	0,49 771	0,11 701	0,44 557	0,10 475	0,92 363
	82	791	710	571	482	394
	84	810	719	585	489	426
	86	830	727	599	496	457
	88	849	736	614	503	488
58	90	0,49 869	0,11 745	0,44 628	0,10 510	0,92 520
	92	889	754	642	517	551
	94	908	762	656	524	583
	96	928	771	670	531	614
	98	948	780	684	539	646
59	0	0,49 967	0,11 789	0,44 698	0,10 546	0,92 677
	2	987	798	712	553	708
	4	0,50 006	806	726	560	740
	6	026	815	740	567	771
	8	046	824	754	574	803
59	10	0,50 065	0,11 833	0,44 768	0,10 581	0,92 834
	12	085	841	782	588	865
	14	105	850	796	595	897
	16	124	859	810	602	928
	18	144	868	824	609	960
59	20	0,50 164	0,11 877	0,44 838	0,10 616	0,92 991
	22	183	885	852	623	0,93 023
	24	203	894	866	630	054
	26	223	903	880	637	085
	28	242	912	894	644	117
59	30	0,50 262	0,11 921	0,44 909	0,10 651	0,93 148
	32	282	930	923	658	180
	34	301	938	937	665	211
	36	321	947	951	672	242
	38	341	956	965	679	274
	40	360	965	979	686	305

α		Tangente AB	Scheitelabstand BD	Abszisse AE. Halbe Sehne AF	Ordinate ED. Pfeilhöhe DF	Bogenlänge ADC
g	c	$\operatorname{tg}\dfrac{\alpha}{2}$	$\sec\dfrac{\alpha}{2}-1$	$\sin\dfrac{\alpha}{2}$	$1-\cos\dfrac{\alpha}{2}$	$\dfrac{\pi\cdot\alpha}{200}$
59	40	0,50 360	0,11 965	0,44 979	0,10 686	0,93 305
	42	380	974	993	693	337
	44	400	983	0,45 007	701	368
	46	419	992	021	708	400
	48	439	0,12 001	035	715	431
59	50	0,50 459	0,12 009	0,45 049	0,10 722	0,93 462
	52	479	018	063	729	494
	54	498	027	077	736	525
	56	518	036	091	743	557
	58	538	045	105	750	588
59	60	0.50 557	0,12 054	0,45 119	0,10 757	0,93 619
	62	577	063	133	764	651
	64	597	072	147	771	682
	66	617	081	161	778	714
	68	636	089	175	786	745
59	70	0,50 656	0,12 098	0,45 189	0,10 793	0,93 777
	72	676	107	203	800	808
	74	696	116	217	807	839
	76	715	125	231	814	871
	78	735	134	245	821	902
59	80	0,50 755	0,12 143	0,45 259	0,10 828	0,93 934
	82	775	152	273	835	965
	84	794	161	287	842	996
	86	814	170	301	849	0,94 028
	88	834	179	315	857	059
59	90	0,50 854	0,12 188	0,45 329	0,10 864	0,94 091
	92	873	197	343	871	122
	94	893	206	357	878	154
	96	913	215	371	885	185
	98	933	224	385	892	216
60	0	953	233	399	899	248

Tafel I.

α		Tangente AB	Scheitel-abstand BD	Abszisse AE. Halbe Sehne AF	Ordinate ED. Pfeil-höhe DF	Bogen-länge ADC
g	c	$\operatorname{tg} \dfrac{\alpha}{2}$	$\sec \dfrac{\alpha}{2} - 1$	$\sin \dfrac{\alpha}{2}$	$1 - \cos \dfrac{\alpha}{2}$	$\dfrac{\pi \cdot \alpha}{200}$
60	0	0,50 953	0,12 233	0,45 399	0,10 899	0,94 248
	2	972	242	413	906	279
	4	992	251	427	914	311
	6	0,51 012	260	441	921	342
	8	032	269	455	928	373
60	10	0,51 052	0,12 278	0,45 469	0,10 935	0,94 405
	12	071	287	483	942	436
	14	091	296	497	949	468
	16	111	305	511	956	499
	18	131	314	525	964	531
60	20	0,51 151	0,12 323	0,45 539	0,10 971	0,94 562
	22	170	332	553	978	593
	24	190	341	567	985	625
	26	210	350	581	992	656
	28	230	359	595	999	688
60	30	0,51 250	0,12 368	0,45 609	0,11 007	0,94 719
	32	270	377	623	014	750
	34	289	386	637	021	782
	36	309	395	651	028	813
	38	329	404	665	035	845
60	40	0,51 349	0,12 413	0,45 679	0,11 042	0,94 876
	42	369	422	693	050	908
	44	389	431	707	057	939
	46	408	440	721	064	970
	48	428	449	735	071	0,95 002
60	50	0,51 448	0,12 458	0,45 749	0,11 078	0,95 033
	52	468	468	763	086	065
	54	488	477	777	093	096
	56	508	486	790	100	127
	58	528	495	804	107	159
	60	548	504	818	114	190

g	c	Tangente AB $\operatorname{tg}\dfrac{\alpha}{2}$	Scheitel-abstand BD $\sec\dfrac{\alpha}{2}-1$	Abszisse AE. Halbe Sehne AF $\sin\dfrac{\alpha}{2}$	Ordinate ED. Pfeil-höhe DF $1-\cos\dfrac{\alpha}{2}$	Bogen-länge ADC $\dfrac{\pi\cdot\alpha}{200}$
60	60	0,51 548	0,12 504	0,45 818	0,11 114	0,95 190
	62	567	513	832	121	222
	64	587	522	846	129	253
	66	607	531	860	136	285
	68	627	540	874	143	316
60	70	0,51 647	0,12 550	0,45 888	0,11 150	0,95 347
	72	667	559	902	157	379
	74	687	568	916	165	410
	76	707	577	930	172	442
	78	727	586	944	179	473
60	80	0,51 747	0,12 595	0,45 958	0,11 186	0,95 504
	82	766	604	972	194	536
	84	786	614	986	201	567
	86	806	623	0,46 000	208	599
	88	826	632	014	215	630
60	90	0,51 846	0,12 641	0,46 028	0,11 222	0,95 661
	92	866	650	042	230	693
	94	886	660	056	237	724
	96	906	669	070	244	756
	98	926	678	083	251	787
61	0	0,51 946	0,12 687	0,46 097	0,11 259	0,95 819
	2	966	696	111	266	850
	4	986	705	125	273	881
	6	0,52 006	715	139	280	913
	8	026	724	153	288	944
61	10	0,52 046	0,12 733	0,46 167	0,11 295	0,95 976
	12	066	742	181	302	0,96 007
	14	086	752	195	309	038
	16	106	761	209	317	070
	18	125	770	223	324	101
	20	145	779	237	331	133

Tafel I.

α		Tangente $A\,B$	Scheitel-abstand $B\,D$	Abszisse $A\,E$. Halbe Sehne $A\,F$	Ordinate $E\,D$. Pfeil-höhe $D\,F$	Bogen-länge $A\,D\,C$
g	c	$\operatorname{tg}\dfrac{\alpha}{2}$	$\sec\dfrac{\alpha}{2}-1$	$\sin\dfrac{\alpha}{2}$	$1-\cos\dfrac{\alpha}{2}$	$\dfrac{\pi\cdot\alpha}{200}$
61	20	0,52 145	0,12 779	0,46 237	0,11 331	0,96 133
	22	165	788	251	338	164
	24	185	798	265	346	196
	26	205	807	279	353	227
	28	225	816	292	360	258
61	30	0,52 245	0,12 825	0,46 306	0,11 368	0,96 290
	32	265	835	320	375	321
	34	285	844	334	382	353
	36	305	853	348	389	384
	38	325	863	362	397	415
61	40	0,52 345	0,12 872	0,46 376	0,11 404	0,96 447
	42	365	881	390	411	478
	44	385	890	404	418	510
	46	405	900	418	426	541
	48	425	909	432	433	573
61	50	0,52 446	0,12 918	0,46 446	0,11 440	0,96 604
	52	466	928	459	448	635
	54	486	937	473	455	667
	56	506	946	487	462	698
	58	526	956	501	470	730
61	60	0,52 546	0,12 965	0,46 515	0,11 477	0,96 761
	62	566	974	529	484	792
	64	586	983	543	491	824
	66	606	993	557	499	855
	68	626	0,13 002	571	506	887
61	70	0,52 646	0,13 012	0,46 585	0,11 513	0,96 918
	72	666	021	598	521	950
	74	686	030	612	528	981
	76	706	040	626	535	0,97 012
	78	726	049	640	543	044
	80	746	058	654	550	075

146

α		Tangente AB	Scheitel-abstand BD	Abszisse AE. Halbe Sehne AF	Ordinate ED. Pfeil-höhe DF	Bogen-länge ADC
g	c	$\operatorname{tg}\dfrac{\alpha}{2}$	$\sec\dfrac{\alpha}{2}-1$	$\sin\dfrac{\alpha}{2}$	$1-\cos\dfrac{\alpha}{2}$	$\dfrac{\pi\cdot\alpha}{200}$
61	80	0,52 746	0,13 058	0,46 654	0,11 550	0,97 075
	82	766	068	668	557	107
	84	786	077	682	565	138
	86	807	086	696	572	169
	88	827	096	710	579	201
61	90	0,52 847	0,13 105	0,46 724	0,11 587	0,97 232
	92	867	115	737	594	264
	94	887	124	751	601	295
	96	907	133	765	609	327
	98	927	143	779	616	358
62	0	0,52 947	0,13 152	0,46 793	0,11 623	0,97 389
	2	967	162	807	631	421
	4	988	171	821	638	452
	6	0,53 008	180	835	645	484
	8	028	190	848	653	515
62	10	0,53 048	0,13 199	0,46 862	0,11 660	0,97 546
	12	068	209	876	668	578
	14	088	218	890	675	609
	16	108	228	904	682	641
	18	128	237	917	690	672
62	20	0,53 149	0,13 247	0,46 932	0,11 697	0,97 704
	22	169	256	946	704	735
	24	189	265	959	712	766
	26	209	275	973	719	798
	28	229	284	987	727	829
62	30	0,53 249	0,13 294	0,47 001	0,11 734	0,97 861
	32	269	303	015	741	892
	34	290	313	029	749	923
	36	310	322	043	756	955
	38	330	332	057	763	986
	40	350	341	070	771	0,98 018

Tafel I.

g	c	Tangente AB $\left(\mathrm{tg}\,\dfrac{\alpha}{2}\right)$	Scheitel-abstand BD $\left(\sec\dfrac{\alpha}{2}-1\right)$	Abszisse AE. Halbe Sehne AF $\left(\sin\dfrac{\alpha}{2}\right)$	Ordinate ED. Pfeil-höhe DF $\left(1-\cos\dfrac{\alpha}{2}\right)$	Bogen-länge ADC $\left(\dfrac{\pi\cdot\alpha}{200}\right)$
62	40	0,53350	0,13341	0,47070	0,11771	0,98018
	42	370	351	084	778	049
	44	391	360	098	786	081
	46	411	370	112	793	112
	48	431	379	126	800	143
62	50	0,53451	0,13389	0,47140	0,11808	0,98175
	52	471	398	154	815	206
	54	492	408	167	823	238
	56	512	417	181	830	269
	58	532	427	195	838	300
62	60	0,53552	0,13436	0,47209	0,11845	0,98332
	62	572	446	223	852	363
	64	593	456	237	860	395
	66	613	465	250	867	426
	68	633	475	264	875	458
62	70	0,53653	0,13484	0,47278	0,11882	0,98489
	72	673	494	292	889	520
	74	694	503	306	897	552
	76	714	513	320	904	583
	78	734	523	334	912	615
62	80	0,53754	0,13532	0,47347	0,11919	0,98646
	82	775	542	361	927	677
	84	795	551	375	934	709
	86	815	561	389	942	740
	88	835	570	403	949	772
62	90	0,53856	0,13580	0,47417	0,11956	0,98803
	92	876	590	430	964	835
	94	896	599	444	971	866
	96	917	609	458	979	897
	98	937	619	472	986	929
63	0	957	628	486	994	960

α		Tangente AB	Scheitel-abstand BD	Abszisse AE. Halbe Sehne AF	Ordinate ED. Pfeil-höhe DF	Bogen-länge ADC
g	c	$\operatorname{tg}\dfrac{\alpha}{2}$	$\sec\dfrac{\alpha}{2}-1$	$\sin\dfrac{\alpha}{2}$	$1-\cos\dfrac{\alpha}{2}$	$\dfrac{\pi\cdot\alpha}{200}$
63	0	0,53957	0,13628	0,47486	0,11994	0,98960
	2	977	638	499	0,12001	992
	4	998	647	513	009	0,99023
	6	0,54018	657	527	016	054
	8	038	667	541	024	086
63	10	0,54059	0,13676	0,47555	0,12031	0,99117
	12	079	686	569	038	149
	14	099	696	582	046	180
	16	119	705	596	053	211
	18	140	715	610	061	243
63	20	0,54160	0,13725	0,47624	0,12068	0,99274
	22	180	734	638	076	306
	24	201	744	651	083	337
	26	221	754	665	091	369
	28	241	763	679	098	400
63	30	0,54262	0,13773	0,47693	0,12106	0,99431
	32	282	783	707	113	463
	34	302	793	721	121	494
	36	323	802	734	128	526
	38	343	812	748	136	557
63	40	0,54363	0,13822	0,47762	0,12143	0,99588
	42	384	831	776	151	620
	44	404	841	789	158	651
	46	424	851	803	166	683
	48	445	861	817	173	714
63	50	0,54465	0,13870	0,47831	0,12181	0,99746
	52	486	880	845	188	777
	54	506	890	858	196	808
	56	526	900	872	203	840
	58	547	909	886	211	871
	60	567	919	900	218	903

Tafel I.

α		Tangente AB	Scheitel-abstand BD	Abszisse AE. Halbe Sehne AF	Ordinate ED. Pfeil-höhe DF	Bogen-länge ADC
g	c	$\operatorname{tg}\dfrac{\alpha}{2}$	$\sec\dfrac{\alpha}{2}-1$	$\sin\dfrac{\alpha}{2}$	$1-\cos\dfrac{\alpha}{2}$	$\dfrac{\pi\cdot\alpha}{200}$
63	60	0,54 567	0,13 919	0,47 900	0,12 218	0,99 903
	62	587	929	914	226	934
	64	608	939	927	233	965
	66	628	948	941	241	997
	68	649	958	955	249	1,00 028
63	70	0,54 669	0,13 968	0,47 969	0,12 256	1,00 060
	72	689	978	983	264	091
	74	710	988	996	271	123
	76	730	997	0,48 010	279	154
	78	751	0,14 007	024	286	185
63	80	0,54 771	0,14 017	0,48 038	0,12 294	1,00 217
	82	792	027	051	301	248
	84	812	037	065	309	280
	86	832	046	079	316	311
	88	853	056	093	324	342
63	90	0,54 873	0,14 066	0,48 107	0,12 332	1,00 374
	92	894	076	120	339	405
	94	914	086	134	347	437
	96	935	096	148	354	468
	98	955	105	162	362	500
64	0	0,54 975	0,14 115	0,48 175	0,12 369	1,00 531
	2	996	125	189	377	562
	4	0,55 016	135	203	384	594
	6	037	145	217	392	625
	8	057	155	230	400	657
64	10	0,55 078	0,14 165	0,48 244	0,12 407	1,00 688
	12	098	174	258	415	719
	14	119	184	272	422	751
	16	139	194	285	430	782
	18	160	204	299	438	814
	20	180	214	313	445	845

Tafel I.

α		Tangente AB	Scheitel-abstand BD	Abszisse AE. Halbe Sehne AF	Ordinate ED. Pfeil-höhe DF	Bogen-länge ADC
g	c	$\operatorname{tg}\dfrac{\alpha}{2}$	$\sec\dfrac{\alpha}{2}-1$	$\sin\dfrac{\alpha}{2}$	$1-\cos\dfrac{\alpha}{2}$	$\dfrac{\pi\cdot\alpha}{200}$
64	20	0,55 180	0,14 214	0,48 313	0,12 445	1,00 845
	22	201	224	327	453	877
	24	221	234	340	460	908
	26	242	244	354	468	939
	28	262	254	368	475	971
64	30	0,55 283	0,14 264	0,48 382	0,12 483	1,01 002
	32	303	274	395	491	034
	34	324	283	409	498	065
	36	344	293	423	506	096
	38	365	303	437	514	128
64	40	0,55 385	0,14 313	0,48 450	0,12 521	1,01 159
	42	406	323	464	529	191
	44	426	333	478	536	222
	46	447	343	492	544	254
	48	467	353	505	552	285
64	50	0,55 488	0,14 363	0,48 519	0,12 559	1,01 316
	52	509	373	533	567	348
	54	529	383	547	574	379
	56	550	393	560	582	411
	58	570	403	574	590	442
64	60	0,55 591	0,14 413	0,48 588	0,12 597	1,01 473
	62	611	423	602	605	505
	64	632	433	615	613	536
	66	652	443	629	620	568
	68	673	453	643	628	599
64	70	0,55 694	0,14 463	0,48 656	0,12 636	1,01 631
	72	714	473	670	643	662
	74	735	483	684	651	693
	76	755	493	698	658	725
	78	776	503	711	666	756
	80	797	513	725	674	788

Tafel I.

α		Tangente AB	Scheitel-abstand BD	Abszisse AE. Halbe Sehne AF	Ordinate ED. Pfeil-höhe DF	Bogen-länge ADC
g	c	$\operatorname{tg} \dfrac{\alpha}{2}$	$\sec \dfrac{\alpha}{2} - 1$	$\sin \dfrac{\alpha}{2}$	$1 - \cos \dfrac{\alpha}{2}$	$\dfrac{\pi \cdot \alpha}{200}$
64	80	0,55 797	0,14 513	0,48 725	0,12 674	1,01 788
	82	817	523	739	681	819
	84	838	533	752	689	850
	86	858	543	766	697	882
	88	879	553	780	704	913
64	90	0,55 900	0,14 563	0,48 794	0,12 712	1,01 945
	92	920	573	807	719	976
	94	941	583	821	727	1,02 008
	96	961	594	835	735	039
	98	982	604	848	743	070
65	0	0,56 003	0,14 614	0,48 862	0,12 750	1,02 102
	2	023	624	876	758	133
	4	044	634	890	766	165
	6	065	644	903	773	196
	8	085	654	917	781	227
65	10	0,56 106	0,14 664	0,48 931	0,12 789	1,02 259
	12	127	674	944	796	290
	14	147	684	958	804	322
	16	168	695	972	812	353
	18	189	705	985	820	385
65	20	0,56 209	0,14 715	0,48 999	0,12 827	1,02 416
	22	230	725	0,49 013	835	447
	24	251	735	027	843	479
	26	271	745	040	850	510
	28	292	755	054	858	542
65	30	0,56 313	0,14 765	0,49 068	0,12 866	1,02 573
	32	333	776	081	873	604
	34	354	786	095	881	636
	36	375	796	109	889	667
	38	395	806	122	897	699
	40	416	816	136	904	730

α		Tangente AB	Scheitel-abstand BD	Abszisse AE. Halbe Sehne AF	Ordinate ED. Pfeil-höhe DF	Bogen-länge ADC
g	c	$\operatorname{tg}\dfrac{\alpha}{2}$	$\sec\dfrac{\alpha}{2}-1$	$\sin\dfrac{\alpha}{2}$	$1-\cos\dfrac{\alpha}{2}$	$\dfrac{\pi\cdot\alpha}{200}$
65	40	0,56416	0,14816	0,49136	0,12904	1,02730
	42	437	826	150	912	761
	44	458	837	163	920	793
	46	478	847	177	927	824
	48	499	857	191	935	856
65	50	0,56520	0,14867	0,49204	0,12943	1,02887
	52	540	877	218	951	919
	54	561	888	232	958	950
	56	582	898	245	966	981
	58	603	908	259	974	1,03013
65	60	0,56623	0,14918	0,49273	0,12982	1,03044
	62	644	928	286	989	076
	64	665	939	300	997	107
	66	686	949	314	0,13005	138
	68	706	959	327	013	170
65	70	0,56727	0,14969	0,49341	0,13020	1,03201
	72	748	980	355	028	233
	74	769	990	368	036	264
	76	789	0,15000	382	044	296
	78	810	010	396	051	327
65	80	0,56831	0,15021	0,49409	0,13059	1,03358
	82	852	031	423	067	390
	84	873	041	437	075	421
	86	893	052	450	082	453
	88	914	062	464	090	484
65	90	0,56935	0,15072	0,49478	0,13098	1,03515
	92	956	082	491	106	547
	94	977	093	505	114	578
	96	997	103	519	121	610
	98	0,57018	113	532	129	641
66	0	039	124	546	137	673

Tafel I.

α		Tangente AB	Scheitel-abstand BD	Abszisse AE. Halbe Sehne AF	Ordinate ED. Pfeil-höhe DF	Bogen-länge ADC
g	c	$\operatorname{tg}\dfrac{\alpha}{2}$	$\sec\dfrac{\alpha}{2}-1$	$\sin\dfrac{\alpha}{2}$	$1-\cos\dfrac{\alpha}{2}$	$\dfrac{\pi\cdot\alpha}{200}$
66	0	0,57039	0,15124	0,49546	0,13137	1,03673
	2	060	134	560	145	704
	4	081	144	573	152	735
	6	101	155	587	160	767
	8	122	165	600	168	798
66	10	0,57143	0,15175	0,49614	0,13176	1,03830
	12	164	186	628	184	861
	14	185	196	641	191	892
	16	206	206	655	199	924
	18	227	217	669	207	955
66	20	0,57247	0,15227	0,49682	0,13215	1,03987
	22	268	237	696	223	1,04018
	24	289	248	710	230	050
	26	310	258	723	238	081
	28	331	268	737	246	112
66	30	0,57352	0,15279	0,49750	0,13254	1,04144
	32	373	289	764	262	175
	34	393	300	778	269	207
	36	414	310	791	277	238
	38	435	320	805	285	269
66	40	0,57456	0,15331	0,49819	0,13293	1,04301
	42	477	341	832	301	332
	44	498	352	846	309	364
	46	519	362	859	316	395
	48	540	372	873	324	427
66	50	0,57561	0,15383	0,49887	0,13332	1,04458
	52	582	393	900	340	489
	54	602	404	914	348	521
	56	623	414	927	356	552
	58	644	425	941	363	584
	60	665	435	955	371	615

I.54

α		Tangente AB	Scheitel-abstand BD	Abszisse AE. Halbe Sehne AF	Ordinate ED. Pfeil-höhe DF	Bogen-länge ADC
g	c	$\mathrm{tg}\,\dfrac{\alpha}{2}$	$\sec\dfrac{\alpha}{2}-1$	$\sin\dfrac{\alpha}{2}$	$1-\cos\dfrac{\alpha}{2}$	$\dfrac{\pi\cdot\alpha}{200}$
66	60	0,57 665	0,15 435	0,49 955	0,13 371	1,04 615
	62	686	446	968	379	646
	64	707	456	982	387	678
	66	728	467	995	395	709
	68	749	477	0,50 009	403	741
66	70	0,57 770	0,15 488	0,50 023	0,13 411	1,04 772
	72	791	498	036	418	804
	74	812	508	050	426	835
	76	833	519	063	434	866
	78	854	529	077	442	898
66	80	0,57 875	0,15 540	0,50 091	0,13 450	1,04 929
	82	896	550	104	458	961
	84	917	561	118	466	992
	86	938	572	131	473	1,05 023
	88	959	582	145	481	055
66	90	0,57 980	0,15 593	0,50 159	0,13 489	1,05 086
	92	0,58 001	603	172	497	118
	94	022	614	186	505	149
	96	043	624	199	513	181
	98	064	635	213	521	212
67	0	0,58 085	0,15 645	0,50 227	0,13 529	1,05 243
	2	106	656	240	537	275
	4	127	666	254	544	306
	6	148	677	267	552	338
	8	169	687	281	560	369
67	10	0,58 190	0,15 698	0,50 294	0,13 568	1,05 400
	12	211	709	308	576	431
	14	232	719	322	584	463
	16	253	730	335	592	495
	18	274	740	349	600	526
	20	295	751	362	608	558

Tafel I.

g	c	Tangente AB $\operatorname{tg}\dfrac{\alpha}{2}$	Scheitel-abstand BD $\sec\dfrac{\alpha}{2}-1$	Abszisse AE. Halbe Sehne AF $\sin\dfrac{\alpha}{2}$	Ordinate ED. Pfeil-höhe DF $1-\cos\dfrac{\alpha}{2}$	Bogen-länge ADC $\dfrac{\pi\cdot\alpha}{200}$
67	20	0,58 295	0,15 751	0,50 362	0,13 608	1,05 558
	22	316	762	376	616	589
	24	337	772	389	623	620
	26	358	783	403	631	652
	28	379	793	417	639	683
67	30	0,58 400	0,15 804	0,50 430	0,13 647	1,05 715
	32	421	815	444	655	746
	34	442	825	457	663	777
	36	463	836	471	671	809
	38	484	847	484	679	840
67	40	0,58 506	0,15 857	0,50 498	0,13 687	1,05 872
	42	527	868	512	695	903
	44	548	879	525	703	935
	46	569	889	539	711	966
	48	590	900	552	719	997
67	50	0,58 611	0,15 911	0,50 566	0,13 727	1,06 029
	52	632	921	579	735	060
	54	653	932	593	742	092
	56	674	943	606	750	123
	58	695	953	620	758	154
67	60	0,58 717	0,15 964	0,50 633	0,13 766	1,06 186
	62	738	975	647	774	217
	64	759	985	661	782	249
	66	780	996	674	790	280
	68	801	0,16 007	688	798	311
67	70	0,58 822	0,16 017	0,50 701	0,13 806	1,06 343
	72	843	028	715	814	374
	74	865	039	728	822	406
	76	886	050	742	830	437
	78	907	060	755	838	469
	80	928	071	769	846	500

α		Tangente AB	Scheitel-abstand BD	Abszisse AE. Halbe Sehne AF	Ordinate ED. Pfeil-höhe DF	Bogen-länge ADC
g	c	$\operatorname{tg}\dfrac{\alpha}{2}$	$\sec\dfrac{\alpha}{2}-1$	$\sin\dfrac{\alpha}{2}$	$1-\cos\dfrac{\alpha}{2}$	$\dfrac{\pi\cdot\alpha}{200}$
67	80	0,58928	0,16071	0,50769	0,13846	1,06500
	82	949	082	782	854	531
	84	970	093	796	862	563
	86	992	103	809	870	594
	88	0,59013	114	823	878	626
67	90	0,59034	0,16125	0,50837	0,13886	1,06657
	92	055	136	850	894	688
	94	076	146	864	902	720
	96	097	157	877	910	751
	98	119	168	891	918	783
68	0	0,59140	0,16179	0,50904	0,13926	1,06814
	2	161	190	918	934	846
	4	182	200	931	942	877
	6	203	211	945	950	908
	8	225	222	958	958	940
68	10	0,59246	0,16233	0,50972	0,13966	1,06971
	12	267	244	985	974	1,07003
	14	288	255	999	982	034
	16	310	265	0,51012	990	065
	18	331	276	026	998	097
68	20	0,59352	0,16287	0,51039	0,14006	1,07128
	22	373	298	053	014	160
	24	395	309	066	022	191
	26	416	320	080	030	223
	28	437	330	093	038	254
68	30	0,59458	0,16341	0,51107	0,14046	1,07285
	32	480	352	120	054	317
	34	501	363	134	062	348
	36	522	374	147	070	380
	38	543	385	161	078	411
	40	565	396	174	086	442

Tafel I.

α		Tangente AB	Scheitel-abstand BD	Abszisse AE. Halbe Sehne AF	Ordinate ED. Pfeil-höhe DF	Bogen-länge ADC
g	c	$\operatorname{tg} \dfrac{\alpha}{2}$	$\sec \dfrac{\alpha}{2} - 1$	$\sin \dfrac{\alpha}{2}$	$1 - \cos \dfrac{\alpha}{2}$	$\dfrac{\pi \cdot \alpha}{200}$
68	40	0,59 565	0,16 396	0,51 174	0,14 086	1,07 442
	42	586	407	188	094	474
	44	607	417	201	102	505
	46	629	428	215	110	537
	48	650	439	228	118	568
68	50	0,59 671	0,16 450	0,51 242	0,14 126	1,07 600
	52	692	461	255	134	631
	54	714	472	269	142	662
	56	735	483	282	151	694
	58	756	494	296	159	725
68	60	0,59 778	0,16 505	0,51 309	0,14 167	1,07 757
	62	799	516	323	175	788
	64	820	527	336	183	819
	66	842	538	350	191	851
	68	863	549	363	199	882
68	70	0,59 884	0,16 560	0,51 377	0,14 207	1,07 914
	72	906	571	390	215	945
	74	927	582	404	223	977
	76	948	592	417	231	1,08 008
	78	970	603	430	239	039
68	80	0,59 991	0,16 614	0,51 444	0,14 247	1,08 071
	82	0,60 012	625	457	255	102
	84	034	636	471	263	134
	86	055	647	484	272	165
	88	077	658	498	280	196
68	90	0,60 098	0,16 669	0,51 511	0,14 288	1,08 228
	92	119	680	525	296	259
	94	141	692	538	304	291
	96	162	703	552	312	322
	98	183	714	565	320	354
69	0	205	725	579	328	385

158

α		Tangente AB	Scheitel-abstand BD	Abszisse AE. Halbe Sehne AF	Ordinate ED. Pfeil-höhe DF	Bogen-länge ADC
g	c	$\operatorname{tg} \dfrac{\alpha}{2}$	$\sec \dfrac{\alpha}{2} - 1$	$\sin \dfrac{\alpha}{2}$	$1 - \cos \dfrac{\alpha}{2}$	$\dfrac{\pi \cdot \alpha}{200}$
69	0	0,60 205	0,16 725	0,51 579	0,14 328	1,08 385
	2	226	736	592	336	416
	4	248	747	606	344	448
	6	269	758	619	353	479
	8	291	769	632	361	511
69	10	0,60 312	0,16 780	0,51 646	0,14 369	1,08 542
	12	333	791	659	377	573
	14	355	802	673	385	605
	16	376	813	686	393	636
	18	398	824	700	401	668
69	20	0,60 419	0,16 835	0,51 713	0,14 409	1,08 699
	22	441	846	727	417	731
	24	462	857	740	426	762
	26	483	869	753	434	793
	28	505	880	767	442	825
69	30	0,60 526	0,16 891	0,51 780	0,14 450	1,08 856
	32	548	902	794	458	888
	34	569	913	807	466	919
	36	591	924	821	474	950
	38	612	935	834	483	982
69	40	0,60 634	0,16 946	0,51 847	0,14 491	1,09 013
	42	655	958	861	499	045
	44	677	969	874	507	076
	46	698	980	888	515	108
	48	720	991	901	523	139
69	50	0,60 741	0,17 002	0,51 915	0,14 531	1,09 170
	52	763	013	928	540	202
	54	784	024	941	548	233
	56	806	036	955	556	265
	58	827	047	968	564	296
	60	849	058	982	572	327

Tafel I.

g	c	Tangente AB $\operatorname{tg}\dfrac{\alpha}{2}$	Scheitelabstand BD $\sec\dfrac{\alpha}{2}-1$	Abszisse AE. Halbe Sehne AF $\sin\dfrac{\alpha}{2}$	Ordinate ED. Pfeilhöhe DF $1-\cos\dfrac{\alpha}{2}$	Bogenlänge ADC $\dfrac{\pi\cdot\alpha}{200}$
69	60	0,60 849	0,17 058	0,51 982	0,14 572	1,09 327
	62	870	069	995	580	359
	64	892	080	0,52 009	589	390
	66	913	092	022	597	422
	68	935	103	035	605	453
69	70	0,60 956	0,17 114	0,52 049	0,14 613	1,09 485
	72	978	125	062	621	516
	74	0,61 000	136	076	629	547
	76	0,61 021	148	089	638	579
	78	043	159	102	646	610
69	80	0,61 064	0,17 170	0,52 116	0,14 654	1,09 642
	82	086	181	129	662	673
	84	107	193	143	670	704
	86	129	204	156	679	736
	88	151	215	169	687	767
69	90	0,61 172	0,17 226	0,52 183	0,14 695	1,09 799
	92	194	238	196	703	830
	94	215	249	210	711	861
	96	237	260	223	720	893
	98	258	271	236	728	924
70	0	0,61 280	0,17 283	0,52 250	0,14 736	1,09 956
	2	302	294	263	744	987
	4	323	305	277	752	1,10 019
	6	345	317	290	761	050
	8	367	328	303	769	081
70	10	0,61 388	0,17 339	0,52 317	0,14 777	1,10 113
	12	410	351	330	785	144
	14	431	362	344	793	176
	16	453	373	357	802	207
	18	475	385	370	810	238
	20	496	396	384	818	270

α		Tangente $A\,B$	Scheitel-abstand $B\,D$	Abszisse $A\,E$. Halbe Sehne $A\,F$	Ordinate $E\,D$. Pfeil-höhe $D\,F$	Bogen-länge $A\,D\,C$
g	c	$\operatorname{tg}\dfrac{\alpha}{2}$	$\sec\dfrac{\alpha}{2}-1$	$\sin\dfrac{\alpha}{2}$	$1-\cos\dfrac{\alpha}{2}$	$\dfrac{\pi\cdot\alpha}{200}$
70	20	0,61 496	0,17 396	0,52 384	0,14 818	1,10 270
	22	518	407	397	826	301
	24	540	419	410	835	333
	26	561	430	424	843	364
	28	583	441	437	851	396
70	30	0,61 605	0,17 453	0,52 451	0,14 859	1,10 427
	32	626	464	464	868	458
	34	648	475	477	876	490
	36	670	487	491	884	521
	38	691	498	504	892	553
70	40	0,61 713	0,17 510	0,52 517	0,14 901	1,10 584
	42	735	521	531	909	615
	44	756	532	544	917	647
	46	778	544	558	925	678
	48	800	555	571	934	710
70	50	0,61 822	0,17 567	0,52 584	0,14 942	1,10 741
	52	843	578	598	950	773
	54	865	589	611	958	804
	56	887	601	624	967	835
	58	908	612	638	975	867
70	60	0,61 930	0,17 624	0,52 651	0,14 983	1,10 898
	62	952	635	664	991	930
	64	974	647	678	0,15 000	961
	66	995	658	691	008	992
	68	0,62 017	670	704	016	1,11 024
70	70	0,62 039	0,17 681	0,52 718	0,15 025	1,11 055
	72	061	692	731	033	087
	74	082	704	745	041	118
	76	104	715	758	049	150
	78	126	727	771	058	181
	80	148	738	785	066	212

Tafel I.

α		Tangente AB	Scheitel-abstand BD	Abszisse AE. Halbe Sehne AF	Ordinate ED. Pfeil-höhe DF	Bogen-länge ADC
g	c	$\operatorname{tg}\dfrac{\alpha}{2}$	$\sec\dfrac{\alpha}{2}-1$	$\sin\dfrac{\alpha}{2}$	$1-\cos\dfrac{\alpha}{2}$	$\dfrac{\pi\cdot\alpha}{200}$
70	80	0,62 148	0,17 738	0,52 785	0,15 066	1,11 212
	82	169	750	798	074	244
	84	191	761	811	083	275
	86	213	773	825	091	307
	88	235	784	838	099	338
70	90	0,62 257	0,17 796	0,52 851	0,15 107	1,11 369
	92	278	807	865	116	401
	94	300	819	878	124	432
	96	322	831	891	132	464
	98	344	842	905	141	495
71	0	0,62 366	0,17 854	0,52 918	0,15 149	1,11 527
	2	387	865	931	157	558
	4	409	877	945	166	589
	6	431	888	958	174	621
	8	453	900	971	182	652
71	10	0,62 475	0,17 911	0,52 985	0,15 191	1,11 684
	12	497	923	998	199	715
	14	518	935	0,53 011	207	746
	16	540	946	024	216	778
	18	562	958	038	224	809
71	20	0,62 584	0,17 969	0,53 051	0,15 232	1,11 841
	22	606	981	064	241	872
	24	628	993	078	249	904
	26	650	0,18 004	091	257	935
	28	672	016	104	266	966
71	30	0,62 693	0,18 027	0,53 118	0,15 274	1,11 998
	32	715	039	131	282	1,12 029
	34	737	051	144	291	061
	36	759	062	158	299	092
	38	781	074	171	307	123
	40	803	086	184	316	155

α		Tangente AB	Scheitel-abstand BD	Abszisse AE. Halbe Sehne AF	Ordinate ED. Pfeil-höhe DF	Bogen-länge ADC
g	c	$\operatorname{tg} \dfrac{\alpha}{2}$	$\sec \dfrac{\alpha}{2} - 1$	$\sin \dfrac{\alpha}{2}$	$1 - \cos \dfrac{\alpha}{2}$	$\dfrac{\pi \cdot \alpha}{200}$
71	40	0,62 803	0,18 086	0,53 184	0,15 316	1,12 155
	42	825	097	198	324	186
	44	847	109	211	332	218
	46	869	121	224	341	249
	48	891	132	237	349	281
71	50	0,62 912	0,18 144	0,53 251	0,15 357	1,12 312
	52	934	156	264	366	343
	54	956	167	277	374	375
	56	978	179	291	383	406
	58	0,63 000	191	304	391	438
71	60	0,63 022	0,18 202	0,53 317	0,15 399	1,12 469
	62	044	214	330	408	500
	64	066	226	344	416	532
	66	088	237	357	424	563
	68	110	249	370	433	595
71	70	0,63 132	0,18 261	0,53 384	0,15 441	1,12 626
	72	154	273	397	449	658
	74	176	284	410	458	689
	76	198	296	423	466	720
	78	220	308	437	475	752
71	80	0,63 242	0,18 320	0,53 450	0,15 483	1,12 783
	82	264	331	463	492	815
	84	286	343	477	500	846
	86	308	355	490	508	877
	88	330	367	503	517	909
71	90	0,63 352	0,18 378	0,53 516	0,15 525	1,12 940
	92	374	390	530	534	972
	94	396	402	543	542	1,13 003
	96	418	414	556	550	035
	98	440	426	569	559	066
72	0	462	437	583	567	097

Tafel I.

α		Tangente AB	Scheitel-abstand BD	Abszisse AE. Halbe Sehne AF	Ordinate ED. Pfeil-höhe DF	Bogen-länge ADC
g	c	$\operatorname{tg}\dfrac{\alpha}{2}$	$\sec\dfrac{\alpha}{2}-1$	$\sin\dfrac{\alpha}{2}$	$1-\cos\dfrac{\alpha}{2}$	$\dfrac{\pi\cdot\alpha}{200}$
72	0	0,63462	0,18437	0,53583	0,15567	1,13097
	2	484	449	596	576	129
	4	506	461	609	584	160
	6	528	473	622	592	192
	8	550	485	636	601	223
72	10	0,63572	0,18496	0,53649	0,15609	1,13254
	12	594	508	662	618	286
	14	616	520	675	626	317
	16	638	532	689	635	349
	18	660	544	702	643	380
72	20	0,63682	0,18556	0,53715	0,15651	1,13411
	22	705	568	728	660	443
	24	727	579	742	668	474
	26	749	591	755	677	506
	28	771	603	768	685	537
72	30	0,63793	0,18615	0,53781	0,15694	1,13569
	32	815	627	795	702	600
	34	837	639	808	711	631
	36	859	651	821	719	663
	38	881	663	834	728	694
72	40	0,63903	0,18675	0,53848	0,15736	1,13726
	42	925	687	861	744	757
	44	948	698	874	753	788
	46	970	710	887	761	820
	48	992	722	901	770	851
72	50	0,64014	0,18734	0,53914	0,15778	1,13883
	52	036	746	927	787	914
	54	058	758	940	795	946
	56	081	770	954	804	977
	58	103	782	967	812	1,14008
	60	125	794	980	821	040

α		Tangente AB	Scheitel-abstand BD	Abszisse AE. Halbe Sehne AF	Ordinate ED. Pfeil-höhe DF	Bogen-länge ADC
g	c	$\operatorname{tg}\dfrac{\alpha}{2}$	$\sec\dfrac{\alpha}{2}-1$	$\sin\dfrac{\alpha}{2}$	$1-\cos\dfrac{\alpha}{2}$	$\dfrac{\pi\cdot\alpha}{200}$
72	60	0,64125	0,18794	0,53980	0,15821	1,14040
	62	147	806	993	829	071
	64	169	818	0,54006	838	103
	66	191	830	020	846	134
	68	214	842	033	855	165
72	70	0,64236	0,18854	0,54046	0,15863	1,14197
	72	258	866	059	872	228
	74	280	878	072	880	260
	76	302	890	086	889	291
	78	325	902	099	897	323
72	80	0,64347	0,18914	0,54112	0,15906	1,14354
	82	369	926	125	914	385
	84	391	938	139	923	417
	86	413	950	152	931	448
	88	436	962	165	940	480
72	90	0,64458	0,18974	0,54178	0,15948	1,14511
	92	480	986	191	957	542
	94	502	998	205	965	574
	96	525	0,19010	218	974	605
	98	547	022	231	982	637
73	0	0,64569	0,19034	0,54244	0,15991	1,14668
	2	591	046	257	999	700
	4	614	058	271	0,16008	731
	6	636	071	284	016	762
	8	658	083	297	025	794
73	10	0,64681	0,19095	0,54310	0,16033	1,14825
	12	703	107	323	042	857
	14	725	119	336	050	888
	16	747	131	350	059	919
	18	770	143	363	067	951
	20	792	155	376	076	982

Tafel I.

α		Tangente AB	Scheitel-abstand BD	Abszisse AE. Halbe Sehne AF	Ordinate ED. Pfeil-höhe DF	Bogen-länge ADC
g	c	$\operatorname{tg}\dfrac{\alpha}{2}$	$\sec\dfrac{\alpha}{2}-1$	$\sin\dfrac{\alpha}{2}$	$1-\cos\dfrac{\alpha}{2}$	$\dfrac{\pi\cdot\alpha}{200}$
73	20	0,64792	0,19155	0,54376	0,16076	1,14982
	22	814	168	389	084	1,15014
	24	837	180	402	093	045
	26	859	192	416	102	077
	28	881	204	429	110	108
73	30	0,64904	0,19216	0,54442	0,16119	1,15139
	32	926	228	455	127	171
	34	948	240	468	136	202
	36	971	253	481	144	234
	38	993	265	495	153	265
73	40	0,65015	0,19277	0,54508	0,16161	1,15296
	42	038	289	521	170	328
	44	060	301	534	179	359
	46	082	313	547	187	391
	48	105	326	560	196	422
73	50	0,65127	0,19338	0,54574	0,16204	1,15454
	52	149	350	587	213	485
	54	172	362	600	221	516
	56	194	375	613	230	548
	58	217	387	626	239	579
73	60	0,65239	0,19399	0,54639	0,16247	1,15611
	62	261	411	653	256	642
	64	284	423	666	264	673
	66	306	436	679	273	705
	68	329	448	692	282	736
73	70	0,65351	0,19460	0,54705	0,16290	1,15768
	72	373	472	718	299	799
	74	396	485	731	307	831
	76	418	497	745	316	862
	78	441	509	758	325	893
	80	463	522	771	333	925

α		Tangente AB	Scheitel-abstand BD	Abszisse AE. Halbe Sehne AF	Ordinate ED. Pfeil-höhe DF	Bogen-länge ADC
g	c	$\operatorname{tg}\dfrac{\alpha}{2}$	$\sec\dfrac{\alpha}{2}-1$	$\sin\dfrac{\alpha}{2}$	$1-\cos\dfrac{\alpha}{2}$	$\dfrac{\pi\cdot\alpha}{200}$
73	80	0,65463	0,19522	0,54771	0,16333	1,15925
	82	486	534	784	342	956
	84	508	546	797	350	988
	86	530	559	810	359	1,16019
	88	553	571	823	368	050
73	90	0,65575	0,19583	0,54837	0,16376	1,16082
	92	598	595	850	385	113
	94	620	608	863	393	145
	96	643	620	876	402	176
	98	665	632	889	411	208
74	0	0,65688	0,19645	0,54902	0,16419	1,16239
	2	710	657	915	428	270
	4	733	670	929	437	302
	6	755	682	942	445	333
	8	778	694	955	454	365
74	10	0,65800	0,19707	0,54968	0,16462	1,16396
	12	823	719	981	471	427
	14	845	731	994	480	459
	16	868	744	0,55007	488	490
	18	890	756	020	497	522
74	20	0,65913	0,19769	0,55034	0,16506	1,16553
	22	935	781	047	514	585
	24	958	793	060	523	616
	26	980	806	073	532	647
	28	0,66003	818	086	540	679
74	30	0,66026	0,19831	0,55099	0,16549	1,16710
	32	048	843	112	558	742
	34	071	855	125	566	773
	36	093	868	138	575	804
	38	116	880	151	583	836
	40	138	893	165	592	867

Tafel I.

α		Tangente AB	Scheitel-abstand BD	Abszisse AE. Halbe Sehne AF	Ordinate ED. Pfeil-höhe DF	Bogen-länge ADC
g	c	$\operatorname{tg} \dfrac{\alpha}{2}$	$\sec \dfrac{\alpha}{2} - 1$	$\sin \dfrac{\alpha}{2}$	$1 - \cos \dfrac{\alpha}{2}$	$\dfrac{\pi \cdot \alpha}{200}$
74	40	0,66 138	0,19 893	0,55 165	0,16 592	1,16 867
	42	161	905	178	601	899
	44	184	918	191	609	930
	46	206	930	204	618	961
	48	229	943	217	627	993
74	50	0,66 251	0,19 955	0,55 230	0,16 636	1,17 024
	52	274	968	243	644	056
	54	297	980	256	653	087
	56	319	993	269	662	119
	58	342	0,20 005	282	670	150
74	60	0,66 364	0,20 018	0,55 296	0,16 679	1,17 181
	62	387	030	309	688	213
	64	410	043	322	696	244
	66	432	055	335	705	276
	68	455	068	348	714	307
74	70	0,66 478	0,20 080	0,55 361	0,16 722	1,17 338
	72	500	093	374	731	370
	74	523	105	387	740	401
	76	546	118	400	748	433
	78	568	130	413	757	464
74	80	0,66 591	0,20 143	0,55 426	0,16 766	1,17 496
	82	614	156	439	775	527
	84	636	168	452	783	558
	86	659	181	466	792	590
	88	682	193	479	801	621
74	90	0,66 704	0,20 206	0,55 492	0,16 809	1,17 653
	92	727	219	505	818	684
	94	750	231	518	827	715
	96	772	244	531	836	747
	98	795	256	544	844	778
75	0	818	269	557	853	810

α		Tangente AB	Scheitel-abstand BD	Abszisse AE. Halbe Sehne AF	Ordinate ED. Pfeil-höhe DF	Bogen-länge ADC
g	c	$\mathrm{tg}\,\dfrac{\alpha}{2}$	$\sec\dfrac{\alpha}{2}-1$	$\sin\dfrac{\alpha}{2}$	$1-\cos\dfrac{\alpha}{2}$	$\dfrac{\pi\cdot\alpha}{200}$
75	0	0,66818	0,20269	0,55557	0,16853	1,17810
	2	841	282	570	862	841
	4	863	294	583	870	873
	6	886	307	596	879	904
	8	909	320	609	888	935
75	10	0,66932	0,20332	0,55622	0,16897	1,17967
	12	954	345	635	905	998
	14	977	357	648	914	1,18030
	16	0,67000	370	661	923	061
	18	023	383	675	932	092
75	20	0,67045	0,20395	0,55688	0,16940	1,18124
	22	068	408	701	949	155
	24	091	421	714	958	187
	26	114	434	727	967	218
	28	136	446	740	975	250
75	30	0,67159	0,20459	0,55753	0,16984	1,18281
	32	182	472	766	993	312
	34	205	484	779	0,17002	344
	36	228	497	792	010	375
	38	250	510	805	019	407
75	40	0,67273	0,20523	0,55818	0,17028	1,18438
	42	296	535	831	037	469
	44	319	548	844	046	501
	46	342	561	857	054	532
	48	365	574	870	063	564
75	50	0,67387	0,20586	0,55883	0,17072	1,18595
	52	410	599	896	081	627
	54	433	612	909	089	658
	56	456	625	922	098	689
	58	479	637	935	107	721
	60	502	650	948	116	752

Tafel I.

α		Tangente AB	Scheitelabstand BD	Abszisse AE. Halbe Sehne AF	Ordinate ED. Pfeilhöhe DF	Bogenlänge ADC
g	c	$\mathrm{tg}\,\dfrac{\alpha}{2}$	$\sec\dfrac{\alpha}{2}-1$	$\sin\dfrac{\alpha}{2}$	$1-\cos\dfrac{\alpha}{2}$	$\dfrac{\pi\cdot\alpha}{200}$
75	60	0,67 502	0,20 650	0,55 948	0,17 116	1,18 752
	62	525	663	961	125	784
	64	547	676	974	133	815
	66	570	689	987	142	846
	68	593	701	0,56 000	151	878
75	70	0,67 616	0,20 714	0,56 013	0,17 160	1,18 909
	72	639	727	026	169	941
	74	662	740	039	177	972
	76	685	753	052	186	1,19 004
	78	708	766	065	195	035
75	80	0,67 731	0,20 778	0,56 078	0,17 204	1,19 066
	82	753	791	091	213	098
	84	776	804	104	221	129
	86	799	817	117	230	161
	88	822	830	130	239	192
75	90	0,67 845	0,20 843	0,56 143	0,17 248	1,19 223
	92	868	856	156	257	255
	94	891	869	169	265	286
	96	914	881	182	274	318
	98	937	894	195	283	349
76	0	0,67 960	0,20 907	0,56 208	0,17 292	1,19 381
	2	983	920	221	301	412
	4	0,68 006	933	234	310	443
	6	029	946	247	318	475
	8	052	959	260	327	506
76	10	0,68 075	0,20 972	0,56 273	0,17 336	1,19 538
	12	098	985	286	345	569
	14	121	998	299	354	600
	16	144	0,21 011	312	363	632
	18	167	024	325	371	663
	20	190	037	338	380	695

α		Tangente AB	Scheitel-abstand BD	Abszisse AE. Halbe Sehne AF	Ordinate ED. Pfeil-höhe DF	Bogen-länge ADC
g	c	$\operatorname{tg}\dfrac{\alpha}{2}$	$\sec\dfrac{\alpha}{2}-1$	$\sin\dfrac{\alpha}{2}$	$1-\cos\dfrac{\alpha}{2}$	$\dfrac{\pi\cdot\alpha}{200}$
76	20	0,68 190	0,21 037	0,56 338	0,17 380	1,19 695
	22	213	050	351	389	726
	24	236	063	364	398	758
	26	259	076	377	407	789
	28	282	088	390	416	820
76	30	0,68 305	0,21 101	0,56 403	0,17 425	1,19 852
	32	328	114	416	433	883
	34	351	127	429	442	915
	36	374	140	442	451	946
	38	397	153	455	460	977
76	40	0,68 420	0,21 167	0,56 468	0,17 469	1,20 009
	42	443	180	481	478	040
	44	466	193	494	487	072
	46	489	206	507	496	103
	48	512	219	520	504	135
76	50	0,68 536	0,21 232	0,56 533	0,17 513	1,20 166
	52	559	245	546	522	197
	54	582	258	559	531	229
	56	605	271	572	540	260
	58	628	284	585	549	292
76	60	0,68 651	0,21 297	0,56 597	0,17 558	1,20 323
	62	674	310	610	567	354
	64	697	323	623	576	386
	66	720	336	636	584	417
	68	744	349	649	593	449
76	70	0,68 767	0,21 362	0,56 662	0,17 602	1,20 480
	72	790	376	675	611	511
	74	813	389	688	620	543
	76	836	402	701	629	574
	78	859	415	714	638	606
	80	882	428	727	647	637

Tafel I.

g	c	Tangente AB $\operatorname{tg}\dfrac{\alpha}{2}$	Scheitelabstand BD $\sec\dfrac{\alpha}{2}-1$	Abszisse AE. Halbe Sehne AF $\sin\dfrac{\alpha}{2}$	Ordinate ED. Pfeilhöhe DF $1-\cos\dfrac{\alpha}{2}$	Bogenlänge ADC $\dfrac{\pi\cdot\alpha}{200}$
76	80	0,68 882	0,21 428	0,56 727	0,17 647	1,20 637
	82	906	441	740	656	669
	84	929	454	753	665	700
	86	952	468	766	673	731
	88	975	481	779	682	763
76	90	0,68 998	0,21 494	0,56 792	0,17 691	1,20 794
	92	0,69 021	507	804	700	826
	94	045	520	817	709	857
	96	068	533	830	718	888
	98	091	547	843	727	920
77	0	0,69 114	0,21 560	0,56 856	0,17 736	1,20 951
	2	137	573	869	745	983
	4	161	586	882	754	1,21 014
	6	183	599	895	763	046
	8	207	613	908	772	077
77	10	0,69 230	0,21 626	0,56 921	0,17 781	1,21 108
	12	254	639	934	790	140
	14	277	652	947	799	171
	16	300	666	960	807	203
	18	323	679	972	816	234
77	20	0,69 347	0,21 692	0,56 985	0,17 825	1,21 265
	22	370	705	998	834	297
	24	393	719	0,57 011	843	328
	26	416	732	024	852	360
	28	440	745	037	861	391
77	30	0,69 463	0,21 758	0,57 050	0,17 870	1,21 423
	32	486	772	063	879	454
	34	510	785	076	888	485
	36	533	798	089	897	517
	38	556	812	101	906	548
	40	579	825	114	915	580

α		Tangente AB	Scheitel-abstand BD	Abszisse AE. Halbe Sehne AF	Ordinate ED. Pfeil-höhe DF	Bogen-länge ADC
g	c	$\operatorname{tg}\dfrac{\alpha}{2}$	$\sec\dfrac{\alpha}{2}-1$	$\sin\dfrac{\alpha}{2}$	$1-\cos\dfrac{\alpha}{2}$	$\dfrac{\pi\cdot\alpha}{200}$
77	40	0,69 579	0,21 825	0,57 114	0,17 915	1,21 580
	42	603	838	127	924	611
	44	626	852	140	933	642
	46	649	865	153	942	674
	48	673	878	166	951	705
77	50	0,69 696	0,21 892	0,57 179	0,17 960	1,21 737
	52	719	905	192	969	768
	54	743	918	205	978	800
	56	766	932	217	987	831
	58	790	945	230	996	862
77	60	0,69 813	0,21 958	0,57 243	0,18 005	1,21 894
	62	836	972	256	014	925
	64	860	985	269	023	957
	66	883	998	282	032	988
	68	906	0,22 012	295	041	1,22 019
77	70	0,69 930	0,22 025	0,57 308	0,18 050	1,22 051
	72	953	039	320	059	082
	74	977	052	333	068	114
	76	0,70 000	066	346	077	145
	78	023	079	359	086	177
77	80	0,70 047	0,22 092	0,57 372	0,18 095	1,22 208
	82	070	106	385	104	239
	84	094	119	398	113	271
	86	117	133	411	122	302
	88	140	146	423	131	334
77	90	0,70 164	0,22 160	0,57 436	0,18 140	1,22 365
	92	187	173	449	149	396
	94	211	187	462	158	428
	96	234	200	475	167	459
	98	258	214	488	176	491
78	0	281	227	501	185	522

Tafel I.

g	c	Tangente AB $\mathrm{tg}\,\dfrac{\alpha}{2}$	Scheitel-abstand BD $\sec\dfrac{\alpha}{2}-1$	Abszisse AE. Halbe Sehne AF $\sin\dfrac{\alpha}{2}$	Ordinate ED. Pfeil-höhe DF $1-\cos\dfrac{\alpha}{2}$	Bogen-länge ADC $\dfrac{\pi\cdot\alpha}{200}$
78	0	0,70281	0,22227	0,57501	0,18185	1,22522
	2	305	241	513	194	554
	4	328	254	526	203	585
	6	352	268	539	212	616
	8	375	281	552	221	648
78	10	0,70399	0,22295	0,57565	0,18230	1,22679
	12	422	308	578	239	711
	14	446	322	590	248	742
	16	469	335	603	257	773
	18	493	349	616	266	805
78	20	0,70516	0,22362	0,57629	0,18275	1,22836
	22	540	376	642	285	868
	24	563	389	655	294	899
	26	587	403	667	303	931
	28	610	417	680	312	962
78	30	0,70634	0,22430	0,57693	0,18321	1,22993
	32	657	444	706	330	1,23025
	34	681	457	719	339	056
	36	704	471	732	348	088
	38	728	484	744	357	119
78	40	0,70752	0,22498	0,57757	0,18366	1,23150
	42	775	512	770	375	182
	44	799	525	783	384	213
	46	822	539	796	393	245
	48	846	553	809	402	276
78	50	0,70869	0,22566	0,57821	0,18411	1,23308
	52	893	580	834	421	339
	54	917	594	847	430	370
	56	940	607	860	439	402
	58	964	621	873	448	433
	60	988	635	885	457	465

α		Tangente AB	Scheitel-abstand BD	Abszisse AE. Halbe Sehne AF	Ordinate ED. Pfeil-höhe DF	Bogen-länge ADC
g	c	$\operatorname{tg}\dfrac{\alpha}{2}$	$\sec\dfrac{\alpha}{2}-1$	$\sin\dfrac{\alpha}{2}$	$1-\cos\dfrac{\alpha}{2}$	$\dfrac{\pi\cdot\alpha}{200}$
78	60	0,70 988	0,22 635	0,57 885	0,18 457	1,23 465
	62	0,71 011	648	898	466	496
	64	035	662	911	475	527
	66	058	676	924	484	559
	68	082	689	937	493	590
78	70	0,71 106	0,22 703	0,57 949	0,18 502	1,23 622
	72	129	717	962	511	653
	74	153	730	975	521	685
	76	177	744	988	530	716
	78	200	758	0,58 001	539	747
78	80	0,71 224	0,22 772	0,58 013	0,18 548	1,23 779
	82	248	785	026	557	810
	84	271	799	039	566	842
	86	295	813	052	575	873
	88	319	827	065	584	904
78	90	0,71 342	0,22 840	0,58 077	0,18 594	1,23 936
	92	366	854	090	603	967
	94	390	868	103	612	999
	96	414	882	116	621	1,24 030
	98	437	895	129	630	061
79	0	0,71 461	0,22 909	0,58 141	0,18 639	1,24 093
	2	485	923	154	648	124
	4	509	937	167	657	156
	6	532	951	180	667	187
	8	556	964	192	676	219
79	10	0,71 580	0,22 978	0,58 205	0,18 685	1,24 250
	12	604	992	218	694	281
	14	627	0,23 006	231	703	313
	16	651	020	244	712	344
	18	675	034	256	721	376
	20	699	048	269	731	407

Tafel I.

g	c	Tangente AB $\operatorname{tg}\dfrac{\alpha}{2}$	Scheitel-abstand BD $\sec\dfrac{\alpha}{2}-1$	Abszisse AE. Halbe Sehne AF $\sin\dfrac{\alpha}{2}$	Ordinate ED. Pfeil-höhe DF $1-\cos\dfrac{\alpha}{2}$	Bogen-länge ADC $\dfrac{\pi\cdot\alpha}{200}$
79	20	0,71 699	0,23 048	0,58 269	0,18 731	1,24 407
	22	722	061	282	740	438
	24	746	075	295	749	470
	26	770	089	307	758	501
	28	794	103	320	767	533
79	30	0,71 818	0,23 117	0,58 333	0,18 774	1,24 564
	32	841	131	346	786	596
	34	865	145	358	795	627
	36	889	159	371	804	658
	38	913	172	384	813	690
79	40	0,71 937	0,23 186	0,58 397	0,18 822	1,24 721
	42	961	200	409	831	753
	44	984	214	422	841	784
	46	0,72 008	228	435	849	815
	48	032	242	448	859	847
79	50	0,72 056	0,23 256	0,58 460	0,18 868	1,24 878
	52	080	270	473	877	910
	54	104	284	486	886	941
	56	128	298	499	896	973
	58	151	312	511	905	1,25 004
79	60	0,72 175	0,23 326	0,58 524	0,18 914	1,25 035
	62	199	340	537	923	067
	64	223	354	550	932	098
	66	247	368	562	942	130
	68	271	382	575	951	161
79	70	0,72 295	0,23 396	0,58 588	0,18 960	1,25 192
	72	319	410	600	969	224
	74	343	424	613	978	255
	76	367	438	626	988	287
	78	391	452	639	997	318
	80	415	466	651	0,19 006	350

176

α		Tangente AB	Scheitel-abstand BD	Abszisse AE. Halbe Sehne AF	Ordinate ED. Pfeil-höhe DF	Bogen-länge ADC
g	c	$\operatorname{tg}\dfrac{\alpha}{2}$	$\sec\dfrac{\alpha}{2}-1$	$\sin\dfrac{\alpha}{2}$	$1-\cos\dfrac{\alpha}{2}$	$\dfrac{\pi\cdot\alpha}{200}$
79	80	0,72415	0,23466	0,58651	0,19006	1,25350
	82	438	480	664	015	381
	84	462	494	677	024	412
	86	486	508	690	034	444
	88	510	522	702	043	475
79	90	0,72534	0,23536	0,58715	0,19052	1,25507
	92	558	550	728	061	538
	94	582	565	740	071	569
	96	606	579	753	080	601
	98	630	593	766	089	632
80	0	0,72654	0,23607	0,58779	0,19098	1,25664
	2	678	621	791	108	695
	4	702	635	804	117	727
	6	726	649	817	126	758
	8	750	663	829	135	789
80	10	0,72774	0,23677	0,58842	0,19144	1,25821
	12	798	692	855	154	852
	14	822	706	867	163	884
	16	846	720	880	172	915
	18	870	734	893	181	946
80	20	0,72895	0,23748	0,58906	0,19191	1,25978
	22	919	762	918	200	1,26009
	24	943	777	931	209	041
	26	967	791	944	218	072
	28	991	805	956	228	104
80	30	0,73015	0,23819	0,58969	0,19237	1,26135
	32	039	833	982	246	166
	34	063	848	994	256	198
	36	087	862	0,59007	265	229
	38	111	876	020	274	261
	40	135	890	032	283	292

Tafel I.

g	c	Tangente AB $\operatorname{tg}\frac{\alpha}{2}$	Scheitelabstand BD $\sec\frac{\alpha}{2}-1$	Abszisse AE. Halbe Sehne AF $\sin\frac{\alpha}{2}$	Ordinate ED. Pfeilhöhe DF $1-\cos\frac{\alpha}{2}$	Bogenlänge ADC $\frac{\pi\cdot\alpha}{200}$
80	40	0,73135	0,23890	0,59032	0,19283	1,26292
	42	159	904	045	293	323
	44	184	919	058	302	355
	46	208	933	070	311	386
	48	232	947	083	320	418
80	50	0,73256	0,23961	0,59096	0,19330	1,26449
	52	280	976	108	339	481
	54	304	990	121	348	512
	56	328	0,24004	134	358	543
	58	353	019	146	367	575
80	60	0,73377	0,24033	0,59159	0,19376	1,26606
	62	401	047	172	385	638
	64	425	061	184	395	669
	66	449	076	197	404	700
	68	473	090	210	413	732
80	70	0,73498	0,24104	0,59222	0,19423	1,26763
	72	522	119	235	432	795
	74	546	133	248	441	826
	76	570	147	260	451	858
	78	594	162	273	460	889
80	80	0,73619	0,24176	0,59286	0,19469	1,26920
	82	643	190	298	479	952
	84	667	205	311	488	983
	86	691	219	324	497	1,27015
	88	716	234	336	506	046
80	90	0,73740	0,24248	0,59349	0,19516	1,27077
	92	764	262	362	525	109
	94	788	277	374	534	140
	96	813	291	387	544	172
	98	837	306	399	553	203
81	0	861	320	412	562	235

g	c	Tangente AB $\operatorname{tg}\dfrac{\alpha}{2}$	Scheitelabstand BD $\sec\dfrac{\alpha}{2}-1$	Abszisse AE. Halbe Sehne AF $\sin\dfrac{\alpha}{2}$	Ordinate ED. Pfeilhöhe DF $1-\cos\dfrac{\alpha}{2}$	Bogenlänge ADC $\dfrac{\pi\cdot\alpha}{200}$
81	0	0,73 861	0,24 320	0,59 412	0,19 562	1,27 235
	2	885	334	425	572	266
	4	910	349	437	581	297
	6	934	363	450	590	329
	8	958	378	463	600	360
81	10	0,73 983	0,24 392	0,59 475	0,19 609	1,27 392
	12	0,74 007	407	488	618	423
	14	031	421	501	628	454
	16	056	436	513	637	486
	18	080	450	526	647	517
81	20	0,74 104	0,24 465	0,59 538	0,19 656	1,27 549
	22	129	479	551	665	580
	24	153	494	564	675	611
	26	177	508	576	684	643
	28	202	523	589	693	674
81	30	0,74 226	0,24 537	0,59 601	0,19 703	1,27 706
	32	250	552	614	712	737
	34	275	566	627	721	769
	36	299	581	639	731	800
	38	323	595	652	740	831
81	40	0,74 348	0,24 610	0,59 665	0,19 749	1,27 863
	42	372	624	677	759	894
	44	397	639	690	768	926
	46	421	653	702	778	957
	48	445	668	715	787	988
81	50	0,74 470	0,24 683	0,59 728	0,19 797	1,28 020
	52	494	697	740	806	051
	54	519	712	753	815	083
	56	543	726	765	825	114
	58	568	741	778	834	146
	60	592	756	790	843	177

Tafel I.

g	c	Tangente AB $\mathrm{tg}\,\dfrac{\alpha}{2}$	Scheitel-abstand BD $\sec\dfrac{\alpha}{2}-1$	Abszisse AE. Halbe Sehne AF $\sin\dfrac{\alpha}{2}$	Ordinate ED. Pfeil-höhe DF $1-\cos\dfrac{\alpha}{2}$	Bogen-länge ADC $\dfrac{\pi\cdot\alpha}{200}$
81	60	0,74 592	0,24 756	0,59 790	0,19 843	1,28 177
	62	616	770	803	853	208
	64	641	785	816	862	240
	66	665	800	828	871	271
	68	690	814	841	881	303
81	70	0,74 714	0,24 829	0,59 853	0,19 890	1,28 334
	72	739	843	866	900	365
	74	763	858	879	909	397
	76	788	873	891	918	428
	78	812	887	904	928	460
81	80	0,74 837	0,24 902	0,59 916	0,19 937	1,28 491
	82	861	917	930	947	523
	84	886	932	941	956	554
	86	910	946	954	966	585
	88	935	961	967	975	617
81	90	0,74 959	0,24 976	0,59 979	0,19 984	1,28 648
	92	984	990	992	994	680
	94	0,75 008	0,25 005	0,60 004	0,20 003	711
	96	033	020	017	013	742
	98	058	035	029	022	774
82	0	0,75 082	0,25 049	0,60 042	0,20 032	1,28 805
	2	107	064	055	041	837
	4	131	079	067	050	868
	6	156	094	080	060	900
	8	180	108	092	069	931
82	10	0,75 205	0,25 123	0,60 105	0,20 079	1,28 962
	12	230	138	117	088	994
	14	254	153	130	098	1,29 025
	16	279	168	142	107	057
	18	303	182	155	116	088
	20	328	197	168	126	119

Tafel I.

α		Tangente AB	Scheitel-abstand BD	Abszisse AE. Halbe Sehne AF	Ordinate ED. Pfeil-höhe DF	Bogen-länge ADC
g	c	$\mathrm{tg}\,\dfrac{\alpha}{2}$	$\sec\dfrac{\alpha}{2}-1$	$\sin\dfrac{\alpha}{2}$	$1-\cos\dfrac{\alpha}{2}$	$\dfrac{\pi\cdot\alpha}{200}$
82	20	0,75 328	0,25 197	0,60 168	0,20 126	1,29 119
	22	353	212	180	135	151
	24	377	227	193	145	182
	26	402	242	205	154	214
	28	427	256	218	164	245
82	30	0,75 451	0,25 271	0,60 230	0,20 173	1,29 277
	32	476	286	243	183	308
	34	501	301	255	192	339
	36	525	316	268	202	371
	38	550	331	280	211	402
82	40	0,75 575	0,25 346	0,60 293	0,20 221	1,29 434
	42	599	360	305	230	465
	44	624	375	318	240	496
	46	649	390	331	249	528
	48	673	405	343	258	559
82	50	0,75 698	0,25 420	0,60 356	0,20 268	1,29 591
	52	723	435	368	277	622
	54	747	450	381	287	654
	56	772	465	393	296	685
	58	797	480	406	306	716
82	60	0,75 822	0,25 495	0,60 418	0,20 315	1,29 748
	62	846	510	431	325	779
	64	871	525	443	334	811
	66	896	540	456	344	842
	68	921	555	468	353	873
82	70	0,75 945	0,25 570	0,60 481	0,20 363	1,29 905
	72	970	584	493	372	936
	74	995	600	506	382	968
	76	0,76 020	614	518	391	999
	78	045	629	531	401	1,30 031
	80	069	645	543	410	062

Tafel I.

α		Tangente AB	Scheitel-abstand BD	Abszisse AE. Halbe Sehne AF	Ordinate ED. Pfeil-höhe DF	Bogen-länge ADC
g	c	$\operatorname{tg}\dfrac{\alpha}{2}$	$\sec\dfrac{\alpha}{2}-1$	$\sin\dfrac{\alpha}{2}$	$1-\cos\dfrac{\alpha}{2}$	$\dfrac{\pi\cdot\alpha}{200}$
82	80	0,76 069	0,25 645	0,60 543	0,20 410	1,30 062
	82	094	660	556	420	093
	84	119	675	568	429	125
	86	144	690	581	439	156
	88	169	705	593	448	188
82	90	0,76 193	0,25 720	0,60 606	0,20 458	1,30 219
	92	218	735	618	467	250
	94	243	750	631	477	282
	96	268	765	643	487	313
	98	293	780	656	496	345
83	0	0,76 318	0,25 795	0,60 668	0,20 506	1,30 376
	2	342	810	681	515	408
	4	367	825	693	525	439
	6	392	840	706	534	470
	8	417	855	718	544	502
83	10	0,76 442	0,25 870	0,60 731	0,20 553	1,30 533
	12	467	886	743	563	565
	14	492	901	756	572	596
	16	517	916	768	582	627
	18	542	931	781	591	659
83	20	0,76 566	0,25 946	0,60 793	0,20 601	1,30 690
	22	591	961	806	611	722
	24	616	976	818	620	753
	26	641	992	830	629	785
	28	666	0,26 007	843	639	816
83	30	0,76 691	0,26 022	0,60 855	0,20 649	1,30 847
	32	716	037	868	658	879
	34	741	052	880	668	910
	36	766	068	893	677	942
	38	791	083	905	687	973
	40	816	098	918	697	1,31 004

α		Tangente AB	Scheitel-abstand BD	Abszisse AE Halbe Sehne AF	Ordinate ED. Pfeil-höhe DF	Bogen-länge ADC
g	c	$\operatorname{tg}\dfrac{\alpha}{2}$	$\sec\dfrac{\alpha}{2}-1$	$\sin\dfrac{\alpha}{2}$	$1-\cos\dfrac{\alpha}{2}$	$\dfrac{\pi\cdot\alpha}{200}$
83	40	0,76816	0,26098	0,60918	0,20697	1,31004
	42	841	113	930	706	036
	44	866	128	943	716	067
	46	891	144	955	725	099
	48	916	159	967	735	130
83	50	0,76941	0,26174	0,60980	0,20744	1,31161
	52	966	189	992	754	193
	54	991	205	0,61005	764	224
	56	0,77016	220	017	773	256
	58	041	235	030	783	287
83	60	0,77066	0,26250	0,61042	0,20792	1,31319
	62	091	266	055	802	350
	64	116	281	067	812	381
	66	141	296	079	821	413
	68	166	312	092	831	444
83	70	0,77191	0,26327	0,61104	0,20840	1,31476
	72	216	342	117	850	507
	74	241	358	129	860	538
	76	266	373	142	869	570
	78	292	388	154	879	601
83	80	0,77317	0,26404	0,61167	0,20888	1,31633
	82	342	419	179	898	664
	84	367	434	191	908	696
	86	392	450	204	917	727
	88	417	465	216	927	758
83	90	0,77442	0,26480	0,61229	0,20936	1,31790
	92	467	496	241	946	821
	94	493	511	253	956	853
	96	518	527	266	965	884
	98	543	542	278	975	915
84	0	568	557	291	984	947

Tafel I.

α		Tangente AB	Scheitel-abstand BD	Abszisse AE. Halbe Sehne AF	Ordinate ED. Pfeil-höhe DF	Bogen-länge ADC
g	c	$\operatorname{tg}\dfrac{\alpha}{2}$	$\sec\dfrac{\alpha}{2}-1$	$\sin\dfrac{\alpha}{2}$	$1-\cos\dfrac{\alpha}{2}$	$\dfrac{\pi\cdot\alpha}{200}$
84	0	0,77 568	0,26 557	0,61 291	0,20 984	1,31 947
	2	593	573	303	994	978
	4	618	588	316	0,21 004	1,32 010
	6	643	604	328	013	041
	8	669	619	340	023	073
84	10	0,77 694	0,26 635	0,61 353	0,21 033	1,32 104
	12	719	650	365	042	135
	14	744	666	378	052	167
	16	769	681	390	062	198
	18	795	697	402	071	230
84	20	0,77 820	0,26 712	0,61 415	0,21 081	1,32 261
	22	845	728	427	091	292
	24	870	743	440	100	324
	26	896	759	452	110	355
	28	921	774	464	119	387
84	30	0,77 946	0,26 790	0,61 477	0,21 129	1,32 418
	32	971	805	489	139	450
	34	997	821	501	148	481
	36	0,78 022	836	514	158	512
	38	047	852	526	168	544
84	40	0,78 072	0,26 867	0,61 539	0,21 177	1,32 575
	42	098	883	551	187	607
	44	123	898	563	197	638
	46	148	914	576	206	669
	48	174	930	588	216	701
84	50	0,78 199	0,26 945	0,61 601	0,21 226	1,32 732
	52	224	961	613	235	764
	54	249	976	625	245	795
	56	275	992	638	255	827
	58	300	0,27 008	650	265	858
	60	325	023	662	274	889

α		Tangente AB	Scheitelabstand BD	Abszisse AE. Halbe Sehne AF	Ordinate ED. Pfeilhöhe DF	Bogenlänge ADC
g	c	$\operatorname{tg}\dfrac{\alpha}{2}$	$\sec\dfrac{\alpha}{2}-1$	$\sin\dfrac{\alpha}{2}$	$1-\cos\dfrac{\alpha}{2}$	$\dfrac{\pi\cdot\alpha}{200}$
84	60	0,78 325	0,27 023	0,61 662	0,21 274	1,32 889
	62	351	039	675	284	921
	64	376	054	687	294	952
	66	402	070	699	303	984
	68	427	086	712	313	1,33 015
84	70	0,78 452	0,27 101	0,61 724	0,21 323	1,33 046
	72	478	117	737	332	078
	74	503	133	749	342	109
	76	528	148	761	352	141
	78	554	164	774	361	172
84	80	0,78 579	0,27 180	0,61 786	0,21 371	1,33 204
	82	605	195	798	381	235
	84	630	211	811	391	266
	86	656	227	823	400	298
	88	681	243	835	410	329
84	90	0,78 706	0,27 258	0,61 848	0,21 420	1,33 361
	92	732	274	860	429	392
	94	757	290	872	439	423
	96	783	306	885	449	455
	98	808	321	897	459	486
85	0	0,78 834	0,27 337	0,61 909	0,21 468	1,33 518
	2	859	353	922	478	549
	4	885	369	934	488	581
	6	910	384	946	497	612
	8	936	400	959	507	643
85	10	0,78 961	0,27 416	0,61 971	0,21 517	1,33 675
	12	987	432	983	527	706
	14	0,79 012	448	996	536	738
	16	038	464	0,62 008	546	769
	18	063	479	020	556	800
	20	089	495	033	566	832

Tafel I.

α		Tangente AB	Scheitel-abstand BD	Abszisse AE. Halbe Sehne AF	Ordinate ED. Pfeil-höhe DF	Bogen-länge ADC
g	c	$\operatorname{tg}\dfrac{\alpha}{2}$	$\sec\dfrac{\alpha}{2}-1$	$\sin\dfrac{\alpha}{2}$	$1-\cos\dfrac{\alpha}{2}$	$\dfrac{\pi\cdot\alpha}{200}$
85	20	0,79 089	0,27 495	0,62 033	0,21 566	1,33 832
	22	114	511	045	575	863
	24	140	527	057	585	895
	26	165	543	070	595	926
	28	191	559	082	605	958
85	30	0,79 216	0,27 574	0,62 094	0,21 614	1,33 989
	32	242	590	107	624	1,34 020
	34	267	606	119	634	052
	36	293	622	131	644	083
	38	319	638	143	653	115
85	40	0,79 344	0,27 654	0,62 156	0,21 663	1,34 146
	42	370	670	168	673	177
	44	396	686	180	683	209
	46	421	702	193	692	240
	48	447	718	205	702	272
85	50	0,79 472	0,27 734	0,62 217	0,21 712	1,34 303
	52	498	750	230	722	335
	54	524	765	242	732	366
	56	549	781	254	741	397
	58	575	797	266	751	429
85	60	0,79 601	0,27 813	0,62 279	0,21 761	1,34 460
	62	626	829	291	771	492
	64	652	845	303	780	523
	66	678	861	316	790	554
	68	703	877	328	800	586
85	70	0,79 729	0,27 893	0,62 340	0,21 810	1,34 617
	72	755	909	352	820	649
	74	780	925	365	829	680
	76	806	941	377	839	711
	78	832	957	389	849	743
	80	858	974	402	859	774

α		Tangente AB	Scheitel-abstand BD	Abszisse AE. Halbe Sehne AF	Ordinate ED. Pfeil-höhe DF	Bogen-länge ADC
g	c	$\mathrm{tg}\,\dfrac{\alpha}{2}$	$\sec\dfrac{\alpha}{2}-1$	$\sin\dfrac{\alpha}{2}$	$1-\cos\dfrac{\alpha}{2}$	$\dfrac{\pi\cdot\alpha}{200}$
85	80	0,79 858	0,27 974	0,62 402	0,21 859	1,34 774
	82	883	990	414	869	806
	84	909	0,28 006	426	878	837
	86	935	022	438	888	869
	88	960	038	451	898	900
85	90	0,79 986	0,28 054	0,62 463	0,21 908	1,34 931
	92	0,80 012	070	475	918	963
	94	038	086	487	928	994
	96	064	102	500	937	1,35 026
	98	089	118	512	947	057
86	0	0,80 115	0,28 134	0,62 524	0,21 957	1,35 088
	2	141	151	537	967	120
	4	167	167	549	977	151
	6	193	183	561	986	183
	8	218	199	573	996	214
86	10	0,80 244	0,28 215	0,62 586	0,22 006	1,35 246
	12	270	231	598	016	277
	14	296	247	610	026	308
	16	322	264	622	036	340
	18	347	280	635	045	371
86	20	0,80 373	0,28 296	0,62 647	0,22 055	1,35 403
	22	399	312	659	065	434
	24	425	328	671	075	465
	26	451	345	684	085	497
	28	477	361	696	095	528
86	30	0,80 503	0,28 377	0,62 708	0,22 104	1,35 560
	32	529	393	720	114	591
	34	554	410	732	124	623
	36	580	426	745	134	654
	38	606	442	757	144	685
	40	632	458	769	154	717

Tafel I.

g	c	Tangente AB $\operatorname{tg}\dfrac{\alpha}{2}$	Scheitelabstand BD $\sec\dfrac{\alpha}{2}-1$	Abszisse AE. Halbe Sehne AF $\sin\dfrac{\alpha}{2}$	Ordinate ED. Pfeilhöhe DF $1-\cos\dfrac{\alpha}{2}$	Bogenlänge ADC $\dfrac{\pi\cdot\alpha}{200}$
86	40	0,80 632	0,28 458	0,62 769	0,22 154	1,35 717
	42	658	475	781	164	748
	44	684	491	794	173	780
	46	710	507	806	183	811
	48	736	524	818	193	842
86	50	0,80 762	0,28 540	0,62 830	0,22 203	1,35 874
	52	788	556	842	213	905
	54	814	572	855	223	937
	56	840	589	867	233	968
	58	866	605	879	243	1,36 000
86	60	0,80 892	0,28 621	0,62 891	0,22 252	1,36 031
	62	918	638	904	262	062
	64	944	654	916	272	094
	66	970	671	928	282	125
	68	996	687	940	292	157
86	70	0,81 022	0,28 703	0,62 952	0,22 302	1,36 188
	72	048	720	965	312	219
	74	074	736	977	322	251
	76	100	752	989	332	282
	78	126	769	0,63 001	341	314
86	80	0,81 152	0,28 785	0,63 013	0,22 351	1,36 345
	82	178	802	026	361	377
	84	204	818	038	371	408
	86	230	835	050	381	439
	88	256	851	062	391	471
86	90	0,81 282	0,28 867	0,63 074	0,22 401	1,36 502
	92	308	884	087	411	534
	94	334	900	099	421	565
	96	361	917	111	431	596
	98	387	933	123	441	628
87	0	413	950	135	450	659

α		Tangente AB	Scheitel-abstand BD	Abszisse AE. Halbe Sehne AF	Ordinate ED. Pfeil-höhe DF	Bogen-länge ADC
g	c	$\mathrm{tg}\,\dfrac{\alpha}{2}$	$\sec\dfrac{\alpha}{2}-1$	$\sin\dfrac{\alpha}{2}$	$1-\cos\dfrac{\alpha}{2}$	$\dfrac{\pi\cdot\alpha}{200}$
87	0	0,81413	0,28950	0,63135	0,22450	1,36659
	2	439	966	147	460	691
	4	465	983	160	470	722
	6	491	999	172	480	754
	8	517	0,29016	184	490	785
87	10	0,81543	0,29032	0,63196	0,22500	1,36816
	12	570	049	208	510	848
	14	596	065	221	520	879
	16	622	082	233	530	911
	18	648	099	245	540	942
87	20	0,81674	0,29115	0,63257	0,22550	1,36973
	22	701	132	269	560	1,37005
	24	727	148	281	570	036
	26	753	165	294	580	068
	28	779	181	306	589	099
87	30	0,81805	0,29198	0,63318	0,22599	1,37131
	32	832	215	330	609	162
	34	858	231	342	619	193
	36	884	248	354	629	225
	38	910	264	366	639	256
87	40	0,81937	0,29281	0,63379	0,22649	1,37288
	42	963	298	391	659	319
	44	989	314	403	669	350
	46	0,82015	331	415	679	382
	48	042	348	427	689	413
87	50	0,82068	0,29364	0,63439	0,22699	1,37445
	52	094	381	451	709	476
	54	120	398	464	719	508
	56	147	414	476	729	539
	58	173	431	488	739	570
	60	199	448	500	749	602

Tafel I.

α		Tangente AB	Scheitel-abstand BD	Abszisse AE. Halbe Sehne AF	Ordinate ED. Pfeil-höhe DF	Bogen-länge ADC
g	c	$\mathrm{tg}\,\dfrac{\alpha}{2}$	$\sec\dfrac{\alpha}{2}-1$	$\sin\dfrac{\alpha}{2}$	$1-\cos\dfrac{\alpha}{2}$	$\dfrac{\pi\cdot\alpha}{200}$
87	60	0,82 199	0,29 448	0,63 500	0,22 749	1,37 602
	62	226	465	512	759	633
	64	252	481	524	769	665
	66	278	498	536	779	696
	68	305	515	549	789	727
87	70	0,82 331	0,29 531	0,63 561	0,22 799	1,37 759
	72	357	548	573	809	790
	74	384	565	585	819	822
	76	410	582	597	829	853
	78	437	599	609	839	885
87	80	0,82 463	0,29 615	0,63 621	0,22 849	1,37 916
	82	489	632	633	859	947
	84	516	649	646	869	979
	86	542	666	658	879	1,38 010
	88	569	683	670	889	042
87	90	0,82 595	0,29 699	0,63 682	0,22 899	1,38 073
	92	621	716	694	909	104
	94	648	733	706	919	136
	96	674	750	718	929	167
	98	701	767	730	939	199
88	0	0,82 727	0,29 784	0,63 742	0,22 949	1,38 230
	2	754	801	754	959	261
	4	780	817	767	969	293
	6	807	834	779	979	324
	8	833	851	791	989	356
88	10	0,82 860	0,29 868	0,63 803	0,22 999	1,38 387
	12	886	885	815	0,23 009	419
	14	913	902	827	019	450
	16	939	919	839	029	481
	18	966	936	851	039	513
	20	992	953	863	049	544

190

Tafel I.

α		Tangente AB	Scheitel-abstand BD	Abszisse AE. Halbe Sehne AF	Ordinate ED. Pfeil-höhe DF	Bogen-länge ADC
g	c	$\operatorname{tg}\dfrac{\alpha}{2}$	$\sec\dfrac{\alpha}{2}-1$	$\sin\dfrac{\alpha}{2}$	$1-\cos\dfrac{\alpha}{2}$	$\dfrac{\pi\cdot\alpha}{200}$
88	20	0,82 992	0,29 953	0,63 863	0,23 049	1,38 544
	22	0,83 019	970	875	059	576
	24	045	987	888	069	607
	26	072	0,30 004	900	079	638
	28	098	020	912	089	670
88	30	0,83 125	0,30 037	0,63 924	0,23 099	1,38 701
	32	151	054	936	109	733
	34	178	071	948	119	764
	36	205	088	960	129	796
	38	231	105	972	139	827
88	40	0,83 258	0,30 122	0,63 984	0,23 149	1,38 858
	42	284	139	996	159	890
	44	311	156	0,64 008	169	921
	46	338	174	020	179	953
	48	364	191	032	190	984
88	50	0,83 391	0,30 208	0,64 044	0,23 200	1,39 015
	52	417	225	057	210	047
	54	444	242	069	220	078
	56	471	259	081	230	110
	58	497	276	093	240	141
88	60	0,83 524	0,30 293	0,64 105	0,23 250	1,39 173
	62	551	310	117	260	204
	64	577	327	129	270	235
	66	604	344	141	280	267
	68	631	361	153	290	298
88	70	0,83 657	0,30 379	0,64 165	0,23 300	1,39 330
	72	684	396	177	310	361
	74	711	413	189	320	392
	76	738	430	201	331	424
	78	764	447	213	341	455
	80	791	464	225	351	487

Tafel I.

α		Tangente AB	Scheitel-abstand BD	Abszisse AE. Halbe Sehne AF	Ordinate ED. Pfeil-höhe DF	Bogen-länge ADC
g	c	$\operatorname{tg}\dfrac{\alpha}{2}$	$\sec\dfrac{\alpha}{2}-1$	$\sin\dfrac{\alpha}{2}$	$1-\cos\dfrac{\alpha}{2}$	$\dfrac{\pi\cdot\alpha}{200}$
88	80	0,83 791	0,30 464	0,64 225	0,23 351	1,39 487
	82	818	482	237	361	518
	84	845	499	249	371	550
	86	871	516	261	381	581
	88	898	533	273	391	612
88	90	0,83 925	0,30 550	0,64 285	0,23 401	1,39 644
	92	952	568	297	411	675
	94	978	585	310	421	707
	96	0,84 005	602	322	431	738
	98	032	619	334	442	769
89	0	0,84 059	0,30 636	0,64 346	0,23 452	1,39 801
	2	086	654	358	462	832
	4	112	671	370	472	864
	6	139	688	382	482	895
	8	166	706	394	492	927
89	10	0,84 193	0,30 723	0,64 406	0,23 502	1,39 958
	12	220	740	418	512	989
	14	247	757	430	522	1,40 021
	16	273	775	442	533	052
	18	300	792	454	543	084
89	20	0,84 327	0,30 809	0,64 466	0,23 553	1,40 115
	22	354	827	478	563	146
	24	381	844	490	573	178
	26	408	861	502	583	209
	28	435	879	514	593	241
89	30	0,84 462	0,30 896	0,64 526	0,23 603	1,40 272
	32	489	913	538	614	304
	34	516	931	550	624	335
	36	542	948	562	634	366
	38	569	966	574	644	398
	40	596	983	586	654	429

α		Tangente AB	Scheitel-abstand BD	Abszisse AE. Halbe Sehne AF	Ordinate ED. Pfeil-höhe DF	Bogen-länge ADC
g	c	$\mathrm{tg}\,\dfrac{\alpha}{2}$	$\sec\dfrac{\alpha}{2}-1$	$\sin\dfrac{\alpha}{2}$	$1-\cos\dfrac{\alpha}{2}$	$\dfrac{\pi\cdot\alpha}{200}$
89	40	0,84 596	0,30 983	0,64 586	0,23 654	1,40 429
	42	623	0,31 000	598	664	461
	44	650	018	610	674	492
	46	677	035	622	685	523
	48	704	053	634	695	555
89	50	0,84 731	0,31 070	0,64 646	0,23 705	1,40 586
	52	758	088	658	715	618
	54	785	105	670	725	649
	56	812	122	682	735	681
	58	839	140	694	746	712
89	60	0,84 866	0,31 157	0,64 706	0,23 756	1,40 743
	62	893	175	718	766	775
	64	920	192	730	776	806
	66	947	210	742	786	838
	68	974	227	753	796	869
89	70	0,85 001	0,31 245	0,64 765	0,23 807	1,40 900
	72	028	262	777	817	932
	74	056	280	789	827	963
	76	083	298	801	837	995
	78	110	315	813	847	1,41 026
89	80	0,85 137	0,31 333	0,64 825	0,23 857	1,41 058
	82	164	350	837	868	089
	84	191	368	849	878	120
	86	218	385	861	888	152
	88	245	403	873	898	183
89	90	0,85 272	0,31 421	0,64 885	0,23 908	1,41 215
	92	299	438	897	919	246
	94	327	456	909	929	277
	96	354	473	921	939	309
	98	381	491	933	949	340
90	0	408	509	945	959	372

Tafel I.

α		Tangente AB	Scheitel-abstand BD	Abszisse AE. Halbe Sehne AF	Ordinate ED. Pfeil-höhe DF	Bogen-länge ADC
g	c	$\operatorname{tg}\dfrac{\alpha}{2}$	$\sec\dfrac{\alpha}{2}-1$	$\sin\dfrac{\alpha}{2}$	$1-\cos\dfrac{\alpha}{2}$	$\dfrac{\pi\cdot\alpha}{200}$
90	0	0,85 408	0,31 509	0,64 945	0,23 959	1,41 372
	2	435	526	957	970	403
	4	462	544	969	980	435
	6	490	562	981	990	466
	8	517	579	993	0,24 000	497
90	10	0,85 544	0,31 597	0,65 005	0,24 010	1,41 529
	12	571	615	016	021	560
	14	598	632	028	031	592
	16	626	650	040	041	623
	18	653	668	052	051	654
90	20	0,85 680	0,31 686	0,65 064	0,24 062	1,41 686
	22	707	703	076	072	717
	24	735	721	088	082	749
	26	762	739	100	092	780
	28	789	756	112	102	811
90	30	0,85 816	0,31 774·	0,65 124	0,24 113	1,41 843
	32	844	792	136	123	874
	34	871	810	148	133	906
	36	898	828	160	143	937
	38	926	845	171	154	969
90	40	0,85 953	0,31 863	0,65 183	0,24 164	1,42 000
	42	980	881	195	174	031
	44	0,86 007	899	207	184	063
	46	035	917	219	195	094
	48	062	934	231	205	126
90	50	0,86 090	0,31 952	0,65 243	0,24 215	1,42 157
	52	117	970	255	225	188
	54	144	988	267	236	220
	56	172	0,32 006	279	246	251
	58	199	024	291	256	283
	60	226	042	302	266	314

194

α		Tangente AB	Scheitel-abstand BD	Abszisse AE. Halbe Sehne AF	Ordinate ED. Pfeil-höhe DF	Bogen-länge ADC
g	c	$\operatorname{tg}\dfrac{\alpha}{2}$	$\sec\dfrac{\alpha}{2}-1$	$\sin\dfrac{\alpha}{2}$	$1-\cos\dfrac{\alpha}{2}$	$\dfrac{\pi\cdot\alpha}{200}$
90	60	0,86 226	0,32 042	0,65 302	0,24 266	1,42 314
	62	254	059	314	277	346
	64	281	077	326	287	377
	66	309	095	338	297	408
	68	336	113	350	307	440
90	70	0,86 363	0,32 131	0,65 362	0,24 318	1,42 471
	72	391	149	374	328	503
	74	418	167	386	338	534
	76	446	185	398	348	565
	78	473	203	409	359	597
90	80	0,86 501	0,32 221	0,65 421	0,24 369	1,42 628
	82	528	239	433	379	660
	84	556	257	445	390	691
	86	583	275	457	400	723
	88	610	293	469	410	754
90	90	0,86 638	0,32 311	0,65 481	0,24 420	1,42 785
	92	665	329	493	431	817
	94	693	347	504	441	848
	96	721	365	516	451	880
	98	748	383	528	462	911
91	0	0,86 776	0,32 401	0,65 540	0,24 472	1,42 942
	2	803	419	552	482	974
	4	831	437	564	492	1,43 005
	6	858	455	576	503	037
	8	886	473	587	513	068
91	10	0,86 913	0,32 491	0,65 599	0,24 523	1,43 100
	12	941	509	611	534	131
	14	969	527	623	544	162
	16	996	546	635	554	194
	18	0,87 024	564	647	564	225
	20	051	582	659	575	257

Tafel I.

α		Tangente AB	Scheitel-abstand BD	Abszisse AE. Halbe Sehne AF	Ordinate ED. Pfeilhöhe DF	Bogen-länge ADC
g	c	$\operatorname{tg}\dfrac{\alpha}{2}$	$\sec\dfrac{\alpha}{2}-1$	$\sin\dfrac{\alpha}{2}$	$1-\cos\dfrac{\alpha}{2}$	$\dfrac{\pi\cdot\alpha}{200}$
91	20	0,87051	0,32582	0,65659	0,24575	1,43257
	22	079	600	670	585	288
	24	107	618	682	595	319
	26	134	636	694	606	351
	28	162	654	706	616	382
91	30	0,87189	0,32673	0,65718	0,24626	1,43414
	32	217	691	730	637	445
	34	245	709	741	647	477
	36	272	727	753	657	508
	38	300	745	765	668	539
91	40	0,87328	0,32764	0,65777	0,24678	1,43571
	42	356	782	789	688	602
	44	383	800	801	699	634
	46	411	818	812	709	665
	48	439	836	824	719	696
91	50	0,87466	0,32855	0,65836	0,24730	1,43728
	52	494	873	848	740	759
	54	522	891	860	750	791
	56	550	909	872	761	822
	58	577	928	883	771	854
91	60	0,87605	0,32946	0,65895	0,24782	1,43885
	62	633	964	907	792	916
	64	661	983	919	802	948
	66	688	0,33001	931	813	979
	68	716	019	942	823	1,44011
91	70	0,87744	0,33038	0,65954	0,24833	1,44042
	72	772	056	966	844	073
	74	800	074	978	854	105
	76	827	093	990	864	136
	78	855	111	0,66001	875	168
	80	883	129	013	885	199

Tafel I.

α g	α c	Tangente AB $\operatorname{tg}\frac{\alpha}{2}$	Scheitel-abstand BD $\sec\frac{\alpha}{2}-1$	Abszisse AE. Halbe Sehne AF $\sin\frac{\alpha}{2}$	Ordinate ED. Pfeil-höhe DF $1-\cos\frac{\alpha}{2}$	Bogen-länge ADC $\frac{\pi\cdot\alpha}{200}$
91	80	0,87 883	0,33 129	0,66 013	0,24 885	1,44 199
	82	911	148	025	895	231
	84	939	166	037	906	262
	86	967	185	049	916	293
	88	994	203	060	927	325
91	90	0,88 022	0,33 221	0,66 072	0,24 937	1,44 356
	92	050	240	084	947	388
	94	078	258	096	958	419
	96	106	277	108	968	450
	98	134	295	119	979	482
92	0	0,88 162	0,33 314	0,66 131	0,24 989	1,44 513
	2	190	332	143	999	545
	4	218	351	155	0,25 009	576
	6	246	369	167	020	608
	8	274	388	178	030	639
92	10	0,88 302	0,33 406	0,66 190	0,25 040	1,44 670
	12	329	425	202	051	702
	14	357	443	214	062	733
	16	385	462	225	072	765
	18	413	480	237	082	796
92	20	0,88 441	0,33 499	0,66 249	0,25 093	1,44 827
	22	469	517	261	103	859
	24	497	536	272	114	890
	26	525	554	284	124	922
	28	553	573	296	135	953
92	30	0,88 581	0,33 591	0,66 308	0,25 145	1,44 985
	32	610	610	319	155	1,45 016
	34	638	629	331	166	047
	36	666	647	343	176	079
	38	694	666	355	187	110
	40	722	685	367	197	142

Tafel I.

α		Tangente AB	Scheitelabstand BD	Abszisse AE. Halbe Sehne AF	Ordinate ED. Pfeilhöhe DF	Bogenlänge ADC
g	c	$\operatorname{tg}\dfrac{\alpha}{2}$	$\sec\dfrac{\alpha}{2}-1$	$\sin\dfrac{\alpha}{2}$	$1-\cos\dfrac{\alpha}{2}$	$\dfrac{\pi\cdot\alpha}{200}$
92	40	0,88 722	0,33 685	0,66 367	0,25 197	1,45 142
	42	750	703	378	207	173
	44	778	722	390	218	204
	46	806	740	402	228	236
	48	834	759	414	239	267
92	50	0,88 862	0,33 778	0,66 425	0,25 249	1,45 299
	52	890	796	437	260	330
	54	918	815	449	270	361
	56	947	834	460	280	393
	58	975	853	472	291	424
92	60	0,89 003	0,33 871	0,66 484	0,25 301	1,45 456
	62	031	890	496	312	487
	64	059	909	507	322	519
	66	087	927	519	333	550
	68	116	946	531	343	581
92	70	0,89 144	0,33 965	0,66 543	0,25 354	1,45 613
	72	172	984	554	364	644
	74	200	0,34 003	566	375	676
	76	228	021	578	385	707
	78	257	040	589	395	738
92	80	0,89 285	0,34 059	0,66 601	0,25 406	1,45 770
	82	313	078	613	416	801
	84	341	096	625	427	833
	86	370	115	636	437	864
	88	398	134	648	448	896
92	90	0,89 426	0,34 153	0,66 660	0,25 458	1,45 927
	92	454	172	671	469	958
	94	483	191	683	479	990
	96	511	210	695	490	1,46 021
	98	539	228	707	500	053
93	0	567	247	718	511	084

198

α		Tangente AB	Scheitel-abstand BD	Abszisse AE. Halbe Sehne AF	Ordinate ED. Pfeil-höhe DF	Bogen-länge ADC
g	c	$\mathrm{tg}\,\dfrac{\alpha}{2}$	$\sec\dfrac{\alpha}{2}-1$	$\sin\dfrac{\alpha}{2}$	$1-\cos\dfrac{\alpha}{2}$	$\dfrac{\pi\cdot\alpha}{200}$
93	0	0,89567	0,34247	0,66718	0,25511	1,46084
	2	596	266	730	521	115
	4	624	285	742	532	147
	6	652	304	753	542	178
	8	681	323	765	553	210
93	10	0,89709	0,34342	0,66777	0,25563	1,46241
	12	737	361	788	574	273
	14	766	380	800	584	304
	16	794	399	812	594	335
	18	823	418	824	605	367
93	20	0,89851	0,34437	0,66835	0,25615	1,46398
	22	879	456	847	626	430
	24	908	475	859	636	461
	26	936	494	870	647	492
	28	965	513	882	657	524
93	30	0,89993	0,34532	0,66894	0,25668	1,46555
	32	0,90021	551	905	679	587
	34	050	570	917	689	618
	36	078	589	929	700	650
	38	107	608	940	710	681
93	40	0,90135	0,34627	0,66952	0,25721	1,46712
	42	164	646	964	731	744
	44	192	665	975	742	775
	46	221	684	987	752	807
	48	249	703	999	763	838
93	50	0,90278	0,34722	0,67010	0,25773	1,46869
	52	306	741	022	784	901
	54	335	760	034	794	932
	56	363	780	045	805	964
	58	392	799	057	815	995
	60	420	818	069	826	1,47027

Tafel I.

g	c	Tangente AB $\quad$ tg $\dfrac{\alpha}{2}$	Scheitel-abstand BD $\quad$ sec $\dfrac{\alpha}{2}-1$	Abszisse AE. Halbe Sehne AF $\quad$ sin $\dfrac{\alpha}{2}$	Ordinate ED. Pfeil-höhe DF $\quad$ $1-\cos\dfrac{\alpha}{2}$	Bogen-länge ADC $\quad$ $\dfrac{\pi\cdot\alpha}{200}$
93	60	0,90 420	0,34 818	0,67 069	0,25 826	1,47 027
	62	449	837	080	836	058
	64	477	856	092	847	089
	66	506	875	104	857	121
	68	535	894	115	868	152
93	70	0,90 563	0,34 914	0,67 127	0,25 879	1,47 184
	72	592	933	138	889	215
	74	620	952	150	900	246
	76	649	971	162	910	278
	78	678	990	173	921	309
93	80	0,90 706	0,35 010	0,67 185	0,25 931	1,47 341
	82	735	029	197	942	372
	84	764	048	208	952	404
	86	792	067	220	963	435
	88	821	087	232	973	466
93	90	0,90 850	0,35 106	0,67 243	0,25 984	1,47 498
	92	878	125	255	995	529
	94	907	145	266	0,26 005	561
	96	936	164	278	016	592
	98	964	183	290	026	623
94	0	0,90 993	0,35 203	0,67 301	0,26 037	1,47 655
	2	0,91 022	222	313	047	686
	4	050	241	324	058	718
	6	079	261	336	069	749
	8	107	280	348	079	781
94	10	0,91 137	0,35 299	0,67 359	0,26 090	1,47 812
	12	165	319	371	100	843
	14	194	338	383	111	875
	16	223	357	394	122	906
	18	252	377	406	132	938
	20	281	396	417	143	969

α		Tangente AD	Scheitel-abstand BD	Abszisse AE. Halbe Sehne AF	Ordinate ED. Pfeil-höhe DF	Bogen-länge ADC
g	c	$\operatorname{tg}\dfrac{\alpha}{2}$	$\sec\dfrac{\alpha}{2}-1$	$\sin\dfrac{\alpha}{2}$	$1-\cos\dfrac{\alpha}{2}$	$\dfrac{\pi\cdot\alpha}{200}$
94	20	0,91 281	0,35 396	0,67 417	0,26 143	1,47 969
	22	309	416	429	153	1,48 000
	24	338	435	441	164	032
	26	367	455	452	174	063
	28	396	474	464	185	095
94	30	0,91 425	0,35 493	0,67 475	0,26 196	1,48 126
	32	453	513	487	206	158
	34	482	532	499	217	189
	36	511	552	510	227	220
	38	540	571	522	238	252
94	40	0,91 569	0,35 591	0,67 533	0,26 249	1,48 283
	42	598	610	545	259	315
	44	627	630	556	270	346
	46	656	649	568	281	377
	48	685	669	580	291	409
94	50	0,91 713	0,35 688	0,67 591	0,26 302	1,48 440
	52	742	708	603	312	472
	54	771	728	614	323	503
	56	800	747	626	334	535
	58	829	767	637	344	566
94	60	0,91 858	0,35 786	0,67 649	0,26 355	1,48 597
	62	887	806	661	365	629
	64	916	826	672	376	660
	66	945	845	684	387	692
	68	974	865	695	397	723
94	70	0,92 003	0,35 884	0,67 707	0,26 408	1,48 754
	72	032	904	718	419	786
	74	061	924	730	429	817
	76	090	943	742	440	849
	78	119	963	753	451	881
	80	148	983	765	461	911

Tafel I.

α		Tangente AB	Scheitel-abstand BD	Abszisse AE. Halbe Sehne AF	Ordinate ED. Pfeil-höhe DF	Bogen-länge ADC
g	c	$\operatorname{tg} \dfrac{\alpha}{2}$	$\sec \dfrac{\alpha}{2} - 1$	$\sin \dfrac{\alpha}{2}$	$1 - \cos \dfrac{\alpha}{2}$	$\dfrac{\pi \cdot \alpha}{200}$
94	80	0,92 148	0,35 983	0,67 765	0,26 461	1,48 911
	82	177	0,36 002	776	472	943
	84	206	022	788	483	974
	86	235	042	799	493	1,49 006
	88	264	061	811	504	037
94	90	0,92 294	0,36 081	0,67 822	0,26 514	1,49 069
	92	323	101	834	525	100
	94	352	121	845	536	131
	96	381	140	857	546	163
	98	410	160	868	557	194
95	0	0,92 439	0,36 180	0,67 880	0,26 568	1,49 226
	2	468	200	892	578	257
	4	497	219	903	589	288
	6	526	239	915	600	320
	8	556	259	926	610	351
95	10	0,92 585	0,36 279	0,67 938	0,26 621	1,49 383
	12	614	299	949	632	414
	14	643	319	961	642	446
	16	672	338	972	653	477
	18	702	358	984	664	508
95	20	0,92 731	0,36 378	0,67 995	0,26 674	1,49 540
	22	760	398	0,68 007	685	571
	24	789	418	018	696	603
	26	818	438	030	707	634
	28	848	458	041	717	665
95	30	0,92 877	0,36 478	0,68 053	0,26 728	1,49 697
	32	906	497	064	739	728
	34	935	517	076	749	760
	36	965	537	087	760	791
	38	994	557	099	771	823
	40	0,93 023	577	110	781	854

g	c	Tangente AB $\operatorname{tg}\dfrac{\alpha}{2}$	Scheitel-abstand BD $\sec\dfrac{\alpha}{2}-1$	Abszisse AE. Halbe Sehne AF $\sin\dfrac{\alpha}{2}$	Ordinate ED. Pfeil-höhe DF $1-\cos\dfrac{\alpha}{2}$	Bogen-länge ADC $\dfrac{\pi\cdot\alpha}{200}$
95	40	0,93 023	0,36 577	0,68 110	0,26 781	1,49 854
	42	053	597	122	792	885
	44	082	617	133	803	917
	46	111	637	145	813	948
	48	141	657	156	824	980
95	50	0,93 170	0,36 677	0,68 168	0,26 835	1,50 011
	52	199	697	179	846	042
	54	229	717	191	856	074
	56	258	737	202	867	105
	58	287	757	214	878	137
95	60	0,93 317	0,36 777	0,68 225	0,26 888	1,50 168
	62	346	797	237	899	200
	64	376	817	248	910	231
	66	405	838	260	921	262
	68	434	858	271	931	294
95	70	0,93 464	0,36 878	0,68 283	0,26 942	1,50 325
	72	493	898	294	953	357
	74	523	918	306	964	388
	76	552	938	317	974	419
	78	582	958	329	985	451
95	80	0,93 611	0,36 978	0,68 340	0,26 996	1,50 482
	82	641	998	352	0,27 006	514
	84	670	0,37 019	363	017	545
	86	700	039	375	028	577
	88	729	059	386	039	608
95	90	0,93 759	0,37 079	0,68 397	0,27 049	1,50 639
	92	788	099	409	060	671
	94	818	119	420	071	702
	96	847	140	432	082	734
	98	877	160	443	092	765
96	0	906	180	455	103	796

Tafel I.

g	c	Tangente AB $\operatorname{tg} \dfrac{\alpha}{2}$	Scheitelabstand BD $\sec \dfrac{\alpha}{2} - 1$	Abszisse AE. Halbe Sehne AF $\sin \dfrac{\alpha}{2}$	Ordinate ED. Pfeilhöhe DF $1 - \cos \dfrac{\alpha}{2}$	Bogenlänge ADC $\dfrac{\pi \cdot \alpha}{200}$
96	0	0,93 906	0,37 180	0,68 455	0,27 103	1,50 796
	2	936	200	466	114	828
	4	965	221	478	125	859
	6	995	241	489	135	891
	8	0,94 025	261	500	146	922
96	10	0,94 054	0,37 281	0,68 512	0,27 157	1,50 954
	12	084	302	523	168	985
	14	113	322	535	178	1,51 016
	16	143	342	546	189	048
	18	173	363	558	200	079
96	20	0,94 202	0,37 383	0,68 569	0,27 211	1,51 111
	22	232	403	581	222	142
	24	262	424	592	232	173
	26	291	444	603	243	205
	28	321	464	615	254	236
96	30	0,94 351	0,37 485	0,68 626	0,27 265	1,51 268
	32	380	505	638	275	299
	34	410	525	649	286	331
	36	440	546	661	297	362
	38	469	566	672	308	393
96	40	0,94 499	0,37 587	0,68 683	0,27 319	1,51 425
	42	529	607	695	329	456
	44	559	628	706	340	488
	46	588	648	718	351	519
	48	618	668	729	362	550
96	50	0,94 648	0,37 689	0,68 740	0,27 373	1,51 582
	52	678	709	752	383	613
	54	708	730	763	394	645
	56	737	750	775	405	676
	58	767	771	786	416	708
	60	797	791	797	427	739

204

α		Tangente AB	Scheitel-abstand BD	Abszisse AE. Halbe Sehne AF	Ordinate ED. Pfeil-höhe DF	Bogen-länge ADC
g	c	$\operatorname{tg}\dfrac{\alpha}{2}$	$\sec\dfrac{\alpha}{2}-1$	$\sin\dfrac{\alpha}{2}$	$1-\cos\dfrac{\alpha}{2}$	$\dfrac{\pi\cdot\alpha}{200}$
96	60	0,94 797	0,37 791	0,68 797	0,27 427	1,51 739
	62	827	812	809	437	770
	64	857	832	820	448	802
	66	887	853	832	459	833
	68	916	874	843	470	865
96	70	0,94 946	0,37 894	0,68 854	0,27 481	1,51 896
	72	976	915	866	491	927
	74	0,95 006	935	877	502	959
	76	036	956	889	513	990
	78	066	976	900	524	1,52 022
96	80	0,95 096	0,37 997	0,68 911	0,27 535	1,52 053
	82	126	0,38 018	923	546	085
	84	156	038	934	556	116
	86	185	059	946	567	147
	88	215	080	957	578	179
96	90	0,95 245	0,38 100	0,68 968	0,27 589	1,52 210
	92	275	121	980	600	242
	94	305	142	991	611	273
	96	335	162	0,69 002	621	304
	98	365	183	014	632	336
97	0	0,95 395	0,38 204	0,69 025	0,27 643	1,52 367
	2	425	224	036	654	399
	4	455	245	048	665	430
	6	485	266	059	676	461
	8	515	287	071	686	493
97	10	0,95 545	0,38 307	0,69 082	0,27 697	1,52 524
	12	575	328	093	708	556
	14	605	349	105	719	587
	16	636	370	116	730	619
	18	666	390	127	741	650
	20	696	411	139	752	681

Tafel I.

α		Tangente AB	Scheitel-abstand BD	Abszisse AE. Halbe Sehne AF	Ordinate ED. Pfeil-höhe DF	Bogen-länge ADC
g	c	$\operatorname{tg}\dfrac{\alpha}{2}$	$\sec\dfrac{\alpha}{2}-1$	$\sin\dfrac{\alpha}{2}$	$1-\cos\dfrac{\alpha}{2}$	$\dfrac{\pi\cdot\alpha}{200}$
97	20	0,95696	0,38411	0,69139	0,27752	1,52681
	22	726	432	150	762	713
	24	756	453	161	773	744
	26	786	474	173	784	776
	28	816	495	184	795	807
97	30	0,95846	0,38515	0,69195	0,27806	1,52838
	32	876	536	207	817	870
	34	907	557	218	828	901
	36	937	578	229	838	933
	38	967	599	241	849	964
97	40	0,95997	0,38620	0,69252	0,27860	1,52996
	42	0,96027	641	263	871	1,53027
	44	057	662	275	882	058
	46	088	683	286	893	090
	48	118	703	297	904	121
97	50	0,96148	0,38724	0,69309	0,27915	1,53153
	52	178	745	320	926	184
	54	209	766	331	936	215
	56	239	787	343	947	247
	58	269	808	354	958	278
97	60	0,96299	0,38829	0,69365	0,27969	1,53310
	62	330	850	377	980	341
	64	360	871	388	991	373
	66	390	892	399	0,28002	404
	68	421	913	411	013	435
97	70	0,96451	0,38934	0,69422	0,28024	1,53467
	72	481	955	433	035	498
	74	512	977	444	045	530
	76	542	998	456	056	561
	78	572	0,39019	467	067	592
	80	603	040	478	078	624

α		Tangente AD	Scheitel-abstand BD	Abszisse AE. Halbe Sehne AF	Ordinate ED. Pfeil-höhe DF	Bogen-länge ADC
g	c	$\operatorname{tg}\dfrac{\alpha}{2}$	$\sec\dfrac{\alpha}{2}-1$	$\sin\dfrac{\alpha}{2}$	$1-\cos\dfrac{\alpha}{2}$	$\dfrac{\pi\cdot\alpha}{200}$
97	80	0,96 603	0,39 040	0,69 478	0,28 078	1,53 624
	82	633	061	490	089	655
	84	663	082	501	100	687
	86	694	103	512	111	718
	88	724	124	524	122	750
97	90	0,96 755	0,39 145	0,69 535	0,28 133	1,53 781
	92	785	167	546	144	812
	94	815	188	557	155	844
	96	846	209	569	166	875
	98	876	230	580	176	907
98	0	0,96 907	0,39 251	0,69 591	0,28 187	1,53 938
	2	937	272	603	198	969
	4	968	294	614	209	1,54 001
	6	998	315	625	220	032
	8	0,97 029	336	636	231	064
98	10	0,97 059	0,39 357	0,69 648	0,28 242	1,54 095
	12	090	379	659	253	127
	14	120	400	670	264	158
	16	151	421	681	275	189
	18	181	442	693	286	221
98	20	0,97 212	0,39 464	0,69 704	0,28 297	1,54 252
	22	242	485	715	308	284
	24	273	506	727	319	315
	26	303	528	738	330	346
	28	334	549	749	341	378
98	30	0,97 365	0,39 570	0,69 760	0,28 352	1,54 409
	32	395	592	772	362	441
	34	426	613	783	373	472
	36	457	634	794	384	504
	38	487	656	805	395	535
	40	518	677	817	406	566

Tafel I.

g	c	Tangente AB	Scheitel-abstand BD	Abszisse AE. Halbe Sehne AF	Ordinate ED. Pfeilhöhe DF	Bogen-länge ADC
		$\operatorname{tg} \dfrac{\alpha}{2}$	$\sec \dfrac{\alpha}{2} - 1$	$\sin \dfrac{\alpha}{2}$	$1 - \cos \dfrac{\alpha}{2}$	$\dfrac{\pi \cdot \alpha}{200}$
98	40	0,97 518	0,39 677	0,69 817	0,28 406	1,54 566
	42	548	699	828	417	598
	44	579	720	839	428	629
	46	610	741	850	439	661
	48	640	763	862	450	692
98	50	0,97 671	0,39 784	0,69 873	0,28 461	1,54 723
	52	702	806	884	472	755
	54	732	827	895	483	786
	56	763	849	906	494	818
	58	794	870	918	505	849
98	60	0,97 825	0,39 892	0,69 929	0,28 516	1,54 881
	62	855	913	940	527	912
	64	886	935	951	538	943
	66	917	956	963	549	975
	68	948	978	974	560	1,55 006
98	70	0,97 979	0,39 999	0,69 985	0,28 571	1,55 038
	72	0,98 009	0,40 021	996	582	069
	74	040	042	0,70 007	593	100
	76	071	064	019	604	132
	78	102	086	030	615	163
98	80	0,98 133	0,40 107	0,70 041	0,28 626	1,55 195
	82	163	129	052	637	226
	84	194	150	064	648	258
	86	225	172	075	659	289
	88	256	194	086	670	320
98	90	0,98 287	0,40 215	0,70 097	0,28 681	1,55 352
	92	318	237	108	692	383
	94	349	259	120	703	415
	96	380	280	131	714	446
	98	410	302	142	725	477
99	0	441	324	153	736	509

α		Tangente AB	Scheitel-abstand BD	Abszisse AE. Halbe Sehne AF	Ordinate ED. Pfeil-höhe DF	Bogen-länge ADC
g	c	$\operatorname{tg}\dfrac{\alpha}{2}$	$\sec\dfrac{\alpha}{2}-1$	$\sin\dfrac{\alpha}{2}$	$1-\cos\dfrac{\alpha}{2}$	$\dfrac{\pi\cdot\alpha}{200}$
99	0	0,98 441	0,40 324	0,70 153	0,28 736	1,55 509
	2	472	345	164	747	540
	4	503	367	176	758	572
	6	534	389	187	769	603
	8	565	410	198	780	635
99	10	0,98 596	0,40 432	0,70 209	0,28 791	1,55 666
	12	627	454	220	802	697
	14	658	476	231	813	729
	16	689	498	243	824	760
	18	720	519	254	835	792
99	20	0,98 751	0,40 541	0,70 265	0,28 846	1,55 823
	22	782	563	276	857	854
	24	813	585	287	869	886
	26	844	607	299	880	917
	28	875	628	310	891	949
99	30	0,98 906	0,40 650	0,70 321	0,28 902	1,55 980
	32	938	672	332	913	1,56 011
	34	969	694	343	924	043
	36	0,99 000	716	354	935	074
	38	031	738	366	946	106
99	40	0,99 062	0,40 760	0,70 377	0,28 957	1,56 137
	42	093	781	388	968	169
	44	124	803	399	979	200
	46	155	825	410	990	231
	48	187	847	421	0,29 001	263
99	50	0,99 218	0,40 869	0,70 432	0,29 012	1,56 294
	52	249	891	444	023	326
	54	280	913	455	034	357
	56	311	935	466	045	388
	58	342	957	477	056	420
	60	374	979	488	068	451

14 Höfer, Bogentafeln. 4. Aufl.

Tafel I.

α		Tangente $A B$	Scheitelabstand $B D$	Abszisse $A E.$ Halbe Sehne $A F$	Ordinate $E D.$ Pfeilhöhe $D F.$	Bogenlänge $A D C$
g	c	tg $\dfrac{\alpha}{2}$	sec $\dfrac{\alpha}{2}-1$	sin $\dfrac{\alpha}{2}$	$1-\cos\dfrac{\alpha}{2}$	$\dfrac{\pi\cdot\alpha}{200}$
99	60	0,99374	0,40979	0,70488	0,29068	1,56451
	62	405	0,41001	499	079	483
	64	436	023	510	090	514
	66	467	045	522	101	546
	68	499	067	533	112	577
99	70	0,99530	0,41089	0,70544	0,29123	1,56608
	72	561	111	555	134	640
	74	592	133	566	145	671
	76	624	156	577	156	703
	78	655	178	588	167	734
99	80	0,99686	0,41200	0,70600	0,29178	1,56765
	82	718	222	611	189	797
	84	749	244	622	201	828
	86	780	266	633	212	860
	88	812	288	644	223	891
99	90	0,99843	0,41310	0,70655	0,29234	1,56923
	92	874	333	666	245	954
	94	906	355	677	256	985
	96	937	377	688	267	1,57017
	98	969	399	700	278	048
100	0	1,00000	0,41421	0,70711	0,29289	1,57080

Tafel IIa

Kreisbogen

mit gleichmäßiger Abszissenteilung

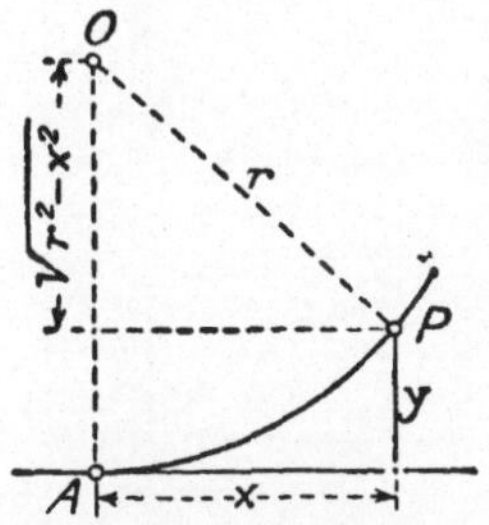

Hierzu Abschnitt 4 der
Einführung

Kreisbogen mit gleichmäßiger Abszissenteilung.

Abszissen	Ordinaten bei dem Halbmesser					Abszissen
	20	25	30	35	40	
2	0,100	0,080	0,067	0,057	0,050	2
4	0,404	0,322	0,268	0,229	0,201	4
6	0,921	0,731	0,606	0,518	0,453	6
8	1,67	1,32	1,09	0,927	0,808	8
10	2,68	2,09	1,72	1,46	1,27	10
12	4,00	3,07	2,51	2,12	1,84	12
14	5,72	4,29	3,47	2,92	2,53	14
16	8,00	5,79	4,62	3,87	3,34	16
18	11,28	7,65	6,00	4,98	4,28	18
20	20,00	10,00	7,64	6,28	5,36	20
22		13,13	9,60	7,78	6,59	22
24		18,00	12,00	9,52	8,00	24
26			15,03	11,57	9,60	26
28			19,23	14,00	11,43	28
30			30,00	16,97	13,54	30

Tafel IIa.
Kreisbogen mit gleichmäßiger Abszissenteilung.

Abszissen	Ordinaten bei dem Halbmesser					Abszissen
	50	60	70	80	90	
5	0,251	0,209	0,179	0,156	0,139	5
10	1,01	0,839	0,718	0,627	0,557	10
15	2,30	1,91	1,63	1,42	1,26	15
20	4,17	3,43	2,92	2,54	2,25	20
25	6,70	5,46	4,62	4,01	3,54	25
30	10,00	8,04	6,75	5,84	5,15	30
35	14,29	11,27	9,38	8,06	7,08	35
40	20,00	15,28	12,55	10,72	9,38	40
45	28,21	20,31	16,38	13,86	12,06	45
50	50,00	26,83	21,01	17,55	15,17	50
55		36,02	26,70	21,91	18,76	55
60		60,00	33,94	27,09	22,92	60

Kreisbogen mit gleichmäßiger Abszissenteilung.

Abszissen	Ordinaten bei dem Halbmesser					Abszissen
	100	110	120	130	140	
5	0,125	0,114	0,104	0,096	0,089	5
10	0,501	0,455	0,417	0,385	0,358	10
15	1,13	1,03	0,941	0,868	0,806	15
20	2,02	1,83	1,68	1,55	1,44	20
25	3,18	2,88	2,63	2,43	2,25	25
30	4,61	4,17	3,81	3,51	3,25	30
35	6,33	5,72	5,22	4,80	4,45	35
40	8,35	7,53	6,86	6,31	5,84	40
45	10,70	9,63	8,76	8,04	7,43	45
50	13,40	12,02	10,91	10,00	9,23	50
55	16,48	14,74	13,35	12,21	11,26	55
60	20,00	17,81	16,08	14,67	13,51	60
65	24,01	21,26	19,13	17,42	16,00	65
70	28,59	25,15	22,53	20,46	18,76	70
75	33,86	29,53	26,33	23,82	21,78	75

Tafel II a.

Kreisbogen mit gleichmäßiger Abszissenteilung.

Abszissen	Ordinaten bei dem Halbmesser					Abszissen
	150	160	170	180	190	
5	0,083	0,078	0,074	0,069	0,066	5
10	0,334	0,313	0,294	0,278	0,263	10
15	0,752	0,705	0,663	0,626	0,593	15
20	1,339	1,255	1,181	1,115	1,056	20
25	2,098	1,965	1,848	1,745	1,652	25
30	3,031	2,838	2,668	2,518	2,383	30
35	4,141	3,875	3,642	3,436	3,252	35
40	5,432	5,081	4,773	4,501	4,258	40
45	6,909	6,458	6,064	5,716	5,406	45
50	8,579	8,013	7,519	7,084	6,697	50
55	10,448	9,750	9,143	8,609	8,135	55
60	12,523	11,676	10,940	10,294	9,722	60
65	14,815	13,798	12,917	12,146	11,464	65
70	17,335	16,126	15,081	14,169	13,365	70
75	20,096	18,669	17,439	16,369	15,429	75
80	23,114	21,436	20,000	18,755	17,663	80
85	26,408	24,446	22,775	21,334	20,074	85
90	30,000	27,712	25,778	24,115	22,668	90

216

Kreisbogen mit gleichmäßiger Abszissenteilung.

Abszissen	Ordinaten bei dem Halbmesser					Abszissen
	200	210	220	230	240	
10	0,250	0,238	0,227	0,217	0,208	10
20	1,003	0,955	0,911	0,871	0,835	20
30	2,263	2,154	2,055	1,965	1,882	30
40	4,041	3,845	3,667	3,505	3,357	40
50	6,351	6,039	5,757	5,501	5,266	50
60	9,212	8,754	8,340	7,964	7,621	60
70	12,650	12,010	11,433	10,911	10,435	70
80	16,697	15,835	15,061	14,361	13,726	80
90	21,394	20,264	19,251	18,340	17,514	90
100	26,796	25,338	24,041	22,877	21,826	100
110	32,967	31,115	29,474	28,010	26,693	110

Kreisbogen mit gleichmäßiger Abszissenteilung.

Abszissen	Ordinaten bei dem Halbmesser					Abszissen
	250	260	270	280	290	
10	0,201	0,192	0,185	0,179	0,172	10
20	0,801	0,770	0,742	0,715	0,690	20
30	1,807	1,737	1,672	1,612	1,556	30
40	3,221	3,095	2,979	2,872	2,772	40
50	5,051	4,853	4,670	4,500	4,343	50
60	7,307	7,018	6,751	6,504	6,275	60
70	10,000	9,600	9,232	8,891	8,575	70
80	13,146	12,614	12,124	11,672	11,253	80
90	16,762	16,074	15,442	14,859	14,319	90
100	20,871	20,000	19,201	18,466	17,787	100
110	25,501	24,415	23,423	22,512	21,672	110
120	30,683	29,349	28,132	27,018	25,992	120

Kreisbogen mit gleichmäßiger Abszissenteilung.

Abszissen	Ordinaten bei dem Halbmesser					Abszissen
	300	325	350	375	400	
10	0,167	0,154	0,143	0,133	0,125	10
20	0,667	0,616	0,572	0,534	0,500	20
30	1,504	1,388	1,288	1,202	1,127	30
40	2,679	2,471	2,293	2,139	2,005	40
50	4,196	3,869	3,590	3,348	3,137	50
60	6,061	5,586	5,181	4,831	4,525	60
70	8,281	7,628	7,071	6,591	6,173	70
80	10,863	10,000	9,265	8,633	8,082	80
90	13,818	12,710	11,769	10,960	10,256	90
100	17,157	15,767	14,590	13,579	12,702	100
110	20,894	19,181	17,735	16,496	15,422	110
120	25,045	22,965	21,214	19,718	18,424	120
130	29,630	27,133	25,039	23,254	21,714	130
140	34,670	31,700	29,220	27,114	25,300	140

Tafel II a.
Kreisbogen mit gleichmäßiger Abszissenteilung.

Abszissen	Ordinaten bei dem Halbmesser					Abszissen
	425	450	475	500	525	
10	0,118	0,111	0,105	0,100	0,095	10
20	0,471	0,445	0,421	0,400	0,381	20
30	1,060	1,001	0,948	0,901	0,858	30
40	1,887	1,781	1,687	1,603	1,526	40
50	2,951	2,786	2,639	2,506	2,386	50
60	4,257	4,018	3,805	3,613	3,439	60
70	5,805	5,478	5,186	4,924	4,687	70
80	7,597	7,168	6,785	6,442	6,131	80
90	9,639	9,092	8,603	8,167	7,772	90
100	11,932	11,252	10,645	10,102	9,612	100
110	14,482	13,652	12,912	12,250	11,653	110
120	17,293	16,295	15,408	14,614	13,898	120
130	20,371	19,186	18,136	17,196	16,350	130
140	23,721	22,332	21,100	20,000	19,011	140
150	27,351	25,736	24,306	23,030	21,885	150
160	31,268	29,405	27,758	26,291	24,975	160
170	35,481	33,347	31,463	29,787	28,285	170
180	40,000	37,568	35,426	33,524	31,822	180

Kreisbogen mit gleichmäßiger Abszissenteilung.

Abszissen	Ordinaten bei dem Halbmesser					Abszissen
	550	575	600	625	650	
10	0,091	0,087	0,083	0,080	0,077	10
20	0,364	0,348	0,333	0,320	0,308	20
30	0,819	0,783	0,750	0,720	0,693	30
40	1,456	1,393	1,335	1,281	1,232	40
50	2,277	2,178	2,087	2,003	1,926	50
60	3,282	3,139	3,008	2,887	2,775	60
70	4,473	4,277	4,097	3,933	3,780	70
80	5,849	5,592	5,357	5,141	4,942	80
90	7,414	7,087	6,788	6,514	6,261	90
100	9,167	8,762	8,392	8,052	7,738	100
110	11,112	10,620	10,170	9,756	9,375	110
120	13,251	12,661	12,122	11,628	11,173	120
130	15,584	14,888	14,253	13,669	13,133	130
140	18,117	17,304	16,562	15,882	15,256	140
150	20,850	19,910	19,053	18,267	17,544	150
160	23,787	22,709	21,727	20,827	20,000	160
170	26,932	25,705	24,587	23,564	22,625	170
180	30,289	28,900	27,636	26,481	25,420	180

Tafel II a.
Kreisbogen mit gleichmäßiger Abszissenteilung.

Abszissen	Ordinaten bei dem Halbmesser					Abszissen
	675	700	725	750	775	
10	0,074	0,071	0,069	0,067	0,065	10
20	0,296	0,286	0,276	0,267	0,258	20
30	0,667	0,643	0,621	0,600	0,581	30
40	1,186	1,144	1,104	1,067	1,033	40
50	1,854	1,788	1,726	1,668	1,614	50
60	2,672	2,576	2,487	2,404	2,326	60
70	3,639	3,509	3,387	3,274	3,168	70
80	4,757	4,586	4,427	4,279	4,140	80
90	6,027	5,810	5,607	5,419	5,244	90
100	7,448	7,180	6,930	6,697	6,479	100
110	9,023	8,697	8,393	8,111	7,846	110
120	10,752	10,362	10,000	9,662	9,347	120
130	12,637	12,177	11,750	11,353	10,981	130
140	14,678	14,143	13,645	13,183	12,750	140
150	16,878	16,260	15,687	15,153	14,655	150
160	19,237	18,531	17,875	17,265	16,696	160
170	21,758	20,957	20,212	19,521	18,875	170
180	24,443	23,539	22,700	21,920	21,193	180
190	27,292	26,279	25,339	24,466	23,651	190
200	30,310	29,180	28,132	27,158	26,251	200
210	33,499	32,243	31,080	30,000	28,994	210
220	36,858	35,470	34,185	32,992	31,882	220

Kreisbogen mit gleichmäßiger Abszissenteilung.

Abszissen	Ordinaten bei dem Halbmesser					Abszissen
	800	850	900	950	1000	
10	0,063	0,059	0,056	0,053	0,050	10
20	0,250	0,235	0,222	0,211	0,200	20
30	0,563	0,530	0,500	0,474	0,450	30
40	1,001	0,942	0,889	0,843	0,800	40
50	1,564	1,472	1,390	1,317	1,251	50
60	2,253	2,120	2,002	1,897	1,801	60
70	3,068	2,887	2,726	2,582	2,453	70
80	4,010	3,773	3,562	3,374	3,205	80
90	5,079	4,778	4,511	4,273	4,058	90
100	6,275	5,903	5,572	5,278	5,012	100
110	7,599	7,148	6,747	6,390	6,068	110
120	9,051	8,513	8,036	7,609	7,226	120
130	10,633	10,000	9,438	8,936	8,486	130
140	12,345	11,609	10,956	10,372	9,848	140
150	14,188	13,340	12,588	11,917	11,314	150
160	16,163	15,195	14,336	13,571	12,883	160
170	18,271	17,173	16,201	15,334	14,556	170
180	20,513	19,277	18,184	17,208	16,333	180
190	22,890	21,507	20,284	19,194	18,216	190
200	25,402	23,864	22,504	21,291	20,204	200
210	28,054	26,350	24,843	23,502	22,299	210
220	30,845	28,964	27,303	25,825	24,500	220

Tafel II a.

Kreisbogen mit gleichmäßiger Abszissenteilung.

Abszissen	Ordinaten bei dem Halbmesser					Abszissen
	1100	1200	1300	1400	1500	
10	0,045	0,041	0,039	0,036	0,033	10
20	0,181	0,166	0,154	0,143	0,133	20
30	0,408	0,375	0,346	0,322	0,300	30
40	0,727	0,667	0,616	0,572	0,533	40
50	1,137	1,043	0,962	0,893	0,834	50
60	1,638	1,502	1,385	1,286	1,201	60
70	2,230	2,044	1,886	1,751	1,634	70
80	2,913	2,670	2,464	2,288	2,135	80
90	3,688	3,380	3,119	2,896	2,702	90
100	4,555	4,174	3,852	3,576	3,337	100
110	5,514	5,052	4,662	4,328	4,039	110
120	6,565	6,015	5,550	5,152	4,808	120
130	7,709	7,063	6,516	6,049	5,644	130
140	8,945	8,195	7,560	7,018	6,548	140
150	10,275	9,412	8,683	8,059	7,519	150
160	11,699	10,715	9,884	9,173	8,558	160
170	13,216	12,103	11,163	10,360	9,665	170
180	14,827	13,577	12,521	11,620	10,839	180
190	16,533	15,137	13,959	12,953	12,082	190
200	18,335	16,784	15,477	14,359	13,393	200
210	20,232	18,518	17,074	15,839	14,773	210
220	22,225	20,339	18,751	17,393	16,221	220
230	24,314	22,248	20,508	19,022	17,738	230
240	26,501	24,245	22,346	20,725	19,325	240
250	28,786	26,331	24,265	22,502	20,980	250

Kreisbogen mit gleichmäßiger Abszissenteilung.

Abszissen	Ordinaten bei dem Halbmesser				Abszissen
	1600	1700	1800	1900	
10	0,031	0,029	0,028	0,026	10
20	0,125	0,118	0,111	0,105	20
30	0,281	0,265	0,250	0,237	30
40	0,500	0,471	0,445	0,421	40
50	0,782	0,736	0,695	0,658	50
60	1,126	1,059	1,001	0,948	60
70	1,532	1,442	1,362	1,290	70
80	2,001	1,884	1,779	1,685	80
90	2,533	2,384	2,252	2,133	90
100	3,128	2,944	2,780	2,633	100
110	3,786	3,563	3,364	3,187	110
120	4,506	4,241	4,004	3,793	120
130	5,290	4,978	4,700	4,452	130
140	6,137	5,775	5,453	5,164	140
150	7,047	6,631	6,261	5,930	150
160	8,020	7,546	7,125	6,749	160
170	9,057	8,521	8,046	7,621	170
180	10,157	9,556	9,023	8,546	180
190	11,321	10,651	10,056	9,524	190
200	12,549	11,806	11,146	10,556	200
210	13,841	13,021	12,292	11,641	210
220	15,197	14,296	13,495	12,780	220
230	16,617	15,631	14,755	13,972	230
240	18,102	17,027	16,072	15,219	240
250	19,652	18,483	17,446	16,519	250
260	21,267	20,000	18,877	17,874	260

Tafel II a.
Kreisbogen mit gleichmäßiger Abszissenteilung.

Abszissen	Ordinaten bei dem Halbmesser					Abszissen
	2000	2250	2500	3000	4000	
5	0,006	0,005	0,005	0,004	0,003	5
10	0,025	0,022	0,020	0,017	0,012	10
15	0,056	0,050	0,045	0,038	0,028	15
20	0,100	0,089	0,080	0,067	0,050	20
25	0,157	0,138	0,125	0,104	0,078	25
30	0,225	0,200	0,180	0,150	0,112	30
35	0,306	0,272	0,245	0,204	0,153	35
40	0,400	0,355	0,320	0,267	0,200	40
45	0,506	0,450	0,405	0,338	0,253	45
50	0,625	0,556	0,500	0,417	0,312	50
55	0,752	0,673	0,605	0,504	0,378	55
60	0,900	0,800	0,720	0,600	0,450	60
65	1,051	0,939	0,845	0,704	0,528	65
70	1,225	1,089	0,980	0,817	0,612	70
75	1,407	1,250	1,125	0,938	0,703	75
80	1,601	1,423	1,280	1,067	0,800	80
85	1,807	1,606	1,446	1,204	0,903	85
90	2,026	1,800	1,620	1,350	1,012	90
95	2,258	2,006	1,806	1,504	1,128	95
100	2,502	2,223	2,001	1,667	1,250	100
105	2,758	2,451	2,206	1,838	1,378	105
110	3,027	2,690	2,421	2,017	1,512	110
115	3,309	2,941	2,646	2,205	1,653	115
120	3,603	3,202	2,881	2,401	1,800	120

Fortsetzung auf Seite 227.

Kreisbogen mit gleichmäßiger Abszissenteilung.

Abszissen	Ordinaten bei dem Halbmesser					Abszissen
	2000	2250	2500	3000	4000	
125	3,910	3,475	3,127	2,605	1,953	125
130	4,229	3,759	3,383	2,818	2,113	130
135	4,561	4,054	3,648	3,039	2,279	135
140	4,906	4,360	3,923	3,269	2,451	140
150	5,633	5,005	4,504	3,753	2,814	150
160	6,410	5,696	5,125	4,270	3,201	160
170	7,238	6,431	5,786	4,820	3,614	170
180	8,116	7,211	6,488	5,405	4,052	180
190	9,045	8,036	7,230	6,023	4,515	190
200	10,025	8,906	8,013	6,674	5,003	200
210	11,056	9,821	8,836	7,359	5,516	210
220	12,137	10,781	9,699	8,078	6,054	220
230	13,269	11,786	10,603	8,830	6,617	230
240	14,452	12,837	11,547	9,616	7,206	240
250	15,686	13,932	12,532	10,435	7,820	250
260	16,972	15,073	13,557	11,288	8,459	260
270	18,309	16,259	14,623	12,175	9,123	270
280	19,697	17,491	15,730	13,096	9,812	280
290	21,137	18,768	16,877	14,050	10,526	290
300	22,628	20,090	18,065	15,038	11,266	300
310	24,171	21,458	19,294	16,060	12,031	310
320	25,766	22,872	20,565	17,115	12,821	320
330	27,413	24,332	21,876	18,205	13,636	330
340	29,112	25,837	23,228	19,329	14,476	340
350	30,863	27,389	24,621	20,487	15,342	350
360	32,667	28,987	26,056	21,678	16,233	360
370	34,523	30,631	27,532	22,904	17,150	370

Kreisbogen mit gleichmäßiger Abszissenteilung.

Abszissen	Ordinaten bei dem Halbmesser					Abszissen
	5000	6000	8000	10000	15000	
5	0,002	0,002	0,001	0,001	0,001	5
10	0,010	0,008	0,006	0,005	0,003	10
15	0,023	0,019	0,014	0,011	0,008	15
20	0,040	0,033	0,025	0,020	0,013	20
25	0,063	0,052	0,039	0,031	0,021	25
30	0,090	0,075	0,056	0,045	0,030	30
35	0,123	0,102	0,076	0,061	0,041	35
40	0,160	0,133	0,100	0,080	0,053	40
45	0,203	0,169	0,126	0,101	0,068	45
50	0,250	0,208	0,156	0,125	0,083	50
55	0,303	0,252	0,189	0,151	0,101	55
60	0,360	0,300	0,225	0,180	0,120	60
65	0,423	0,352	0,264	0,211	0,141	65
70	0,490	0,408	0,306	0,245	0,163	70
75	0,563	0,469	0,351	0,281	0,188	75
80	0,640	0,533	0,400	0,320	0,213	80
85	0,723	0,602	0,451	0,361	0,241	85
90	0,810	0,675	0,506	0,405	0,270	90
95	0,903	0,752	0,564	0,451	0,301	95
100	1,000	0,833	0,625	0,500	0,333	100
105	1,103	0,919	0,689	0,551	0,368	105
110	1,210	1,008	0,756	0,605	0,403	110
115	1,323	1,102	0,827	0,661	0,441	115
120	1,440	1,200	0,900	0,720	0,480	120

Fortsetzung auf Seite 229.

Kreisbogen mit gleichmäßiger Abszissenteilung.

Abszissen	Ordinaten bei dem Halbmesser					Abszissen
	5000	6000	8000	10000	15000	
130	1,690	1,408	1,056	0,845	0,563	130
140	1,960	1,633	1,225	0,980	0,653	140
150	2,251	1,875	1,406	1,125	0,750	150
160	2,561	2,133	1,600	1,280	0,853	160
170	2,891	2,408	1,806	1,445	0,963	170
180	3,242	2,700	2,025	1,620	1,080	180
190	3,612	3,009	2,256	1,805	1,203	190
200	4,002	3,334	2,500	2,000	1,333	200
210	4,412	3,676	2,756	2,205	1,470	210
220	4,842	4,034	3,025	2,420	1,613	220
230	5,292	4,409	3,307	2,645	1,763	230
240	5,763	4,801	3,601	2,880	1,920	240
250	6,254	5,210	3,907	3,125	2,083	250
260	6,764	5,635	4,226	3,380	2,253	260
270	7,295	6,077	4,557	3,646	2,430	270
280	7,846	6,536	4,901	3,921	2,613	280
290	8,417	7,011	5,258	4,206	2,803	290
300	9,008	7,504	5,627	4,501	3,000	300
310	9,619	8,014	6,008	4,806	3,203	310
320	10,250	8,540	6,403	5,121	3,413	320
330	10,902	9,082	6,809	5,447	3,630	330
340	11,574	9,641	7,227	5,782	3,853	340
350	12,264	10,217	7,660	6,127	4,083	350

Die Ordinaten der Kreisbogen von mehr
als 10000 m Halbmesser sind nach der Evol-
ventenformel:

$$y = \frac{x^2}{2\,r}$$

zu berechnen. (Vgl. Abschnitt 28 der Einführung.)

Tafel IIb

Kreisbogen

mit gleichmäßiger Bogenteilung

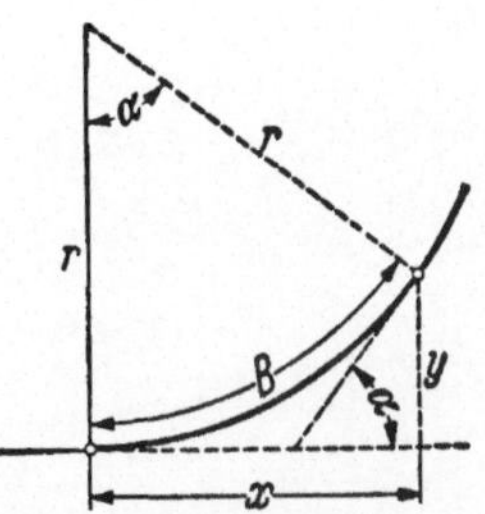

Hierzu Abschnitt 4 der Einführung

Kreisbogen mit gleichmäßiger Bogenteilung.

$r = 15$			B	$r = 20$		
α^g	x	y		x	y	α^g
10,6103	2,488	0,208	2,5	2,493	0,156	7,9577
21,2207	4,908	0,826	5	4,948	0,622	15,9155
31,8310	7,191	1,836	7,5	7,325	1,390	23,8732
42,4413	9,275	3,212	10	9,589	2,448	31,8310
53,0516	11,102	4,914	12,5	11,702	3,781	39,7887
63,6620	12,622	6,895	15	13,633	5,366	47,7465
74,2723	13,792	9,102	17,5	15,351	7,180	55,7042
84,8826	14,579	11,471	20	16,829	9,194	63,6620
95,4930	14,962	13,939	22,5	18,045	11,376	71,6197
			25	18,980	13,694	79,5775
			27,5	19,618	16,109	87,5352
			30	19,950	18,585	95,4930

Kreisbogen mit gleichmäßiger Bogenteilung.

α^g	x	y	B	x	y	α^g
	$r = 25$			$r = 30$		
6,3662	2,496	0,125	2,5	2,497	0,104	5,3052
12,7324	4,967	0,498	5	4,977	0,416	10,6103
19,0986	7,388	1,117	7,5	7,422	0,933	15,9155
25,4648	9,735	1,974	10	9,816	1,651	21,2207
31,8310	11,986	3,060	12,5	12,141	2,567	26,5258
38,1972	14,116	4,367	15	14,383	3,673	31,8310
44,5634	16,105	5,879	17,5	16,524	4,961	37,1362
50,9296	17,934	7,582	20	18,551	6,423	42,4413
57,2958	19,583	9,460	22,5	20,449	8,049	47,7465
63,6620	21,037	11,493	25	22,205	9,828	53,0516
70,0282	22,280	13,660	27,5	23,807	11,746	58,3568
76,3944	23,301	15,941	30	25,244	13,791	63,6620
82,7606	24,089	18,313	32,5	26,506	15,948	68,9671
89,1268	24,636	20,751	35	27,583	18,203	74,2723
95,4930	24,937	23,232	37,5	28,470	20,540	79,5775
			40	29,158	22,943	84,8826
			42,5	29,644	25,394	90,1878
			45	29,894	27,878	95,4930

Kreisbogen mit gleichmäßiger Bogenteilung.

$r = 35$			B	$r = 40$		
α^g	x	y		x	y	α^g
4,5473	2,498	0,089	2,5	2,498	0,078	3,9789
9,0946	4,983	0,357	5	4,987	0,312	7,9577
13,6419	7,443	0,800	7,5	7,456	0,701	11,9366
18,1891	9,864	1,419	10	9,896	1,243	15,9155
22,7364	12,236	2,209	12,5	12,298	1,937	19,8944
27,2837	14,545	3,165	15	14,651	2,780	23,8732
31,8310	16,780	4,285	17,5	16,947	3,767	27,8521
36,3783	18,929	5,560	20	19,177	4,897	31,8310
40,9256	20,982	6,986	22,5	21,332	6,163	35,8099
45,4728	22,928	8,555	25	23,404	7,561	39,7887
50,0201	24,757	10,259	27,5	25,384	9,087	43,7676
54,5674	26,459	12,089	30	27,266	10,732	47,7465
59,1147	28,027	14,036	32,5	29,040	12,493	51,7254
63,6620	29,451	16,089	35	30,702	14,360	55,7042
68,2093	30,726	18,239	37,5	32,243	16,328	59,6831
72,7565	31,844	20,475	40	33,659	18,388	63,6620
77,3038	32,799	22,785	42,5	34,943	20,532	67,6409
81,8511	33,587	25,157	45	36,091	22,753	71,6197
86,3984	34,204	27,579	47,5	37,097	25,041	75,5986
90,9457	34,647	30,039	50	37,959	27,387	79,5775
95,4930	34,912	32,524	52,5	38,673	29,783	83,5563
			55	39,236	32,218	87,5352
			57,5	39,645	34,684	91,5141
			60	39,900	37,171	95,4930

Tafel II b.
Kreisbogen mit gleichmäßiger Bogenteilung.

α^g	x	y	B	x	y	α^g
	$r = 45$				$r = 50$	
3,5368	2,499	0,069	2,5	2,499	0,062	3,1831
7,0736	4,990	0,277	5	4,992	0,250	6,3662
10,6103	7,465	0,624	7,5	7,472	0,561	9,5493
14,1471	9,918	1,107	10	9,933	0,996	12,7324
17,6839	12,340	1,725	12,5	12,370	1,554	15,9155
21,2207	14,724	2,477	15	14,776	2,233	19,0986
24,7574	17,062	3,360	17,5	17,145	3,031	22,2817
28,2942	19,348	4,372	20	19,471	3,947	25,4648
31,8310	21,574	5,509	22,5	21,748	4,978	28,6479
35,3678	23,734	6,768	25	23,971	6,121	31,8310
38,9045	25,820	8,144	27,5	26,134	7,374	35,0141
42,4413	27,827	9,635	30	28,232	8,733	38,1972
45,9781	29,747	11,235	32,5	30,259	10,196	41,3803
49,5149	31,576	12,939	35	32,211	11,758	44,5634
53,0516	33,308	14,741	37,5	34,082	13,416	47,7465
56,5884	34,937	16,638	40	35,868	15,165	50,9296
60,1252	36,458	18,621	42,5	37,564	17,001	54,1127
63,6620	37,866	20,686	45	39,166	18,920	57,2958
67,1988	39,158	22,826	47,5	40,671	20,916	60,4789
70,7355	40,329	25,035	50	42,074	22,985	63,6620
74,2723	41,375	27,305	52,5	43,371	25,121	66,8451
77,8091	42,294	29,630	55	44,560	27,320	70,0282
81,3459	43,082	32,002	57,5	45,638	29,576	73,2113
84,8826	43,737	34,414	60	46,602	31,882	76,3944
88,4194	44,258	36,859	62,5	47,449	34,234	79,5775
91,9562	44,646	39,329	65	48,178	36,625	82,7606
95,4930	44,887	41,817	67,5	48,786	39,050	85,9437
99,0297	44,995	44,313	70	49,272	41,502	89,1268
			72,5	49,636	43,975	92,3099
			75	49,875	46,463	95,4930

Kreisbogen mit gleichmäßiger Bogenteilung.

α^g	x	y	B	x	y	α^g
	$r = 55$				$r = 60$	
5,7875	4,993	0,227	5	4,994	0,208	5,3052
11,5749	9,945	0,907	10	9,954	0,831	10,6103
17,3624	14,815	2,033	15	14,844	1,865	15,9155
23,1498	19,562	3,596	20	19,632	3,303	21,2207
28,9373	24,148	5,584	25	24,283	5,133	26,5258
34,7247	28,534	7,981	30	28,766	7,345	31,8310
40,5122	32,685	10,766	35	33,049	9,922	37,1362
46,2996	36,566	13,916	40	37,102	12,847	42,4413
52,0871	40,145	17,405	45	40,898	16,099	47,7465
57,8745	43,392	21,204	50	44,411	19,655	53,0516
63,6620	46,281	25,283	55	47,615	23,492	58,3568
69,4494	48,788	29,608	60	50,488	27,582	63,6620
75,2369	50,891	34,142	65	53,011	31,897	68,9671
81,0243	52,575	38,848	70	55,167	36,407	74,2723
86,8118	53,824	43,688	75	56,939	41,081	79,5775

Tafel IIb.
Kreisbogen mit gleichmäßiger Bogenteilung.

$r = 65$			B	$r = 70$		
α^g	x	y		x	y	α^g
4,8971	4,995	0,192	5	4,996	0,178	4,5473
9,7942	9,961	0,768	10	9,966	0,713	9,0946
14,6912	14,867	1,723	15	14,885	1,601	13,6419
19,5883	19,686	3,053	20	19,729	2,838	18,1891
24,4854	24,388	4,749	25	24,472	4,417	22,7364
29,3824	28,946	6,801	30	29,090	6,331	27,2837
34,2795	33,333	9,198	35	33,560	8,569	31,8310
39,1766	37,523	11,924	40	37,858	11,121	36,3783
44,0737	41,491	14,965	45	41,964	13,973	40,9256
48,9708	45,213	18,301	50	45,855	17,111	45,4728
53,8678	48,668	21,914	55	49,513	20,518	50,0201
58,7649	51,835	25,781	60	52,918	24,178	54,5674
63,6620	54,696	29,880	65	56,054	28,071	59,1147
68,5590	57,233	34,187	70	58,903	32,179	63,6620
73,4561	59,431	38,677	75	61,452	36,479	68,2093
78,3532	61,278	43,322	80	63,688	40,950	72,7565

Kreisbogen mit gleichmäßiger Bogenteilung.

$r = 75$			B	$r = 80$		
α^g	x	y		x	y	α^g
4,2441	4,996	0,167	5	4,997	0,156	3,9789
8,4883	9,970	0,666	10	9,974	0,624	7,9577
12,7324	14,900	1,495	15	14,912	1,402	11,9366
16,9765	19,764	2,651	20	19,792	2,487	15,9155
21,2207	24,540	4,128	25	24,595	3,875	19,8944
25,4648	29,206	5,920	30	29,302	5,559	23,8732
29,7089	33,743	8,020	35	33,894	7,535	27,8521
33,9531	38,131	10,416	40	38,354	9,793	31,8310
38,1972	42,348	13,100	45	42,664	12,326	35,8099
42,4413	46,378	16,058	50	46,808	15,123	39,7887
46,6855	50,201	19,279	55	50,769	18,173	43,7676
50,9296	53,802	22,747	60	54,531	21,465	47,7465
55,1737	57,163	26,447	65	58,081	24,985	51,7254
59,4178	60,271	30,363	70	61,403	28,720	55,7042
63,6620	63,110	34,477	75	64,487	32,655	59,6831
67,9061	65,670	38,773	80	67,318	36,776	63,6620

Tafel II b.
Kreisbogen mit gleichmäßiger Bogenteilung.

$r = 85$			B	$r = 90$		
α^g	x	y		x	y	α^g
3,7448	4,997	0,147	5	4,997	0,139	3,5368
7,4896	9,977	0,588	10	9,979	0,555	7,0736
11,2345	14,922	1,320	15	14,931	1,247	10,6103
14,9793	19,816	2,342	20	19,836	2,213	14,1471
18,7241	24,641	3,650	25	24,680	3,450	17,6839
22,4689	29,381	5,239	30	29,448	4,954	21,2207
26,2138	34,019	7,104	35	34,124	6,720	24,7574
29,9586	38,540	9,239	40	38,696	8,744	28,2942
33,7034	42,927	11,636	45	43,148	11,018	31,8310
37,4482	47,166	14,287	50	47,467	13,535	35,3678
41,1930	51,242	17,182	55	51,640	16,289	38,9045
44,9379	55,140	20,312	60	55,653	19,270	42,4413
48,6827	58,848	23,665	65	59,495	22,469	45,9781
52,4275	62,352	27,231	70	63,153	25,877	49,5149
56,1723	65,640	30,997	75	66,616	29,483	53,0516
59,9171	68,701	34,949	80	69,874	33,275	56,5884
63,6620	71,525	39,074	85	72,915	37,243	60,1252
67,4068	74,101	43,359	90	75,732	41,373	63,6620

Kreisbogen mit gleichmäßiger Bogenteilung.

r = 95			B	r = 100		
α^g	x	y		x	y	α^g
3,3506	4,998	0,132	5	4,998	0,125	3,1831
6,7013	9,982	0,526	10	9,993	0,500	6,3662
10,0519	14,938	1,182	15	14,944	1,123	9,5493
13,4025	19,853	2,098	20	19,867	1,993	12,7324
16,7532	24,712	3,271	25	24,740	3,109	15,9155
20,1038	29,504	4,698	30	29,552	4,466	19,0986
23,4544	34,214	6,375	35	34,290	6,063	22,2817
26,8050	38,828	8,297	40	38,942	7,894	25,4648
30,1557	43,336	10,460	45	43,497	9,955	28,6479
33,5063	47,723	12,857	50	47,943	12,242	31,8310
36,8569	51,979	15,481	55	52,269	14,748	35,0141
40,2076	56,090	18,326	60	56,464	17,466	38,1972
43,5582	60,046	21,383	65	60,519	20,392	41,3803
46,9088	63,835	24,643	70	64,422	23,516	44,5634
50,2595	67,448	28,099	75	68,164	26,831	47,7465
53,6101	70,874	31,740	80	71,736	30,329	50,9296
56,9607	74,104	35,556	85	75,128	34,002	54,1127
60,3113	77,129	39,537	90	78,333	37,839	57,2958
			95	81,342	41,832	60,4789

Tafel II b.
Kreisbogen mit gleichmäßiger Bogenteilung.

$r = 110$			B	$r = 120$		
α^g	x	y		x	y	α^g
5,7875	9,986	0,454	10	9,988	0,416	5,3052
11,5749	19,890	1,813	20	19,908	1,663	10,6103
14,4686	24,785	2,829	25	24,820	2,595	13,2629
17,3624	29,629	4,066	30	29,688	3,730	15,9155
23,1498	39,124	7,183	40	39,263	6,605	21,2207
28,9373	48,296	11,169	50	48,566	10,267	26,5258
34,7247	57,069	15,962	60	57,531	14,690	31,8310
40,5122	65,370	21,531	70	66,097	19,844	37,1362
43,4059	69,323	24,593	75	70,212	22,684	39,7887
46,2996	73,132	27,831	80	74,204	25,694	42,4413
52,0871	80,290	34,810	90	81,797	32,197	47,7465
57,8745	86,784	42,409	100	88,821	39,311	53,0516

Kreisbogen mit gleichmäßiger Bogenteilung.

$r = 130$			B	$r = 140$		
α^g	x	y		x	y	α^g
4,8971	9,990	0,384	10	9,991	0,357	4,5473
9,7942	19,921	1,535	20	19,932	1,426	9,0946
12,2427	24,846	2,396	25	24,867	2,226	11,3682
14,6912	29,734	3,446	30	29,771	3,202	13,6419
19,5883	39,372	6,105	40	39,458	5,675	18,1891
24,4854	48,776	9,497	50	48,944	8,834	22,7364
29,3824	57,892	13,602	60	58,180	12,661	27,2837
34,2795	66,666	18,395	70	67,120	17,138	31,8310
36,7281	70,908	21,041	75	71,464	19,613	34,1046
39,1766	75,045	23,848	80	75,717	22,242	36,3783
44,0737	82,981	29,929	90	83,928	27,946	40,9256
48,9708	90,426	36,602	100	91,711	34,221	45,4728
53,8678	97,336	43,827	110	99,026	41,036	50,0201

Tafel II b.
Kreisbogen mit gleichmäßiger Bogenteilung.

α^g	x	y	B	x	y	α^g
	$r=150$			$r=160$		
4,2441	9,993	0,333	10	9,993	0,312	3,9789
8,4883	19,941	1,331	20	19,948	1,248	7,9577
10,6103	24,884	2,079	25	24,898	1,949	9,9472
12,7324	29,800	2,990	30	29,824	2,804	11,9366
16,9765	39,528	5,302	40	39,585	4,974	15,9155
21,2207	49,079	8,256	50	49,190	7,749	19,8944
25,4648	58,413	11,841	60	58,604	11,119	23,8732
29,7089	67,487	16,039	70	67,788	15,070	27,8521
31,8310	71,914	18,363	75	72,284	17,259	29,8416
33,9531	76,261	20,832	80	76,708	19,587	31,8310
38,1972	84,696	26,200	90	85,329	24,652	35,8099
42,4413	92,756	32,117	100	93,615	30,246	39,7887
46,6855	100,403	38,558	110	101,537	36,346	43,7676
50,9296	107,604	45,495	120	109,062	42,930	47,7465

Kreisbogen mit gleichmäßiger Bogenteilung.

α^g	x	y	B	x	y	α^g
	$r = 170$				$r = 180$	
3,7448	9,994	0,294	10	9,995	0,278	3,5368
7,4896	19,954	1,175	20	19,959	1,110	7,0736
9,3621	24,910	1,835	25	24,920	1,733	8,8419
11,2345	29,845	2,640	30	29,861	2,495	10,6103
14,9793	39,632	4,684	40	39,672	4,426	14,1471
18,7241	49,282	7,300	50	49,360	6,900	17,6839
22,4689	58,762	10,479	60	58,895	9,908	21,2207
26,2138	68,039	14,209	70	68,249	13,440	24,7574
28,0862	72,591	16,278	75	72,849	15,400	26,5258
29,9586	77,080	18,479	80	77,392	17,487	28,2942
33,7034	85,854	23,272	90	86,297	22,035	31,8310
37,4482	94,332	28,573	100	94,935	27,071	35,3678
41,1930	102,483	34,364	110	103,280	32,578	38,9045
44,9379	110,280	40,623	120	111,307	38,540	42,4413

Tafel II b.
Kreisbogen mit gleichmäßiger Bogenteilung.

α^g	x	y	B	x	y	α^g
	$r = 190$			$r = 200$		
3,3506	9,995	0,263	10	9,996	0,250	3,1831
6,7013	19,963	1,052	20	19,967	0,999	6,3662
8,3766	24,928	1,642	25	24,935	1,560	7,9577
10,0519	29,875	2,364	30	29,888	2,246	9,5493
13,4025	39,705	4,195	40	39,734	3,987	12,7324
16,7532	49,425	6,541	50	49,481	6,217	15,9155
20,1038	59,008	9,395	60	59,104	8,933	19,0986
23,4544	68,427	12,750	70	68,580	12,125	22,2817
25,1297	73,067	14,611	75	73,255	13,898	23,8732
26,8050	77,657	16,595	80	77,884	15,788	25,4648
30,1557	86,672	20,920	90	86,993	19,911	28,6479
33,5063	95,447	25,714	100	95,885	24,483	31,8310
36,8569	103,957	30,962	110	104,537	29,495	35,0141
40,2076	112,180	36,652	120	112,928	34,933	38,1972
41,8829	116,176	39,657	125	117,019	37,807	39,7887
43,5582	120,092	42,766	130	121,037	40,783	41,3803

Kreisbogen mit gleichmäßiger Bogenteilung.

r = 210			B	r = 220		
α^g	x	y		x	y	α^g
3,0315	9,996	0,238	10	9,996	0,227	2,8937
6,0630	19,970	0,952	20	19,972	0,908	5,7875
7,5788	24,941	1,486	25	24,946	1,419	7,2343
9,0946	29,898	2,139	30	29,907	2,042	8,6812
12,1261	39,759	3,798	40	39,780	3,626	11,5749
15,1576	49,529	5,924	50	49,571	5,657	14,4686
18,1891	59,187	8,513	60	59,259	8,131	17,3624
21,2207	68,711	11,559	70	68,825	11,043	20,2561
22,7364	73,416	13,251	75	73,555	12,661	21,7029
24,2522	78,079	15,055	80	78,249	14,386	23,1498
27,2837	87,270	18,992	90	87,511	18,154	26,0436
30,3152	96,263	23,363	100	96,592	22,339	28,9373
33,3467	105,038	28,157	110	105,474	26,932	31,8310
36,3783	113,575	33,363	120	114,137	31,924	34,7247
37,8940	117,748	36,117	125	118,382	34,566	36,1716
39,4098	121,854	38,969	130	122,566	37,304	37,6185
42,4413	129,858	44,964	140	130,740	43,062	40,5122

Tafel II b.
Kreisbogen mit gleichmäßiger Bogenteilung.

α^g	x	y	B	x	y	α^g
	$r = 230$				$r = 240$	
2,7679	9,997	0,217	10	9,997	0,208	2,6526
5,5358	19,975	0,869	20	19,977	0,833	5,3052
6,9198	24,951	1,357	25	24,955	1,301	6,6315
8,3037	29,915	1,954	30	29,922	1,872	7,9577
11,0716	39,799	3,469	40	39,815	3,326	10,6103
13,8396	49,607	5,413	50	49,639	5,190	13,2629
16,6075	59,322	7,782	60	59,377	7,461	15,9155
19,3754	68,924	10,570	70	69,012	10,136	18,5681
20,7593	73,678	12,120	75	73,785	11,624	19,8944
22,1433	78,397	13,773	80	78,527	13,210	21,2207
24,9112	87,721	17,385	90	87,905	16,678	23,8732
27,6791	96,879	21,399	100	97,131	20,534	26,5258
30,4470	105,854	25,807	110	106,189	24,770	29,1784
33,2149	114,629	30,601	120	115,062	29,380	31,8310
34,5989	118,937	33,140	125	119,425	31,823	33,1573
35,9828	123,188	35,771	130	123,736	34,356	34,4836
38,7507	131,513	41,309	140	132,194	39,689	37,1362

Kreisbogen mit gleichmäßiger Bogenteilung.

α^8	x	y	B	x	y	α^8
	$r = 250$				$r = 260$	
2,5465	9,997	0,200	10	9,998	0,192	2,4485
5,0930	19,978	0,800	20	19,980	0,769	4,8971
6,3662	24,958	1,249	25	24,961	1,201	6,1213
7,6394	29,928	1,798	30	29,933	1,729	7,3456
10,1859	39,830	3,193	40	39,842	3,071	9,7942
12,7324	49,667	4,983	50	49,692	4,793	12,2427
15,2789	59,426	7,165	60	59,469	6,892	14,6912
17,8254	69,089	9,736	70	69,158	9,366	17,1398
19,0986	73,880	11,166	75	73,964	10,742	18,3640
20,3718	78,642	12,691	80	78,744	12,211	19,5883
22,9183	88,069	16,026	90	88,213	15,422	22,0368
25,4648	97,355	19,735	100	97,553	18,995	24,4854
28,0113	106,485	23,812	110	106,748	22,924	26,9339
30,5577	115,445	28,251	120	115,785	27,204	29,3824
31,8310	119,856	30,604	125	120,240	29,474	30,6067
33,1042	124,220	33,045	130	124,651	31,828	31,8310
35,6507	132,797	38,186	140	133,332	36,790	34,2795

Kreisbogen mit gleichmäßiger Bogenteilung.

α^g	x	y	B	x	y	α^g
	$r = 270$				$r = 280$	
2,3579	9,998	0,185	10	9,998	0,179	2,2736
4,7157	19,982	0,740	20	19,983	0,714	4,5473
5,8946	24,964	1,156	25	24,967	1,116	5,6841
7,0736	29,938	1,665	30	29,943	1,606	6,8209
9,4314	39,854	2,958	40	39,864	2,852	9,0946
11,7892	49,715	4,616	50	49,735	4,453	11,3682
14,1471	59,507	6,639	60	59,542	6,404	13,6419
16,5050	69,218	9,023	70	69,273	8,704	15,9155
17,6839	74,039	10,350	75	74,106	9,985	17,0523
18,8628	78,835	11,766	80	78,916	11,351	18,1891
21,2207	88,343	14,862	90	88,458	14,340	20,4628
23,5785	97,729	18,307	100	97,887	17,668	22,7364
25,9364	106,982	22,099	110	107,192	21,331	25,0101
28,2942	116,088	26,230	120	116,360	25,323	27,2837
29,4731	120,582	28,422	125	120,889	27,441	28,4205
30,6521	125,035	30,696	130	125,380	29,640	29,5574
33,0099	133,810	35,491	140	134,239	34,277	31,8310

Kreisbogen mit gleichmäßiger Bogenteilung.

$r = 290$			B	$r = 300$		
α^g	x	y		x	y	α^g
2,1952	9,998	0,173	10	9,998	0,167	2,1221
4,3905	19,984	0,689	20	19,985	0,667	4,2441
5,4881	24,969	1,077	25	24,971	1,041	5,3052
6,5857	29,946	1,550	30	29,950	1,499	6,3662
8,7810	39,873	2,754	40	39,882	2,662	8,4883
10,9762	49,753	4,300	50	49,769	4,156	10,6103
13,1714	59,573	6,185	60	59,601	5,980	12,7324
15,3667	69,322	8,407	70	69,367	8,130	14,8545
16,4643	74,167	9,644	75	74,221	9,326	15,9155
17,5619	78,989	10,965	80	79,055	10,604	16,9765
19,7572	88,562	13,854	90	88,656	13,399	19,0986
21,9524	98,030	17,071	100	98,158	16,513	21,2207
24,1476	107,381	20,613	110	107,552	19,942	23,3427
26,3429	116,605	24,476	120	116,826	23,682	25,4648
27,4405	121,165	26,525	125	121,415	25,667	26,5258
28,5381	125,689	28,653	130	125,969	27,729	27,5868
30,7334	134,625	33,142	140	134,973	32,078	29,7089
32,9286	143,400	37,936	150	143,828	36,725	31,8310

Tafel II b.
Kreisbogen mit gleichmäßiger Bogenteilung.

$r = 325$			B	$r = 350$		
α^g	x	y		x	y	α^g
1,9588	9,998	0,154	10	9,999	0,143	1,8189
3,9177	19,987	0,615	20	19,989	0,571	3,6378
4,8971	24,975	0,961	25	24,979	0,892	4,5473
5,8765	29,957	1,383	30	29,963	1,285	5,4567
7,8353	39,899	2,458	40	39,913	2,283	7,2756
9,7942	49,803	3,839	50	49,830	3,565	9,0946
11,7530	59,660	5,523	60	59,706	5,130	10,9135
13,7118	69,460	7,509	70	69,534	6,977	12,7324
14,6912	74,336	8,615	75	74,427	8,005	13,6419
15,6706	79,194	9,796	80	79,305	9,103	14,5513
17,6295	88,854	12,382	90	89,011	11,508	16,3702
19,5883	98,430	15,264	100	98,645	14,189	18,1891
21,5471	107,912	18,438	110	108,197	17,144	20,0080
23,5060	117,292	21,903	120	117,663	20,371	21,8270
24,4854	121,941	23,744	125	122,359	22,085	22,7364
25,4648	126,561	25,655	130	127,031	23,867	23,6459
27,4236	135,710	29,690	140	136,296	27,629	25,4648
29,3824	144,731	34,005	150	145,450	31,654	27,2837

Kreisbogen mit gleichmäßiger Bogenteilung.

$r = 375$			B	$r = 400$		
α^g	x	y		x	y	α^g
1,6976	9,999	0,133	10	9,999	0,125	1,5915
3,3953	19,991	0,533	20	19,992	0,500	3,1831
4,2441	24,981	0,833	25	24,984	0,781	3,9789
5,0930	29,968	1,200	30	29,972	1,124	4,7746
6,7906	39,924	2,131	40	39,934	1,998	6,3662
8,4883	49,852	3,328	50	49,870	3,121	7,9577
10,1859	59,744	4,790	60	59,775	4,492	9,5493
11,8836	69,594	6,514	70	69,643	6,109	11,1408
12,7324	74,501	7,475	75	74,561	7,011	11,9366
13,5812	79,395	8,500	80	79,468	7,973	12,7324
15,2789	89,139	10,748	90	89,243	10,082	14,3239
16,9765	98,819	13,254	100	98,962	12,435	15,9155
18,6742	108,429	16,018	110	108,619	15,030	17,5070
20,3718	117,962	19,037	120	118,208	17,866	19,0986
21,2207	122,698	20,641	125	122,976	19,373	19,8944
22,0695	127,412	22,308	130	127,724	20,940	20,6901
23,7671	136,770	25,831	140	137,159	24,251	22,2817
25,4648	146,032	29,602	150	146,509	27,797	23,8732
27,1624	155,189	33,619	160	155,767	31,576	25,4648

Tafel II b.
Kreisbogen mit gleichmäßiger Bogenteilung.

r = 425			B	r = 450		
α^g	x	y		x	y	α^g
1,4979	9,999	0,118	10	9,999	0,111	1,4147
2,9959	19,992	0,471	20	19,993	0,445	2,8294
3,7448	24,985	0,735	25	24,987	0,694	3,5368
4,4938	29,975	1,058	30	29,977	1,000	4,2441
5,9917	39,941	1,881	40	39,947	1,777	5,6588
7,4896	49,884	2,938	50	49,897	2,775	7,0736
8,9876	59,801	4,228	60	59,822	3,994	8,4883
10,4855	69,684	5,751	70	69,718	5,433	9,9030
11,2345	74,611	6,601	75	74,653	6,236	10,6103
11,9834	79,528	7,507	80	79,579	7,092	11,3177
13,4814	89,329	9,494	90	89,401	8,970	12,7324
14,9793	99,080	11,710	100	99,179	11,066	14,1471
16,4772	108,776	14,156	110	108,908	13,378	15,5618
17,9752	118,412	16,829	120	118,583	15,905	16,9765
18,7241	123,206	18,250	125	123,399	17,250	17,6839
19,4731	127,982	19,728	130	128,199	18,647	18,3912
20,9710	137,482	22,851	140	137,752	21,603	19,8060
22,4689	146,905	26,197	150	147,238	24,769	21,2207
23,9669	156,247	29,764	160	156,650	28,146	22,6354
25,4648	165,503	33,550	170	165,985	31,731	24,0501
26,2138	170,096	35,523	175	170,622	33,601	24,7574

Kreisbogen mit gleichmäßiger Bogenteilung.

$r = 475$			B	$r = 500$		
α^g	x	y		x	y	α^g
1,3402	9,999	0,105	10	9,999	0,100	1,2732
2,6805	19,994	0,421	20	19,995	0,400	2,5465
3,3506	24,988	0,658	25	24,990	0,625	3,1831
4,0208	29,980	0,947	30	29,982	0,900	3,8197
5,3610	39,953	1,683	40	39,957	1,600	5,0930
6,7013	49,908	2,629	50	49,917	2,498	6,3662
8,0415	59,841	3,784	60	59,856	3,596	7,6394
9,3818	69,747	5,149	70	69,771	4,892	8,9127
10,0519	74,689	5,909	75	74,719	5,614	9,5493
10,7220	79,622	6,721	80	79,659	6,387	10,1859
12,0623	89,462	8,501	90	89,515	8,079	11,4592
13,4025	99,263	10,488	100	99,335	9,967	12,7324
14,7428	109,019	12,680	110	109,115	12,051	14,0056
16,0830	118,728	15,077	120	118,851	14,331	15,2789
16,7532	123,562	16,353	125	123,702	15,544	15,9155
17,4233	128,383	17,678	130	128,540	16,805	16,5521
18,7635	137,982	20,482	140	138,178	19,472	17,8254
20,1038	147,519	23,488	150	147,760	22,332	19,0986
21,4440	156,991	26,694	160	157,283	25,383	20,3718
22,7843	166,394	30,098	170	166,744	28,623	21,6451
23,4544	171,068	31,874	175	171,449	30,314	22,2817
24,1245	175,722	33,699	180	176,137	32,052	22,9183
25,4648	184,974	37,496	190	185,460	35,668	24,1916

Tafel IIb.
Kreisbogen mit gleichmäßiger Bogenteilung.

$r = 525$			B	$r = 550$		
α^8	x	y		x	y	α^8
1,2126	9,999	0,096	10	9,999	0,091	1,1575
2,4252	19,995	0,381	20	19,996	0,364	2,3150
3,0315	24,990	0,595	25	24,991	0,568	2,8937
3,6378	29,984	0,857	30	29,985	0,818	3,4725
4,8504	39,961	1,523	40	39,965	1,454	4,6300
6,0630	49,925	2,379	50	49,931	2,271	5,7875
7,2756	59,869	3,425	60	59,881	3,269	6,9449
8,4883	69,793	4,659	70	69,811	4,448	8,1024
9,0946	74,745	5,348	75	74,768	5,106	8,6812
9,7009	79,691	6,083	80	79,718	5,808	9,2599
10,9135	89,560	7,695	90	89,599	7,347	10,4174
12,1261	99,397	9,495	100	99,450	9,066	11,5749
13,3387	109,197	11,482	110	109,268	10,963	12,7324
14,5513	118,958	13,655	120	119,050	13,039	13,8899
15,1576	123,822	14,811	125	123,927	14,143	14,4686
15,7639	128,676	16,014	130	128,793	15,292	15,0474
16,9765	138,346	18,556	140	138,493	17,722	16,2049
18,1891	147,968	21,283	150	148,147	20,328	17,3624
19,4018	157,535	24,193	160	157,753	23,109	18,5198
20,6144	167,045	27,284	170	167,306	26,064	19,6773
21,2207	171,777	28,898	175	172,062	27,607	20,2561
21,8270	176,494	30,556	180	176,803	29,192	20,8348
23,0396	185,880	34,007	190	186,243	32,493	21,9923
24,2522	195,198	37,637	200	195,621	35,965	23,1498

Kreisbogen mit gleichmäßiger Bogenteilung.

$r = 575$			B	$r = 600$		
α^g	x	y		x	y	α^g
1,1072	10,000	0,087	10	10,000	0,083	1,0610
2,2143	19,996	0,348	20	19,996	0,333	2,1221
2,7679	24,992	0,543	25	24,993	0,521	2,6526
3,3215	29,987	0,783	30	29,987	0,749	3,1831
4,4287	39,968	1,391	40	39,970	1,333	4,2441
5,5358	49,937	2,172	50	49,942	2,082	5,3052
6,6430	59,891	3,127	60	59,900	2,998	6,3662
7,7502	69,827	4,256	70	69,841	4,079	7,4272
8,3037	74,788	4,884	75	74,805	4,681	7,9577
8,8573	79,742	5,557	80	79,763	5,325	8,4883
9,9645	89,633	7,029	90	89,663	6,737	9,5493
11,0716	99,497	8,674	100	99,538	8,314	10,6103
12,1788	109,330	10,490	110	109,385	10,055	11,6714
13,2860	119,131	12,476	120	119,201	11,960	12,7324
13,8396	124,018	13,533	125	124,098	12,974	13,2629
14,3932	128,896	14,633	130	128,985	14,029	13,7934
15,5003	138,621	16,960	140	138,733	16,259	14,8545
16,6075	148,305	19,455	150	148,442	18,652	15,9155
17,7146	157,943	22,117	160	158,110	21,207	16,9765
18,8218	167,534	24,948	170	167,734	23,923	18,0376
19,3754	172,311	26,425	175	172,529	25,340	18,5681
19,9290	177,075	27,944	180	177,312	26,798	19,0986
21,0361	186,561	31,106	190	186,840	29,833	20,1596
22,1433	195,992	34,433	200	196,317	33,026	21,2207

Tafel II b.
Kreisbogen mit gleichmäßiger Bogenteilung.

α^g	x	y	B	x	y	α^g
	$r = 625$				$r = 650$	
1,0186	9,999	0,079	10	9,999	0,077	0,9794
2,0372	19,997	0,320	20	19,997	0,307	1,9588
2,5465	24,994	0,500	25	24,994	0,480	2,4485
3,0558	29,989	0,720	30	29,989	0,692	2,9382
4,0744	39,973	1,279	40	39,975	1,230	3,9177
5,0930	49,946	1,999	50	49,951	1,922	4,8971
6,1116	59,908	2,877	60	59,915	2,767	5,8765
7,1301	69,854	3,914	70	69,865	3,765	6,8559
7,6394	74,820	4,494	75	74,834	4,322	7,3456
8,1487	79,781	5,112	80	79,798	4,917	7,8353
9,1673	89,689	6,469	90	89,712	6,221	8,8147
10,1859	99,574	7,983	100	99,606	7,677	9,7942
11,2045	109,433	9,655	110	109,476	9,285	10,7736
12,2231	119,264	11,484	120	119,320	11,045	11,7530
12,7324	124,168	12,458	125	124,231	11,982	12,2427
13,2417	129,064	13,471	130	129,135	12,956	12,7324
14,2603	138,832	15,614	140	138,920	15,019	13,7118
15,2789	148,564	17,914	150	148,672	17,231	14,6912
16,2975	158,258	20,369	160	158,389	19,593	15,6706
17,3161	167,912	22,978	170	168,068	22,104	16,6501
17,8254	172,722	24,341	175	172,894	23,415	17,1398
18,3346	177,522	25,741	180	177,708	24,764	17,6295
19,3532	187,087	28,658	190	187,306	27,572	18,6089
20,3718	196,604	31,728	200	196,859	30,527	19,5883
21,3904	206,071	34,949	210	206,366	33,629	20,5677
22,4090	215,485	38,322	220	215,823	36,876	21,5471

Kreisbogen mit gleichmäßiger Bogenteilung.

$r = 675$			B	$r = 700$		
α^g	x	y		x	y	α^g
0,9431	10,000	0,074	10	10,000	0,071	0,9095
1,8863	19,997	0,296	20	19,997	0,286	1,8189
2,3579	24,994	0,463	25	24,995	0,447	2,2736
2,8294	29,990	0,667	30	29,991	0,643	2,7284
3,7726	39,976	1,185	40	39,978	1,142	3,6378
4,7157	49,954	1,851	50	49,957	1,785	4,5473
5,6588	59,921	2,665	60	59,926	2,570	5,4567
6,6020	69,875	3,626	70	69,884	3,497	6,3662
7,0736	74,846	4,162	75	74,857	4,014	6,8209
7,5451	79,813	4,735	80	79,826	4,566	7,2756
8,4883	89,734	5,991	90	89,752	5,778	8,1851
9,4314	99,635	7,394	100	99,660	7,131	9,0946
10,3745	109,514	8,943	110	109,548	8,625	10,0040
11,3177	119,369	10,639	120	119,413	10,261	10,9135
11,7893	124,287	11,541	125	124,337	11,131	11,3682
12,2608	129,197	12,480	130	129,254	12,037	11,8229
13,2040	138,998	14,467	140	139,068	13,953	12,7324
14,1471	148,768	16,598	150	148,855	16,010	13,6419
15,0902	158,506	18,874	160	158,610	18,206	14,5513
16,0334	168,208	21,294	170	168,334	20,541	15,4608
16,5050	173,046	22,558	175	173,183	21,761	15,9155
16,9765	177,874	23,858	180	178,023	23,016	16,3702
17,9197	187,501	26,565	190	187,676	25,628	17,2797
18,8628	197,086	29,414	200	197,290	28,377	18,1891
19,8060	206,629	32,405	210	206,864	31,265	19,0986
20,7491	216,126	35,535	220	216,396	34,288	20,0080

17*

Tafel II b.
Kreisbogen mit gleichmäßiger Bogenteilung.

α^g	x	y	B	x	y	α^g
	$r = 725$				$r = 750$	
0,8781	10,000	0,070	10	10,000	0,067	0,8488
1,7562	19,997	0,276	20	19,997	0,267	1,6976
2,1952	24,995	0,431	25	24,996	0,416	2,1221
2,6343	29,991	0,620	30	29,992	0,600	2,5465
3,5124	39,980	1,103	40	39,981	1,066	3,3953
4,3905	49,960	1,723	50	49,963	1,666	4,2441
5,2686	59,931	2,481	60	59,935	2,399	5,0930
6,1467	69,891	3,376	70	69,898	3,265	5,9418
6,5857	74,866	3,876	75	74,875	3,747	6,3662
7,0248	79,838	4,409	80	79,848	4,262	6,7906
7,9029	89,769	5,580	90	89,784	5,393	7,6394
8,7810	99,683	6,886	100	99,704	6,656	8,4883
9,6591	109,581	8,329	110	109,606	8,052	9,3371
10,5372	119,453	9,909	120	119,489	9,580	10,1859
10,9762	124,382	10,750	125	124,422	10,393	10,6103
11,4152	129,304	11,624	130	129,350	11,239	11,0347
12,2933	139,132	13,476	140	139,188	13,028	11,8836
13,1714	148,932	15,462	150	149,002	14,950	12,7324
14,0495	158,705	17,583	160	158,789	17,002	13,5812
14,9276	168,446	19,840	170	168,548	19,184	14,4300
15,3667	173,306	21,018	175	173,416	20,324	14,8545
15,8057	178,156	22,230	180	178,277	21,496	15,2789
16,6838	187,832	24,754	190	187,974	23,938	16,1277
17,5619	197,473	27,411	200	197,638	26,509	16,9765
18,4400	207,075	30,201	210	207,267	29,209	17,8254
19,3181	216,639	33,124	220	216,858	32,036	18,6742

Kreisbogen mit gleichmäßiger Bogenteilung.

$r = 775$			B	$r = 800$		
α^g	x	y		x	y	α^g
0,8214	10,000	0,064	10	10,000	0,062	0,7958
1,6429	19,998	0,258	20	19,998	0,250	1,5915
2,0536	24,996	0,403	25	24,996	0,391	1,9894
2,4643	29,993	0,580	30	29,993	0,562	2,3873
3,2858	39,982	1,032	40	39,983	0,999	3,1831
4,1072	49,965	1,612	50	49,967	1,562	3,9789
4,9287	59,940	2,321	60	59,944	2,249	4,7746
5,7501	69,905	3,159	70	69,911	3,061	5,5704
6,1608	74,883	3,626	75	74,890	3,513	5,9683
6,5716	79,858	4,126	80	79,867	3,997	6,3662
7,3930	89,798	5,220	90	89,810	5,058	7,1620
8,2144	99,723	6,443	100	99,740	6,242	7,9577
9,0359	109,631	7,793	110	109,654	7,550	8,7535
9,8573	119,521	9,272	120	119,550	8,982	9,5493
10,2681	124,459	10,059	125	124,492	9,746	9,9472
10,6788	129,391	10,878	130	129,428	10,540	10,3451
11,5002	139,241	12,611	140	139,287	12,219	11,1408
12,3217	149,066	14,471	150	149,122	14,022	11,9366
13,1431	158,866	16,458	160	158,935	15,946	12,7324
13,9646	168,640	18,571	170	168,723	17,994	13,5282
14,3753	173,517	19,675	175	173,608	19,066	13,9261
14,7860	178,386	20,810	180	178,485	20,165	14,3239
15,6075	188,103	23,174	190	188,219	22,457	15,1197
16,4289	197,787	25,664	200	197,923	24,870	15,9155
17,2503	207,440	28,278	210	207,596	27,405	16,7113
18,0718	217,057	31,017	220	217,238	30,059	17,5070

Tafel II b.
Kreisbogen mit gleichmäßiger Bogenteilung.

\multicolumn{3}{c}{$r = 850$}			B	\multicolumn{3}{c}{$r = 900$}		
α^g	x	y		x	y	α^g
0,7490	10,000	0,059	10	9,999	0,056	0,7074
1,4979	19,998	0,235	20	19,998	0,222	1,4147
1,8724	24,997	0,367	25	24,997	0,346	1,7683
2,2469	29,994	0,529	30	29,994	0,500	2,1221
2,9959	39,985	0,941	40	39,987	0,889	2,8294
3,7448	49,971	1,470	50	49,974	1,389	3,5368
4,4938	59,950	2,117	60	59,955	2,000	4,2441
5,2427	69,921	2,881	70	69,929	2,721	4,9515
5,6172	74,903	3,306	75	74,913	3,123	5,3052
5,9917	79,882	3,762	80	79,895	3,553	5,6588
6,7407	89,832	4,760	90	89,851	4,496	6,3662
7,4896	99,769	5,876	100	99,794	5,549	7,0736
8,2386	109,693	7,108	110	109,726	6,714	7,7809
8,9876	119,602	8,457	120	119,645	7,988	8,4883
9,3621	124,550	9,177	125	124,599	8,666	8,8419
9,7365	129,493	9,922	130	129,549	9,373	9,1956
10,4855	139,368	11,503	140	139,436	10,867	9,9030
11,2345	149,223	13,201	150	149,307	12,471	10,6103
11,9834	159,057	15,014	160	159,159	14,185	11,3177
12,7324	168,869	16,943	170	168,991	16,008	12,0250
13,1069	173,766	17,951	175	173,899	16,960	12,3787
13,4814	178,658	18,987	180	178,802	17,940	12,7324
14,2303	188,422	21,147	190	188,592	19,982	13,4397
14,9793	198,160	23,421	200	198,358	22,131	14,1471
15,7282	207,870	25,809	210	208,100	24,389	14,8545
16,4772	217,552	28,312	220	217,816	26,755	15,5618
16,8517	222,382	29,606	225	222,664	27,978	15,9155
17,2262	227,203	30,928	230	227,505	29,229	16,2692
17,9751	236,824	33,658	240	237,165	31,810	16,9765

Kreisbogen mit gleichmäßiger Bogenteilung.

α^g	x	y	B	x	y	α^g
	$r = 950$			$r = 1000$		
0,6701	10,000	0,052	10	10,000	0,050	0,6366
1,3403	19,998	0,211	20	19,999	0,200	1,2732
1,6753	24,997	0,329	25	24,997	0,313	1,5915
2,0104	29,995	0,473	30	29,996	0,450	1,9099
2,6805	39,988	0,842	40	39,990	0,800	2,5465
3,3506	49,977	1,316	50	49,979	1,249	3,1831
4,0208	59,961	1,894	60	59,964	1,800	3,8197
4,6909	69,937	2,577	70	69,943	2,449	4,4563
5,0259	74,922	2,959	75	74,930	2,811	4,7746
5,3610	79,905	3,366	80	79,914	3,199	5,0930
6,0311	89,865	4,260	90	89,878	4,047	5,7296
6,7013	99,815	5,258	100	99,834	4,996	6,3662
7,3714	109,754	6,362	110	109,778	6,044	7,0028
8,0415	119,681	7,569	120	119,712	7,191	7,6394
8,3766	124,640	8,212	125	124,675	7,802	7,9577
8,7116	129,595	8,881	130	129,635	8,438	8,2761
9,3818	139,494	10,297	140	139,543	9,784	8,9127
10,0519	149,377	11,818	150	149,438	11,229	9,5493
10,7220	159,245	13,442	160	159,318	12,773	10,1859
11,3921	169,094	15,170	170	169,182	14,415	10,8225
11,7272	174,012	16,073	175	174,108	15,273	11,1408
12,0623	178,925	17,002	180	179,030	16,157	11,4592
12,7324	188,736	18,936	190	188,859	17,996	12,0958
13,4025	198,526	20,975	200	198,669	19,933	12,7324
14,0726	208,294	23,116	210	208,460	21,969	13,3690
14,7428	218,039	25,360	220	218,230	24,103	14,0056
15,0778	222,902	26,520	225	223,106	25,206	14,3239
15,4129	227,760	27,707	230	227,978	26,334	14,6423
16,0830	237,455	30,155	240	237,703	28,662	15,2789

Kreisbogen mit gleichmäßiger Bogenteilung.

α^g	x	y	B	x	y	α^g
	$r = 1100$				$r = 1200$	
0,7234	12,500	0,070	12,5	12,500	0,065	0,6631
1,4469	24,998	0,284	25	24,998	0,260	1,3263
2,1703	37,493	0,639	37,5	37,494	0,587	1,9894
2,8937	49,983	1,136	50	49,985	1,042	2,6526
3,6172	62,466	1,774	62,5	62,472	1,627	3,3157
4,3406	74,942	2,555	75	74,951	2,343	3,9789
5,0640	87,408	3,478	87,5	87,422	3,188	4,6420
5,7875	99,862	4,542	100	99,884	4,164	5,3052
6,5109	112,304	5,748	112,5	112,335	5,269	5,9683
7,2343	124,732	7,095	125	124,774	6,504	6,6315
7,9577	137,143	8,582	137,5	137,199	7,868	7,2946
8,6812	149,536	10,211	150	149,610	9,362	7,9577
9,4046	161,910	11,981	162,5	162,003	10,986	8,6209
10,1280	174,263	13,891	175	174,380	12,738	9,2840
10,8515	186,594	15,941	187,5	186,738	14,618	9,9472
11,5749	198,900	18,132	200	199,076	16,628	10,6103
12,2983	211,181	20,462	212,5	211,392	18,766	11,2735
13,0218	223,434	22,932	225	223,684	21,032	11,9366
13,7452	235,659	25,540	237,5	235,953	23,426	12,5998
14,4686	247,853	28,287	250	248,195	25,948	13,2629
15,1921	261,015	31,173	262,5	260,412	28,597	13,9261
15,9155	272,144	34,196	275	272,599	31,373	14,5892
16,6389	284,238	37,357	287,5	284,758	34,276	15,2523
17,3624	296,285	40,656	300	296,885	37,304	15,9155

Kreisbogen mit gleichmäßiger Bogenteilung.

$r = 1300$			B	$r = 1400$		
α^g	x	y		x	y	α^g
0,6121	12,500	0,060	12,5	12,499	0,056	0,5684
1,2243	24,999	0,240	25	24,998	0,224	1,1368
1,8364	37,495	0,541	37,5	37,495	0,503	1,7052
2,4485	49,988	0,961	50	49,990	0,893	2,2736
3,0607	62,476	1,502	62,5	62,480	1,394	2,8421
3,6728	74,958	2,163	75	74,965	2,008	3,4105
4,2849	87,434	2,943	87,5	87,443	2,734	3,9789
4,8971	99,901	3,844	100	99,915	3,570	4,5473
5,5092	112,360	4,865	112,5	112,379	4,518	5,1157
6,1213	124,808	6,005	125	124,834	5,578	5,6841
6,7335	137,244	7,264	137,5	137,279	6,748	6,2525
7,3456	149,667	8,644	150	149,714	8,029	6,8209
7,9577	162,077	10,143	162,5	162,135	9,421	7,3893
8,5699	174,472	11,761	175	174,545	10,923	7,9577
9,1820	186,851	13,498	187,5	186,940	12,537	8,5262
9,7942	199,212	15,354	200	199,320	14,262	9,0946
10,4063	211,555	17,329	212,5	211,685	16,096	9,6630
11,0184	223,879	19,423	225	224,033	18,040	10,2314
11,6306	236,181	21,635	237,5	236,361	20,096	10,7998
12,2427	248,462	23,964	250	248,673	22,263	11,3682
12,8548	260,719	26,412	262,5	260,964	24,538	11,9366
13,4670	272,953	28,978	275	273,234	26,922	12,5050
14,0791	285,162	31,662	287,5	285,484	29,416	13,0734
14,6912	297,344	34,462	300	297,709	32,019	13,6419
15,3034	309,499	37,380	312,5	309,911	34,733	14,2103
15,9155	321,625	40,413	325	322,089	37,554	14,7787

Tafel IIb.
Kreisbogen mit gleichmäßiger Bogenteilung.

r = 1500			B	r = 1600		
α^g	x	y		x	y	α^g
0,5305	12,500	0,052	12,5	12,500	0,050	0,4974
1,0610	24,999	0,208	25	24,999	0,195	0,9947
1,5915	37,496	0,469	37,5	37,497	0,440	1,4921
2,1221	49,991	0,833	50	49,992	0,782	1,9894
2,6526	62,482	1,302	62,5	62,484	1,221	2,4868
3,1831	74,969	1,874	75	74,973	1,757	2,9842
3,7136	87,451	2,551	87,5	87,456	2,392	3,4815
4,2441	99,926	3,333	100	99,935	3,125	3,9789
4,7747	112,395	4,217	112,5	112,408	3,954	4,4762
5,3052	124,856	5,205	125	124,873	4,880	4,9736
5,8357	137,308	6,298	137,5	137,331	5,904	5,4709
6,3662	149,751	7,494	150	149,780	7,026	5,9683
6,8967	162,183	8,793	162,5	162,220	8,245	6,4657
7,4272	174,603	10,197	175	174,652	9,560	6,9630
7,9577	187,012	11,703	187,5	187,070	10,974	7,4604
8,4883	199,408	13,313	200	199,480	12,483	7,9577
9,0188	211,790	15,027	212,5	211,876	14,091	8,4551
9,5493	224,157	16,844	225	224,259	15,796	8,9525
10,0798	236,510	18,763	237,5	236,629	17,595	9,4498
10,6103	248,845	20,785	250	248,984	19,491	9,9472
11,1408	261,162	22,910	262,5	261,323	21,484	10,4445
11,6714	273,462	25,138	275	273,648	23,574	10,9419
12,2019	285,743	27,467	287,5	285,956	25,760	11,4393
12,7324	298,004	29,901	300	298,245	28,043	11,9366
13,2629	310,244	32,435	312,5	310,517	30,421	12,4340
13,7934	322,463	35,071	325	322,769	32,896	12,9313
14,3239	334,659	37,809	337,5	335,003	35,464	13,4287
14,8545	346,833	40,648	350	347,216	38,131	13,9261

Kreisbogen mit gleichmäßiger Bogenteilung.

$r = 1700$			B	$r = 1800$		
α^g	x	y		x	y	α^g
0,4681	12,500	0,046	12,5	12,500	0,043	0,4421
0,9362	24,999	0,184	25	24,999	0,174	0,8842
1,4043	37,497	0,413	37,5	37,497	0,391	1,3263
1,8724	49,993	0,734	50	49,994	0,693	1,7683
2,3405	62,486	1,148	62,5	62,488	1,083	2,2105
2,8086	74,976	1,654	75	74,978	1,562	2,6526
3,2767	87,461	2,252	87,5	87,466	2,126	3,0947
3,7448	99,942	2,940	100	99,949	2,777	3,5368
4,2129	112,418	3,721	112,5	112,427	3,515	3,9789
4,6810	124,887	4,593	125	124,899	4,339	4,4210
5,1491	137,350	5,557	137,5	137,366	5,251	4,8631
5,6172	149,806	6,613	150	149,827	6,247	5,3052
6,0853	162,253	7,760	162,5	162,280	7,330	5,7473
6,5534	174,691	9,000	175	174,724	8,500	6,1894
7,0215	187,121	10,331	187,5	187,161	9,756	6,6315
7,4896	199,538	11,752	200	199,588	11,099	7,0736
7,9577	211,946	13,265	212,5	212,006	12,529	7,5157
8,4259	224,343	14,868	225	224,415	14,044	7,9577
8,8940	236,728	16,563	237,5	236,811	15,645	8,3998
9,3621	249,099	18,349	250	249,196	17,332	8,8419
9,8302	261,457	20,226	262,5	261,570	19,107	9,2840
10,2983	273,802	22,195	275	273,932	20,967	9,7261
10,7664	286,131	24,254	287,5	286,278	22,912	10,1682
11,2345	298,445	26,403	300	298,614	24,943	10,6103
11,7026	310,743	28,642	312,5	310,933	27,059	11,0524
12,1707	323,024	30,972	325	323,237	29,261	11,4945
12,6388	335,288	33,393	337,5	335,525	31,549	11,9366
13,1069	347,533	35,902	350	347,798	33,921	12,3787

Tafel IIb.

Kreisbogen mit gleichmäßiger Bogenteilung.

$r = 1900$			B	$r = 2000$		
α^g	x	y		x	y	α^g
0,4188	12,499	0,042	12,5	12,500	0,040	0,3979
0,8377	24,999	0,165	25	24,999	0,156	0,7958
1,2565	37,497	0,370	37,5	37,497	0,352	1,1937
1,6753	49,994	0,657	50	49,994	0,626	1,5915
2,0941	62,489	1,028	62,5	62,489	0,978	1,9894
2,5130	74,981	1,480	75	74,982	1,407	2,3873
2,9318	87,469	2,014	87,5	87,472	1,914	2,7852
3,3506	99,953	2,631	100	99,958	2,499	3,1831
3,7695	112,434	3,331	112,5	112,440	3,164	3,5810
4,1883	124,910	4,110	125	124,919	3,906	3,9789
4,6071	137,380	4,974	137,5	137,392	4,724	4,3768
5,0259	149,844	5,918	150	149,860	5,622	4,7747
5,4448	162,302	6,944	162,5	162,321	6,598	5,1725
5,8636	174,753	8,052	175	174,777	7,652	5,5704
6,2824	187,196	9,245	187,5	187,225	8,782	5,9683
6,7013	199,631	10,517	200	199,667	9,992	6,3662
7,1201	212,058	11,871	212,5	212,100	11,278	6,7641
7,5389	224,474	13,308	225	224,525	12,644	7,1620
7,9577	236,882	14,824	237,5	236,941	14,086	7,5599
8,3766	249,279	16,424	250	249,349	15,604	7,9577
8,7954	261,666	18,105	262,5	261,747	17,200	8,3556
9,2142	274,041	19,867	275	274,134	18,876	8,7535
9,6331	286,404	21,709	287,5	286,511	20,628	9,1514
10,0519	298,755	23,636	300	298,876	22,458	9,5493
10,4707	311,093	25,641	312,5	311,231	24,364	9,9472
10,8895	323,418	27,728	325	323,571	26,348	10,3451
11,3084	335,728	29,898	337,5	335,900	28,409	10,7430
11,7272	348,024	32,146	350	348,217	30,546	11,1408

Kreisbogen mit gleichmäßiger Bogenteilung.

	$r = 2250$		B	$r = 2500$		
α^g	x	y		x	y	α^g
0,3537	12,500	0,034	12,5	12,500	0,035	0,3183
0,7074	24,999	0,139	25	25,000	0,125	0,6366
1,0610	37,498	0,313	37,5	37,499	0,280	0,9549
1,4147	49,995	0,556	50	49,997	0,500	1,2732
1,7684	62,492	0,866	62,5	62,494	0,783	1,5915
2,1221	74,986	1,249	75	74,989	1,125	1,9099
2,4757	87,478	1,701	87,5	87,483	1,530	2,2282
2,8294	99,967	2,223	100	99,974	1,999	2,5465
3,1831	112,453	2,813	112,5	112,463	2,530	2,8648
3,5368	124,936	3,472	125	124,948	3,124	3,1831
3,8905	137,414	4,201	137,5	137,430	3,780	3,5014
4,2441	149,888	4,999	150	149,910	4,499	3,8197
4,5978	162,358	5,866	162,5	162,385	5,280	4,1380
4,9515	174,823	6,803	175	174,858	6,123	4,4563
5,3052	187,283	7,808	187,5	187,325	7,028	4,7747
5,6588	199,737	8,883	200	199,785	7,997	5,0930
6,0125	212,184	10,028	212,5	212,245	9,028	5,4113
6,3662	224,626	11,241	225	224,696	10,118	5,7296
6,7199	237,061	12,523	237,5	237,142	11,273	6,0479
7,0736	249,485	13,874	250	249,585	12,490	6,3662
7,4272	261,904	15,295	262,5	262,018	13,768	6,6845
7,7809	274,316	16,785	275	274,445	15,109	7,0028
8,1346	286,720	18,342	287,5	286,865	16,512	7,3211
8,4883	299,113	19,969	300	299,280	17,978	7,6394
8,8419	311,497	21,665	312,5	311,688	19,505	7,9577
9,1956	323,872	23,431	325	324,088	21,095	8,2761
9,5493	336,236	25,265	337,5	336,475	22,748	8,5944
9,9030	348,590	27,167	350	348,857	24,461	8,9127

Tafel III.

Ordinaten

der Kreisbogen mit Übergangs-bogen

zur Tangente im Parabelanfang

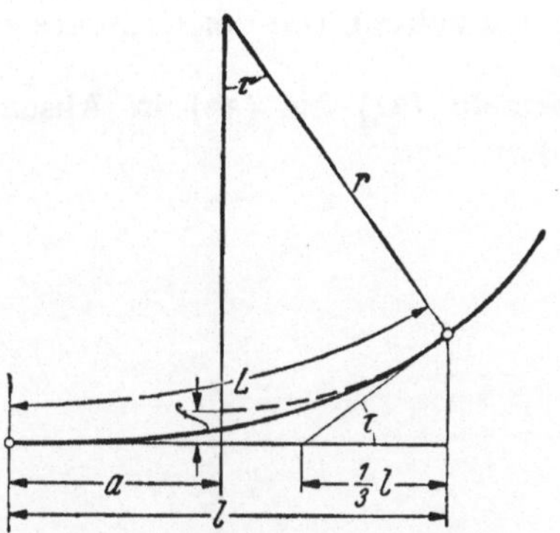

**Hierzu Abschnitte 7 und 8
der Einführung**

Zur Beachtung.

Der Übergang von der Parabel zum Kreisbogen ist durch Fettdruck des Ordinatenwertes gekennzeichnet.

Die zugehörige Abszisse ist die dem Kopf der Tafel zu entnehmende Länge l, nicht der in der ersten Spalte angegebene für die übrigen Ordinaten derselben Zeile gültige Wert.

Die Bogenlänge der Parabel hat das runde Maß L.

Ordinaten zur Abszisse $x = 10$ m sind nicht angegeben, wenn sie nur wenige Millimeter groß sind; sie betragen den achten Teil der Ordinate zur Abszisse $x = 20$ m.

[Rechenformeln (24) bis (32) in Abschnitt 8 der Einführung.]

Inhaltsübersicht der Tafel III.

Halb-messer	Parabellängen		Seite	Halb-messer	Parabellängen		Seite
60	10 bis	40 m	232	600	20 bis	180 m	270
70	10 „	50 m	232	700	20 „	190 m	273
80	10 „	50 m	233	800	20 „	200 m	277
90	10 „	60 m	234	900	20 „	220 m	281
100	10 „	70 m	236	1000	20 „	230 m	285
110	10 „.	70 m	237	1100	20 „	240 m	289
120	10 „	80 m	238	1200	20 „	250 m	294
130	10 „	80 m	240	1300	20 „	260 m	299
140	10 „	80 m	242	1400	20 „	270 m	304
150	10 „	90 m	243	1500	20 „	280 m	309
160	10 „	90 m	245	1600	20 „	290 m	314
170	10 „	90 m	247	1700	20 „	290 m	320
180	10 „	100 m	249	1800	20 „	300 m	326
190	10 „	100 m	251	2000	20 „	320 m	331
200	20 „	100 m	253	2500	20 „	260 m	338
250	20 „	110 m	254	3000	30 „	220 m	343
300	20 „	130 m	256	4000	30 „	160 m	347
350	20 „	140 m	259	5000	40 „	130 m	349
400	20 „	140 m	261	6000	40 „	110 m	351
450	20 „	150 m	264	8000	40 „	80 m	353
500	20 „	170 m	267	10000	40 „	60 m	354

Tafel III.

Kreisbogen mit Übergangsbogen.

r	60	60	60	60	70
L	10	20	30	40	10
l	9,993	19,944	29,812	39,556	9,995
a	4,962	9,708	14,076	18,008	4,972
f	0,069	0,271	0,600	1,071	0,059
$1 : m$	3560,4	6892,4	9810,4	12198,8	4166,0
τ^g	5,34 41	10,91 41	16,89 46	23,38 45	4,57 19
$x =$ 5	0,035	0,018	0,013	0,010	0,030
10	0,280	0,145	0,102	0,082	0,240
15	0,915	0,490	0,344	6,277	0,781
20	1,984	1,151	0,815	0,656	1,691
25	3,514	2,252	1,593	1,281	2,985
30	5,543	3,807	2,701	2,213	4,686
35	8,129	5,862	4,367	3,515	6,827
40	11,362	8,479	6,489	5,074	9,453
45	15,382	11,748	9,183	7,485	12,633
50	20,426	15,812	12,543	10,312	16,463
55	26,960	20,918	16,723	13,831	21,098
60		27,549	21,987	18,215	26,793
65			28,871	23,765	
70				31,124	

274

Kreisbogen mit Übergangsbogen.

r	70	70	70	70	80
L	20	30	40	50	10
l	19,959	29,862	39,673	49,362	9,996
a	9,783	14,300	18,448	22,237	4,979
f	0,234	0,518	0,913	1,447	0,052
$1 : m$	8133,6	11732,4	14839,9	17390,4	4770,2
τ^g	9,28 77	14,27 24	19,61 20	25,33 22	3,99 54
$x =$ 5	0,015	0,011	0,008	0,007	0,026
10	0,123	0,085	0,067	0,058	0,209
15	0,415	0,288	0,227	0,194	0,682
20	0,978	0,682	0,539	0,460	1,475
25	1,908	1,332	1,053	0,898	2,598
30	3,217	2,270	1,819	1,553	4,066
35	4,934	3,649	2,889	2,465	5,899
40	7,092	5,406	4,208	3,680	8,125
45	9,738	7,609	6,144	5,240	10,782
50	12,940	10,306	8,427	6,916	13,923
55	16,798	13,566	11,214	9,588	17,619
60	21,467	17,494	14,580	12,507	21,978
65	27,210	22,253	18,636	16,027	27,161
70		28,121	23,559	20,274	
75			29,659	25,446	

Kreisbogen mit Übergangsbogen.

r	80	80	80	80	90
L	20	30	40	50	10
l	19,969	29,894	39,750	49,512	9,997
a	9,833	14.454	18,768	22,752	4,983
f	0,205	0,456	0,801	1,250	0,046
$1:m$	9365,3	13629,5	17440,7	20719,4	5373,5
τ^8	8.08 79	12.36 50	16.89 46	21.71 34	3.54 84
$x =$ 5	0,013	0,009	0,007	0,006	0,023
10	0,107	0,073	0,057	0,048	0,186
15	0,360	0,248	0,194	0,163	0,605
20	0,850	0,587	0,459	0,386	1,308
25	1,656	1,146	0,896	0,754	2,300
30	2,789	1,960	1,548	1,303	3,593
35	4,267	3,139	2,458	2,069	5,199
40	6,111	4,644	3,601	3,089	7,138
45	8,349	6,517	5,224	4,398	9,432
50	11,020	8,787	7,149	5,858	12,114
55	14,175	11,492	9,476	8,038	15,224
60	17,889	14,687	12,245	10,450	18,820
65	22,269	18,447	15,512	13,315	22,980
70	27,480	22,883	19,358	16,693	27,814
75		28,167	23,898	20,668	
80			29,317	25,369	
85				30,999	

Kreisbogen mit Übergangsbogen.

r	90	90	90	90	90
L	20	30	40	50	60
l	19,975	29,917	39,802	49,614	59.333
a	9,867	14,563	19,003	24,151	27,013
f	0,183	0,407	0,715	1,109	1,607
$1 : m$	10590,4	15508,0	20008,1	24004,7	27447,2
τ^g	7,16 53	10,91 41	14,84 71	18,99 97	23,38 45
$x = 5$	0,012	0,008	0,006	0,005	0,005
10	0,094	0,064	0,050	0,042	0,036
15	0,319	0,218	0,170	0,141	0,123
20	0,753	0,516	0,401	0,333	0,291
25	1,464	1,008	0,781	0,651	0,569
30	2,464	1,727	1,349	1,125	0,984
35	3,763	2,758	2,143	1,786	1,562
40	5,377	4,076	3,152	2,666	2,332
45	7,324	5,710	4,551	3,796	3,320
50	9,627	7,677	6,221	5,088	4,554
55	12,318	10,003	8,227	6,561	6,062
60	15,439	12,719	10,595	8,557	7,610
65	19,047	15,868	13,357	10,913	10,017
70	23,220	19,507	16,558	13,663	12,537
75		23,718	20,257	16,850	15,467
80			24,538	20,534	18,858
85				24,796	22,777
90					27,321

Tafel III.

Kreisbogen mit Übergangsbogen.

r	100	100	100	100	100
L	10	20	30	40	50
l	9,998	19,980	29,932	39,840	49,688
a	4,986	9,892	14,643	19,178	23,460
f	0,042	0,165	0,368	0,646	1,001
$1 : m$	5976,1	11810,8	17372,6	22548,7	27251,0
τ^g	3,19 16	6,43 33	9,77 22	13,24 91	16,89 46
$x = 5$	0,021	0,011	0,007	0,006	0,005
10	0,167	0,085	0,058	0,044	0,037
15	0,545	0,286	0,194	0,150	0,124
20	1,176	0,675	0,461	0,355	0,294
25	2,065	1,313	0,899	0,693	0,573
30	3,221	2,208	1,544	1,197	0,991
35	4,652	3,368	2,462	1,901	1,573
40	6,372	4,805	3,636	2,804	2,349
45	8,397	6,530	5,087	4,037	3,344
50	10,746	8,561	6,827	5,514	4,502
55	13,448	10,917	8,873	7,282	6,105
60	16,535	13,625	11,246	9,358	7,916
65	20,052	16,720	13,973	11,762	10,037
70	24,061	20,246	17,088	14,523	12,491
75		24,264	20,637	17,677	15,306
80			24,681	21,269	18,519
85				25,363	22,179

Kreisbogen mit Übergangsbogen.

r	100	100	110	110	110
L	60	70	10	20	30
l	59,460	69,142	9,998	19,984	29,944
a	27,476	31,246	4,989	9,910	14,703
f	1,438	1,979	0,038	0,150	0,336
$1:m$	31419,6	35022,8	6578,3	13027,5	19226,4
τ^g	20,72 60	24,74 38	2,90 01	5,83 80	8,84 95
$x =$ 5	0,004	0,004	0,019	0,010	0,007
10	0,032	0,029	0,152	0,077	0,052
15	0,107	0,096	0,494	0,259	0,176
20	0,255	0,228	1,067	0,613	0,416
25	0,497	0,446	1,873	1,190	0,813
30	0,859	0,771	2,919	2,000	1,397
35	1,365	1,224	4,211	3,050	2,217
40	2,037	1,827	5,758	4,345	3,284
45	2,900	2,602	7,573	5,897	4,591
50	3,978	3,569	9,669	7,716	6,153
55	5,295	4,750	12,064	9,816	7,983
60	6,691	6,168	14,782	12,216	10,095
65	8,745	7,841	17,850	14,939	12,509
70	10,930	9,438	21,305	18,013	15,245
75	13,452	12,059		22,475	18,335
80	16,343	14,669			21,813
85	19,640	17,655			
90	23,395	21,059			
95		24,937			

Tafel III.

Kreisbogen mit Übergangsbogen.

r	110	110	110	110	120
L	40	50	60	70	10
l	39,868	49,742	59,554	69,291	9,998
a	19,312	23,701	27,850	31,760	4,990
f	0,590	0,913	1,307	1,783	0,035
$1:m$	25067,8	30463,9	35349,6	39683,3	7180,1
τ^g	11,96 66	15,21 51	18,61 26	22,16 60	2,65 75
$x = 5$	0,005	0,004	0,004	0,003	0,017
10	0,040	0,033	0,028	0,025	0,139
15	0,135	0,111	0,095	0,085	0,453
20	0,319	0,263	0,226	0,202	0,977
25	0,623	0,513	0,442	0,394	1,715
30	1,077	0,886	0,764	0,680	2,671
35	1,710	1,407	1,213	1,080	3,848
40	2,528	2,101	1,810	1,613	5,252
45	3,631	2,991	2,577	2,297	6,901
50	4,957	4,040	3,536	3,150	8,796
55	6,540	5,460	4,707	4,193	10,952
60	8,392	7,075	5,975	5,443	13,387
65	10,527	8,960	7,770	6,920	16,118
70	12,965	11,131	9,703	8,384	19,170
75	15,729	13,607	11,925	10,638	22,574
80	18,846	16,412	14,455	12,925	
85	22,357	19,576	17,318	15,526	
90	26,309	23,138	20,547	18,466	
95		27,149	24,181	21,779	
100				25,508	

Kreisbogen mit Übergangsbogen.

r	120	120	120	120	120
L	20	30	40	50	60
l	19,986	29,953	39,889	49,783	59,625
a	9,924	14,749	19,417	23,892	28,152
f	0,138	0,308	0,543	0,840	1,201
$1:m$	14241,6	21072,0	27569,8	33648,9	39241,5
τ^g	5,34 41	8,08 79	10,91 41	13,84 43	16 89 46
$x = 10$	0,070	0,047	0,036	0,030	0,025
15	0,237	0,160	0,122	0,100	0,086
20	0,561	0,380	0,290	0,238	0,204
25	1,089	0,742	0,567	0,464	0,398
30	1,829	1,275	0,979	0,802	0,688
35	2,787	2,029	1,555	1,274	1,093
40	3,966	2,995	2,302	1,902	1,631
45	5,378	4,184	3,302	2,708	2,322
50	7,028	5,603	4,506	3,667	3,185
55	8,926	7,260	5,940	4,942	4,240
60	11,086	9,167	7,614	6,401	5,402
65	13,524	11,336	9,538	8,101	6,998
70	16,259	13,784	11,725	10,052	8,734
75	19,316	16,530	14,192	12,268	10,724
80	22,725	19,599	16,959	14,765	12,980
85		23,021	20,050	17,565	15,521
90			23,496	20,691	18,367
95				24,177	21,545
100					25,087

Tafel III.

Kreisbogen mit Übergangsbogen.

r	120	120	130	130	130
L	70	80	10	20	30
l	69,405	79,111	9,999	19,988	29,960
a	32,189	36,017	4,992	9,936	14,785
f	1,630	2,142	0,032	0,128	0,285
$1 : m$	44299,6	48795,1	7781,6	15453,6	22911,0
τ^g	20,07 41	23,38 45	2,45 24	4,92 78	7,44 83
$x = 5$	0,003	0,003	0,016	0,008	0,005
10	0,023	0,020	0,128	0,065	0,044
15	0,076	0,069	0,418	0,218	0,147
20	0,181	0,164	0,901	0,517	0,349
25	0,353	0,320	1,581	1,004	0,682
30	0,609	0,553	2,460	1,686	1,174
35	0,968	0,879	3,543	2,567	1,866
40	1,445	1,312	4,834	3,652	2,754
45	2,057	1,868	6,341	4,946	3,845
50	2,822	2,562	8,072	6,455	5,145
55	3,756	3,410	10,035	8,189	6,662
60	4,876	4,427	12,244	10,155	8,402
65	6,199	5,628	14,711	12,366	10,375
70	7,547	7,029	17,453	14,836	12,593
75	9,526	8,646	20,494	17,582	15,071
80	11,566	10,147	23,854	20,624	17,826
85	13,876	12,594		23,989	20,878
90	16,474	14,970			24,253
95	19,381	17,638			
100	22,627	20,623			

Kreisbogen mit Übergangsbogen.

r	130	130	130	130	130
L	40	50	60	70	80
l	39,905	49,815	59,680	69,493	79,243
a	19,500	24,045	28,398	32,546	36,492
f	0,503	0,778	1,112	1,506	1,968
$1 : m$	30057,8	36810,4	43100,0	48874,5	54098,9
τ^g	10,03 43	12,70 38	15,47 10	18,34 58	21,33 22
$x = 10$	0,033	0,027	0,023	0,020	0,018
15	0,112	0,092	0,078	0,069	0,062
20	0,266	0,217	0,186	0,164	0,148
25	0,520	0,424	0,363	0,320	0,289
30	0,898	0,733	0,627	0,552	0,499
35	1,426	1,165	0,995	0,877	0,793
40	2,114	1,739	1,485	1,309	1,183
45	3,028	2,476	2,114	1,864	1,684
50	4,131	3,358	2,900	2,558	2,311
55	5,444	4,518	3,860	3,404	3,076
60	6,973	5,849	4,932	4,420	3,993
65	8,726	7,398	6,371	5,619	5,076
70	10,713	9,172	7,948	6,866	6,340
75	12,946	11,180	9,752	8,633	7,798
80	15,439	13,436	11,792	10,477	9,198
85	18,210	15,954	14,081	12,558	11,357
90	21,279	18,751	16,634	14,891	13,491
95	24,674	21,850	19,469	17,491	15,878
100		25,275	22,608	20,376	18,536
105				23,569	21,484
110					24,746

Tafel III.

Kreisbogen mit Übergangsbogen.

r	140	140	140	140	140
L	10	20	30	40	50
l	9,999	19,990	29,966	39,918	49,841
a	4,993	9,944	14,814	19,566	24,169
f	0,030	0,118	0,265	0,468	0,725
$1:m$	8382,9	16663,9	24744,7	32534,5	39952,3
τ^g	2,27 67	4,57 19	6.90 33	9,28 77	11,73 99
$x = 5$	0,015	0,008	0,005	0,004	0,003
10	0,119	0,060	0,040	0,031	0,025
15	0,388	0,203	0,136	0,104	0,084
20	0,837	0,479	0,325	0,246	0,200
25	1,467	0,930	0,631	0,480	0,391
30	2,282	1,562	1,087	0,830	0,676
35	3,284	2,378	1,728	1,318	1,073
40	4,477	3,382	2,549	1,955	1,602
45	5,868	4,578	3,558	2,798	2,281
50	7,462	5,971	4,759	3,816	3,099
55	9,266	7,566	6,157	5,026	4,162
60	11,289	9,372	7,758	6,434	5,388
65	13,542	11,398	9,569	8,045	6,811
70	16,037	13,653	11,601	9,868	8,439
75	18,790	16,151	13,862	11,910	10,279
80	21,819	18,907	16,367	14,184	12,339
85		21,938	19,129	16,701	14,631
90			22,167	19,476	17,168
95				22,529	19,965
100					23,040

Kreisbogen mit Übergangsbogen.

r	140	140	140	150	150
L	60	70	80	10	20
l	59,724	69,562	79,347	9,999	19,991
a	28,600	32,844	36,897	4,994	9,951
f	1,036	1,401	1,825	0,028	0,111
$1:m$	46929,6	53412,0	59359,4	8984,0	17872,8
τ^8	14,27 24	16,89 46	19,61 20	2 12 46	4,26 41
$x = $ 5	0,003	0,002	0,002	0,014	0,007
10	0,021	0,019	0,017	0,111	0,056
15	0,072	0,063	0,057	0,363	0,189
20	0,170	0,150	0,135	0,780	0,447
25	0,333	0,293	0,263	1,368	0,868
30	0,575	0,506	0,455	2,127	1,457
35	0,914	0,803	0,722	3,060	2,217
40	1,364	1,198	1,078	4,170	3,152
45	1,942	1,706	1,535	5,461	4,263
50	2,664	2,340	2,106	6,939	5,556
55	3,545	3,115	2,803	8,609	7,036
60	4,540	4,044	3,639	10,477	8,707
65	5,851	5,142	4,626	12,553	10,577
70	7,297	6,302	5,778	14,846	12,655
75	8,949	7,899	7,107	17,366	14,949
80	10,813	9,582	8,416	20,128	17,472
85	12,899	11,479	10,348	23,146	20,235
90	15,219	13,600	12,287		23,256
95	17,784	15,955	14,451		
100	20,612	18,559	16,853		
105	23,720	21,428	19,506		
110		24,579	22,427		

Tafel III.

Kreisbogen mit Übergangsbogen.

r	150	150	150	150	150
L	30	40	50	60	70
l	29,970	39,929	49,861	59,760	69,619
a	14,838	19,620	24,271	28,768	33,094
f	0,248	0,438	0,679	0,970	1,311
$1:m$	26574,2	35001,8	43077,8	50734,5	57916,1
τ^8	6,43 33	8,64 58	10,91 41	13,24 91	15,65 93
$x = 10$	0,038	0,029	0,023	0,020	0,017
15	0,127	0,096	0,078	0,067	0,058
20	0,301	0,229	0,186	0,158	0,138
25	0,588	0,446	0,363	0,308	0,270
30	1,013	0,771	0,627	0,532	0,466
35	1,609	1,225	0,995	0,845	0,740
40	2,373	1,819	1,486	1,261	1,105
45	3,312	2,601	2,120	1,796	1,573
50	4,427	3,547	2,878	2,464	2,158
55	5,725	4,670	3,860	3,279	2,873
60	7,208	5,975	4,996	4,207	3,730
65	8,884	7,467	6,314	5,412	4,742
70	10,759	9,152	7,819	6,748	5,826
75	12,842	11,036	9,517	8,272	7,284
80	15,144	13,127	11,416	9,990	8,832
85	17,669	15,436	13,522	11,909	10,578
90	20,438	17,974	15,847	14,037	12,524
95	23,464	20,754	18,401	16,384	14,681
100		23,793	21,199	18,962	17,059
105			24,256	21,785	19,669
110				24,869	22,526

Kreisbogen mit Übergangsbogen.

r	150	150	160	160	160
L	80	90	10	20	30
l	79,431	89,190	9,999	19,992	29,974
a	37,242	41,214	4,995	9,957	14,857
f	1,705	2,157	0,026	0,104	0,232
$1:m$	64579,5	70694,2	9585,0	19080,7	28400,1
τ^8	18.15 06	20.72 60	1,99 15	3.99 54	6,02 37
$x=\ \ 5$	0,002	0,002	0,013	0,007	0,004
10	0,015	0,014	0,014	0,052	0,035
15	0,052	0,048	0,339	0,177	0,119
20	0,124	0,113	0,731	0,419	0,282
25	0,242	0,221	1,282	0,813	0,550
30	0,418	0,382	1,992	1,364	0,948
35	0,664	0,606	2,865	2,076	1,505
40	0,991	0,905	3,902	2,950	2,220
45	1,411	1,289	5,108	3,989	3,097
50	1,936	1,768	6,486	5,196	4,139
55	2,576	2,353	8,041	6,575	5,350
60	3,344	3,055	9,778	8,131	6,732
65	4,252	3,885	11,704	9,870	8,292
70	5,311	4,853	13,826	11,797	10,035
75	6,533	5,968	16,153	13,921	11,966
80	7,760	7,242	18,696	16,250	14,094
85	9,511	8,687	21,465	18,794	16,426
90	11,289	10,036	24,465	21,563	18,975
95	13,271	12,132		24,577	21,751
100	15,465	14,156			24,767
105	17,881	16,395			
110	20,532	18,859			

Tafel III.
Kreisbogen mit Übergangsbogen.

r	160	160	160	160	160
L	40	50	60	70	80
l	39,938	49,878	59,789	69,665	79,500
a	19,665	24,356	28,907	33,304	37,536
f	0,411	0,638	0,912	1,233	1,601
$1:m$	37461,3	46189,4	54518,0	62390,8	69762,6
τ^g	8.08 79	10,19 86	12,36 50	14.59 51	16.89 46
$x = 10$	0,027	0,022	0,018	0,016	0,014
15	0,090	0,073	0,062	0,054	0,048
20	0,214	0,173	0,147	0,128	0,115
25	0,417	0,338	0,287	0,250	0,224
30	0,721	0,584	0,495	0,433	0,387
35	1,145	0,928	0,786	0,687	0,615
40	1,700	1,386	1,174	1,026	0,917
45	2,430	1,973	1,671	1,461	1,306
50	3,313	2,686	2,293	2,003	1,792
55	4,361	3,600	3,052	2,667	2,385
60	5,579	4,659	3,920	3,462	3,096
65	6,968	5,886	5,036	4,402	3,937
70	8,535	7,287	6,279	5,419	4,917
75	10,284	8,865	7,695	6,761	6,047
80	12,223	10,626	9,289	8,199	7,202
85	14.359	12,576	11,067	9,814	8,803
90	16,700	14,724	13,035	11,616	10,447
95	19,256	17,078	15,201	13,606	12,276
100	22,041	19,649	17,574	15,797	14,298
105		22,448	20,165	18,196	16,520
110			22,985	20,813	18,951
115				23,662	21,603
120					24,489

Kreisbogen mit Übergangsbogen.

r	160	170	170	170	170
L	90	10	20	30	40
l	89,288	9,999	19,993	29,977	39,945
a	41,601	4,995	9,962	14,873	19,702
f	2,021	0,024	0,098	0,219	0,387
$1:m$	76 599,2	10 185,8	20 287,6	30 223,1	39 914,3
τ^g	19,26 70	1,87 41	3,75 86	5,66 34	7,59 84
$x=\ \ 5$	0,002	0,012	0,006	0,004	0,003
10	0,013	0,098	0,049	0,033	0,025
15	0,044	0,319	0,166	0,112	0,085
20	0,104	0,688	0,394	0,265	0,201
25	0,204	1,205	0,764	0,517	0,391
30	0,352	1,873	1,283	0,891	0,676
35	0,560	2,693	1,952	1,415	1,074
40	0,836	3,667	2,773	2,086	1,597
45	1,190	4,798	3,748	2,910	2,280
50	1,632	6,089	4,880	3,888	3,109
55	2,172	7,544	6,172	5,023	4,092
60	2,820	9,169	7,629	6,318	5,232
65	3,585	10,966	9,254	7,777	6,533
70	4,478	12,943	11,053	9,405	7,998
75	5,508	15,107	13,031	11,207	9,632
80	6,684	17,465	15,196	13,189	11,440
85	8,017	20,027	17,555	15,357	13,428
90	9,293	22,803	20,118	17,720	15,603
95	11,195		22,896	20,287	17,972
100	13,059			23,068	20,546
105	15,118				23,335
110	17,378				
115	19,850				

Tafel III.

Kreisbogen mit Übergangsbogen.

r	170	170	170	170	170
L	50	60	70	80	90
l	49,892	59,813	69,703	79,557	89,369
a	24,426	29,025	33,483	37,788	41,936
f	0,602	0,860	1,163	1,511	1,904
$1 : m$	49 289,2	58 283,0	66 839,6	74 912,4	82 464,5
τ^g	9,57 24	11,59 35	13,66 87	15,80 35	18,00 18
$x = 10$	0,020	0,017	0,015	0,013	0,012
15	0,068	0,058	0,050	0,045	0,041
20	0,162	0,137	0,120	0,107	0,097
25	0,317	0,268	0,234	0,209	0,189
30	0,548	0,463	0,404	0,360	0,327
35	0,870	0,736	0,641	0,572	0,520
40	1,298	1,098	0,958	0,854	0,776
45	1,849	1,563	1,363	1,216	1,105
50	2,520	2,145	1,870	1,669	1,516
55	3,374	2,855	2,489	2,221	2,018
60	4,366	3,672	3,232	2,883	2,619
65	5,515	4,710	4,109	3,666	3,330
70	6,825	5,872	5,067	4,579	4,159
75	8,299	7,195	6,311	5,632	5,116
80	9,942	8,682	7,651	6,722	6,209
85	11,760	10,340	9,157	8,198	7.447
90	13,758	12,172	10,833	9,728	8,656
95	15,943	14,184	12,684	11,427	10,398
100	18,324	16,385	14,717	13,300	12,127
105	20,910	18,782	16,938	15,362	14,034
110	23,711	21,384	19,357	17,614	16,124
115		24,203	21,982	20,057	18,406
120			24,825	22,712	20,887.

Kreisbogen mit Übergangsbogen.

r	180	180	180	180	180
L	10	20	30	40	50
l	9,999	19,994	29,979	39,951	49,904
a	4,996	9,966	14,887	19,734	24,486
f	0,023	0,092	0,207	0,366	0,569
$1:m$	10786,7	21493,8	32043,6	42361,7	52378,9
τg	1.76 98	3,54 84	5,34 41	7,16 53	9.01 96
$x = 5$	0,012	0,006	0,004	0,003	0,002
10	0,093	0,047	0,031	0,024	0,019
15	0,301	0,157	0,105	0,080	0,064
20	0,649	0,372	0,250	0,189	0,153
25	1,138	0,721	0,488	0,369	0,298
30	1,768	1,210	0,841	0,637	0,515
35	2,541	1,841	1,334	1,012	0,819
40	3,460	2,615	1,967	1,505	1,222
45	4,525	3,534	2,744	2,148	1,740
50	5,740	4,600	3,665	2,929	2,373
55	7,108	5,817	4,733	3,855	3,174
60	8,633	7,186	5,952	4,927	4,107
65	10,319	8,712	7,324	6,151	5,188
70	12,170	10,398	8,852	7,527	6,418
75	14,193	12,251	10,541	9,060	7,802
80	16,396	14,275	12,397	10,755	9,344
85	18,780	16,477	14,423	12,615	11,046
90	21,359	18,864	16,628	14,647	12,915
95	24,141	21,444	19,018	16,857	14,956
100		24,227	21,601	19,253	17,175
105			24,388	21,842	19,580
110				24,635	22,179
115					24,982

Tafel III.

Kreisbogen mit Übergangsbogen.

r	180	180	180	180	180
L	60	70	80	90	100
l	59,833	69,735	79,605	89,438	99,228
a	29,125	33,636	38,005	42,228	46,302
f	0,814	1,102	1,430	1,802	2,218
$1:m$	62032,0	71265,6	80032,3	88293,3	96018,9
τ^g	10,91 41	12,85 49	14,84 71	16,89 46	18,99 97
$x = 10$	0,016	0,014	0,012	0,011	0,010
15	0,054	0,047	0,042	0,038	0,035
20	0,129	0,112	0,100	0,091	0,083
25	0,252	0,219	0,195	0,177	0,163
30	0,435	0,379	0,337	0,306	0,281
35	0,691	0,602	0,536	0,486	0,447
40	1,032	0,898	0,800	0,725	0,667
45	1,469	1,279	1,139	1,032	0,949
50	2,015	1,755	1,562	1,416	1,302
55	2,682	2,335	2,079	1,884	1,733
60	3,453	3,031	2,699	2,446	2,250
65	4,425	3,854	3,431	3,110	2,860
70	5,516	4,759	4,285	3,885	3,572
75	6,758	5,919	5,271	4,778	4,394
80	8,153	7,176	6,303	5,799	5,332
85	9,706	8,586	7,673	6,956	6,396
90	11,420	10,154	9,103	8,103	7,592
95	13,301	11,885	10,692	9,712	8,929
100	15,355	13,783	12,443	11,325	10,175
105	17,587	15,853	14,362	13,102	12,058
110	20,006	18,103	16,455	15,048	13,865
115	22,620	20,541	18,729	17,168	15,843
120		23,174	21,190	19,471	17,997

Kreisbogen mit Übergangsbogen.

r	190	190	190	190	190
L	10	20	30	40	50
l	9,999	19,994	29,981	39,956	49,913
a	4,996	9,970	14,898	19,761	24,537
f	0,022	0,087	0,196	0,347	0,540
$1:m$	11387,4	22699,4	33862,0	44804,4	55459,9
τ^8	1,67 66	3.36 05	5,05 91	6,77 94	8,52 80
$x = 5$	0,011	0,006	0,004	0,003	0,002
10	0,088	0,044	0,030	0,022	0,018
15	0,286	0,149	0,100	0,075	0,061
20	0,615	0,352	0,236	0,178	0,144
25	1,078	0,682	0,461	0,349	0,282
30	1,674	1,145	0,796	0,603	0,487
35	2,406	1,743	1,262	0,957	0,773
40	3,274	2,475	1,861	1,424	1,154
45	4,281	3.344	2,596	2,031	1,643
50	5,429	4,352	3,467	2,769	2,242
55	6,720	5,500	4,476	3,643	2,998
60	8,158	6,792	5,627	4,657	3,878
65	9,746	8,231	6,921	5,811	4,899
70	11,488	9,819	8,362	7,109	6,059
75	13,388	11,562	9,952	8,554	7,364
80	15,453	13,464	11,697	10,149	8,815
85	17,687	15,528	13,601	11,898	10,417
90	20,098	17,764	15,669	13,807	12,174
95	22,692	20,176	17,907	15,879	14,089
100		22,771	20,321	18,121	16,169
105			22,919	20,540	18,419
110				23,144	20,846
115					23,458

Tafel III.

Kreisbogen mit Übergangsbogen.

r	190	190	190	190	190
L	60	70	80	90	100
l	59,850	69,762	79,645	89,495	99,307
a	29,211	33,767	38,193	42,482	46,630
f	0,773	1,046	1,358	1,710	2,104
$1:m$	65767,2	75671,6	85125,4	94088,8	102529,6
τ^g	10,31 11	12,13 41	14,00 17	15,91 76	17,88 45
$x = 10$	0,015	0,013	0,012	0,011	0,010
15	0,051	0,045	0,040	0,036	0,033
20	0,122	0,106	0,094	0,085	0,078
25	0,238	0,206	0,184	0,166	0,152
30	0,411	0,357	0,317	0,287	0,263
35	0,652	0,567	0,504	0,456	0,418
40	0,973	0,846	0,752	0,680	0,624
45	1,386	1,204	1,070	0,969	0,889
50	1,901	1,652	1,468	1,329	1,219
55	2,530	2,199	1,954	1,768	1,623
60	3,260	2,854	2,537	2,296	2,107
65	4,174	3,629	3,226	2,919	2,679
70	5,203	4,487	4,029	3,645	3,346
75	6,373	5,574	4,956	4,484	4,115
80	7,687	6,757	5,935	5,442	4,994
85	9,148	8,084	7,214	6,527	5,990
90	10,760	9,558	8,557	7,618	7,110
95	12,527	11,183	10,049	9,112	8,362
100	14,453	12,964	11,692	10,625	9,552
105	16,543	14,904	13,491	12,290	11,292
110	18,805	17,010	15,450	14,111	12,983
115	21,244	19,287	17,575	16,094	14,831
120	23,868	21,742	19,872	18,243	16,842

294

Kreisbogen mit Übergangsbogen.

r	200	200	200	200	200
L	20	30	40	50	60
l	19,995	29,983	39,960	49,922	59,865
a	9,973	14,908	19,784	24,581	29,285
f	0,083	0,186	0,330	0,514	0,736
$1 : m$	23904,4	35678,6	47243,0	58533,3	69490,2
τ^g	3,19 16	4,80 31	6,43 33	8,08 79	9,77 22
$x = 10$	0,042	0,028	0,021	0,017	0,014
20	0,334	0,224	0,169	0,137	0,115
30	1,088	0,756	0,572	0,461	0,389
40	2,350	1,766	1,351	1,093	0,921
50	4,129	3,289	2,626	2,126	1,799
60	6,441	5,336	4,415	3,675	3,087
70	9,304	7,923	6,736	5,739	4,924
80	12,743	11,075	9,610	8,345	7,273
90	16,792	14,818	13,061	11,516	10,174
100	21,491	19,191	17,122	15,279	13,655
110		24,238	21,833	19,673	17,747
120				24,744	22,492

Kreisbogen mit Übergangsbogen.

r	200	200	200	200	250
L	70	80	90	100	20
l	69,786	79,680	89,544	99,375	19,997
a	33,881	38,357	42,705	46,920	9,982
f	0,996	1,293	1,628	2,002	0,067
$1 : m$	80059,8	90194,6	99853,9	109004,1	29923,4
τ^8	11,49 12	13,24 91	15,04 93	16,89 46	2,55 08
$x =$ 10	0,012	0,011	0,010	0,009	0,033
20	0,100	0,089	0,080	0,073	0,267
30	0,337	0,299	0,270	0,248	0,870
40	0,799	0,710	0,641	0,587	1,876
50	1,561	1,386	1,252	1,147	3,291
60	2,698	2,395	2,163	1,982	5,122
70	4,245	3,803	3,435	3,147	7,378
80	6,386	5,609	5,127	4,697	10,072
90	9,031	8,076	7,190	6,688	13,219
100	12,241	11,030	10,010	9,003	16,836
110	16,048	14,565	13,290	12,210	20,946
120	20,487	18,716	17,168	15,832	
130		23,525	21,685	20,074	
140				24,982	

Kreisbogen mit Übergangsbogen.

r	250	250	250	250	250
L	30	40	50	60	70
l	29,989	39,974	49,950	59,914	69,863
a	14,941	19,861	24,730	29,536	34,270
f	0,150	0,265	0,413	0,592	0,803
$1 : m$	44742,1	59391,3	73817,2	87968,9	101798,6
τ^g	3,83 43	5,12 75	6,43 33	7,75 47	9,09 46
$x = 10$	0,022	0,017	0,014	0,011	0,010
20	0,179	0,135	0,108	0,091	0,079
30	0,603	0,455	0,366	0,307	0,265
40	1,409	1,076	0,867	0,728	0,629
50	2,620	2,088	1,688	1,421	1,228
60	4,244	3,508	2,914	2,445	2,122
70	6,288	5,344	4,546	3,888	3,350
80	8,764	7,606	6,599	5,738	5,021
90	11,684	10,306	9,084	8,014	7,094
100	15,065	13,458	12,013	10,728	9,599
110	18,928	17,081	15,404	13,895	12,549
120	23,296	21,197	19,278	17,533	15,962
130			23,657	21,666	19,858
140					24,261

Tafel III.

Kreisbogen mit Übergangsbogen.

r	250	250	250	250	300
L	80	90	100	110	20
l	79,795	89,708	99,600	109,468	19,998
a	38,921	43,482	47,946	52,307	9,988
f	1,044	1,315	1,616	1,948	0,056
$1:m$	115261,5	128317,1	140929,1	153065,4	35936,1
τ^g	10,45 54	11,83 96	13,24 91	14,68 57	2,12 46
$x = 10$	0,009	0,008	0,007	0,007	0,028
20	0,069	0,062	0,057	0,052	0,222
30	0,234	0,210	0,192	0,176	0,724
40	0,555	0,499	0,454	0,418	1,561
50	1,084	0,974	0,887	0,817	2,737
60	1,874	1,683	1,533	1,411	4,254
70	2,976	2,673	2,434	2,241	6,120
80	4,408	3,990	3,633	3,345	8,340
90	6,318	5,626	5,173	4,763	10,923
100	8,620	7,787	7,011	6,533	13,878
110	11,361	10,327	9,440	8,570	17,218
120	14,557	13,313	12,225	11,287	20,955
130	18,225	16,763	15,465	14,327	
140	22,389	20,698	19,181	17,833	
150			23,395	21,826	

Kreisbogen mit Übergangsbogen.

r	300	300	300	300	300
L	30	40	50	60	70
l	29,992	39,982	49,965	59,940	69,905
a	14,959	19,903	24,811	29,675	34,488
f	0,125	0,221	0,345	0,495	0,672
$1 : m$	53784,8	71491,3	89010,0	106296,8	123309,3
τ^g	3,19 16	4,26 41	5,34 41	6 43 33	7,53 33
$x = 10$	0,019	0,014	0,011	0,009	0,008
20	0,149	0,112	0,090	0,075	0,065
30	0,502	0,378	0,303	0,254	0,219
40	1,172	0,894	0,719	0,602	0,519
50	2,178	1,735	1,401	1,176	1,014
60	3,525	2,913	2,416	2,026	1,752
70	5,217	4,433	3,768	3,218	2,770
80	7,260	6,302	5,465	4,746	4,144
90	9,662	8,525	7,513	6,623	5,853
100	12,431	11,111	9,920	8,854	7,913
110	15,578	14,070	12,695	11,448	10,331
120	19,115	17,413	15,847	14,416	13,117
130	23,059	21,154	19,391	17,767	16,282
140			23,341	21,518	19,839
150					23,802

Tafel III.

Kreisbogen mit Übergangsbogen.

r	300	300	300	300	300
L	80	90	100	110	120
l	79,858	89,798	99,722	109,630	119,520
a	39,241	43,928	48,542	53,080	57,535
f	0,875	1,104	1,357	1,636	1,940
$1:m$	140007,3	156353,0	172311,1	187849,3	202937,9
τ^g	8,64 58	9,77 22	10,91 41	12,07 27	13,24 91
$x = 10$	0,007	0,006	0,006	0,005	0,005
20	0,057	0,051	0,047	0,043	0,039
30	0,193	0,173	0,157	0,144	0,133
40	0,457	0,409	0,371	0,341	0,315
50	0,893	0,799	0,725	0,665	0,616
60	1,543	1,381	1,254	1,150	1,064
70	2,450	2,194	1,991	1,826	1,690
80	3,638	3,275	2,971	2,726	2,523
90	5,200	4,631	4,231	3,881	3,592
100	7,092	6,391	5,755	5,323	4,928
110	9,339	8,470	7,720	7,014	6,559
120	11,949	10,909	9,992	9,195	8,413
130	14,933	13,716	12,628	11,665	10,824
140	18,302	16,903	15,638	14,504	13,497
150	22,070	20,482	19,034	17,723	16,545
160		24,468	22,830	21,336	19,981
170					23,818

300

Kreisbogen mit Übergangsbogen.

r	300	350	350	350	350
L	130	20	30	40	50
l	129,390	19,998	29,994	39,987	49,974
a	61,905	9,991	14,970	19,929	24,861
f	2,268	0,048	0,107	0,190	0,296
$1:m$	217550,8	41945,2	62815,3	83563,2	104149,2
τ^8	14,44 43	1,82 05	2,73 37	3,65 04	4,57 19
$x = 10$	0,005	0,024	0,016	0,012	0,010
20	0,037	0,191	0,127	0,096	0,077
30	0,124	0,620	0,430	0,323	0,259
40	0,294	1,337	1,003	0,765	0,615
50	0,575	2,342	1,864	1,484	1,198
60	0,993	3,639	3,016	2,491	2,064
70	1,576	5,231	4,460	3,790	3,217
80	2,353	7,121	6,201	5,384	4,666
90	3,351	9,316	8,244	7,276	6,411
100	4,597	11,820	10,593	9,472	8,457
110	6,118	14,640	13,255	11,978	10,809
120	7,943	17,786	16,238	14,801	13,475
130	9,957	21,266	19,550	17,949	16,461
140	12,611		23,201	21,430	19,777
150	15,494				23,432
160	18,759				
170	22,419				

Tafel III.

Kreisbogen mit Übergangsbogen.

r	350	350	350	350	350
L	60	70	80	90	100
l	59,956	69,930	79,896	89,851	99,796
a	29,760	34,621	39,438	44,204	48,915
f	0,426	0,578	0,753	0,950	1,170
$1 : m$	124534,5	144681,7	164554,6	184118,6	203340,7
τ^g	5,49 91	6,43 33	7,37 54	8,32 66	9,28 77
$x = 10$	0,008	0,007	0,006	0,005	0,005
20	0,064	0,055	0,049	0,043	0,039
30	0,217	0,187	0,164	0,147	0,133
40	0,514	0,442	0,389	0,348	0,315
50	1,004	0,864	0,760	0,679	0,615
60	1,731	1,493	1,313	1,173	1,062
70	2,747	2,364	2,084	1,863	1,687
80	4,051	3,532	3,099	2,781	2,518
90	5,649	4,987	4,424	3,940	3,585
100	7,547	6,738	6,033	5,426	4,888
110	9,748	8,791	7,940	7,190	6,542
120	12,259	11,151	10,151	9,256	8,465
130	15,087	13,825	12,672	11,629	10,692
140	18,241	16,819	15,511	14,315	13,230
150	21,728	20,142	18,675	17,323	16,085
160		23,806	22,173	20,660	19,266
170				24,338	22,782

Kreisbogen mit Übergangsbogen.

r	350	350	350	350	400
L	110	120	130	140	20
l	109,728	119,647	129,552	139,440	20
a	53,567	58,154	62,675	67,124	10
f	1,411	1,673	1,958	2,263	0,042
$1:m$	222189,9	240637,3	258655,9	276221,1	48000
τ^g	10,25 96	11,24 34	12,23 96	13,24 91	—
$x = 10$	0,005	0,004	0,004	0,004	0,021
20	0,036	0,033	0,031	0,029	0,167
30	0,122	0,112	0,104	0,098	0,542
40	0,288	0,266	0,247	0,232	1,169
50	0,563	0,519	0,483	0,453	2,047
60	0,972	0,898	0,835	0,782	3,179
70	1,544	1,425	1,326	1,242	4,567
80	2,304	2,128	1,979	1,854	6,215
90	3,281	3,029	2,818	2,639	8,124
100	4,501	4,156	3,866	3,620	10,298
110	5,946	5,531	5,146	4,819	12,744
120	7,774	7,118	6,681	6,256	15,464
130	9,859	9,126	8,406	7,954	18,466
140	12,251	11,377	10,606	9,815	21,756
150	14,958	13,939	13,027	12,217	
160	17,986	16,819	15,762	14,811	
170	21,345	20,025	18,819	17,724	
180		23,567	22,208	20,964	
190				24,541	

Tafel III.

Kreisbogen mit Übergangsbogen.

r	400	400	400	400	400
L	30	40	50	60	70
l	29,996	39,990	49,981	59,966	69,946
a	14,977	19,945	24,893	29,816	34,709
f	0,094	0,166	0,259	0,373	0,507
$1:m$	71838,3	95617,4	119254,3	142714,5	165964,7
τ^g	2,39 09	3,19 16	3,99 54	4,80 31	5,61 55
$x = 10$	0,014	0,010	0,008	0,007	0,006
20	0,111	0,084	0,067	0,056	0,048
30	0,376	0,282	0,226	0,189	0,163
40	0,878	0,669	0,537	0,448	0,386
50	1,630	1,297	1,047	0,876	0,753
60	2,636	2,177	1,803	1,511	1,301
70	3,896	3,310	2,810	2,396	2,062
80	5,414	4,700	4,073	3,534	3,079
90	7,193	6,348	5,593	4,927	4,347
100	9,235	8,259	7,374	6,578	5,872
110	11,545	10,435	9,418	8.492	7,657
120	14,127	12,882	11,730	10,672	9,706
130	16,987	15,604	14,315	13,122	12,023
140	20,134	18,608	17,179	15,848	14,613
150	23,572	21,899	20,327	18,855	17,482
160			23,767	22,151	20,636
170					24,081

Kreisbogen mit Übergangsbogen.

r	400	400	400	400	400
L	80	90	100	110	120
l	79,920	89,886	99,844	109,792	119,730
a	39,567	44,387	49,163	53,892	58,570
f	0,661	0,834	1,027	1,240	1,472
$1 : m$	188972,1	211705,1	234133,4	256227,9	277961,0
τ^g	6,43 33	7,25 72	8,08 79	8,92 60	9,77 22
$x = 10$	0,005	0,005	0,004	0,004	0,004
20	0,042	0,038	0,034	0,031	0,029
30	0,143	0,128	0,115	0,105	0,097
40	0,339	0,302	0,273	0,250	0,230
50	0,661	0,590	0,534	0,488	0,450
60	1,143	1,020	0,923	0,843	0,777
70	1,815	1,620	1,465	1,339	1,234
80	2,701	2,418	2,187	1,998	1,842
90	3,853	3,430	3,114	2,845	2,623
100	5,252	4,719	4,251	3,903	3,598
110	6,911	6,252	5,681	5,165	4,788
120	8,831	8,046	7,349	6,741	6,175
130	11,018	10,103	9,281	8,547	7,901
140	13,475	12,429	11,478	10,618	9,848
150	16,208	15,028	13,946	12,957	12,061
160	19,222	17,906	16,690	15,570	14,546
170	22,524	21,069	19,716	18,462	17,306
180		24,524	23,030	21,639	20,349
190					23,681

Tafel III.

Kreisbogen mit Übergangsbogen.

r	400	400	450	450	450
L	130	140	20	30	40
l	129,657	139,571	20	29,997	39,992
a	63,194	67,761	10	14,982	19,957
f	1,722	1,992	0,037	0,083	0,148
$1 : m$	299306,3	320239,3	54000,0	80856,2	107659,6
τ^g	10,62 71	11,49 12	——	2,12 46	2,83 54
$x = 10$	0,003	0,003	0,018	0,012	0,009
20	0,027	0,025	0,148	0,099	0,074
30	0,090	0,084	0,482	0,334	0,251
40	0,214	0,200	1,038	0,779	0,594
50	0,418	0,390	1,818	1,447	1,152
60	0,722	0,674	2,823	2,340	1,933
70	1,146	1,071	4,055	3,459	2,940
80	1,711	1,599	5,515	4,804	4,172
90	2,436	2,276	7,205	6,379	5,633
100	3,341	3,122	9,129	8,187	7,324
110	4,447	4,156	11,289	10,229	9,249
120	5,773	5,396	13,689	12,508	11,409
130	7,282	6,860	16,332	15,030	13,810
140	9,165	8,490	19,223	17,798	16,455
150	11,255	10,537	22,369	20,816	19,348
160	13,613	12,772		24,090	22,494
170	16,245	15,279			
180	19,157	18,062			
190	22,354	21,128			
200		24,483			

Kreisbogen mit Übergangsbogen.

r	45⁰	45⁰	45⁰	45⁰	45⁰
L	50	60	70	80	90
l	49,985	59,973	69,958	79,937	89,910
a	24,916	29,854	34,769	39,657	44,513
f	0,231	0,332	0,451	0,588	0,743
$1:m$	134336,3	160855,4	187186,7	213300,3	239167,8
τ^g	3,54 84	4,26 41	4,98 32	5,70 61	6,43 33
$x = 20$	0,060	0,050	0,043	0,038	0,033
30	0,201	0,168	0,144	0,127	0,113
40	0,476	0,398	0,342	0,300	0,268
50	0,930	0,777	0,668	0,586	0,523
60	1,601	1,341	1,154	1,013	0,903
70	2,495	2,126	1,829	1,608	1,434
80	3,615	3,135	2,730	2,395	2,141
90	4,962	4,370	3,853	3,413	3,039
100	6,539	5,833	5,204	4,652	4,177
110	8,348	7,527	6,784	6,120	5,534
120	10,391	9,454	8,596	7,818	7,120
130	12,673	11,617	10,643	9,751	8,938
140	15,196	14,020	12,928	11,919	10,990
150	17,965	16,667	15,455	14,326	13,281
160	20,984	19,563	18,228	16,978	15,815
170	24,261	22,712	21,251	19,878	18,594
180			24,531	23,032	21,624
190					24,910

Tafel III.

Kreisbogen mit Übergangsbogen.

r	450	450	450	450	450
L	100	110	120	130	140
l	99,876	109,836	119,787	129,729	139,661
a	49,335	54,118	58,861	63,560	68,211
f	0,916	1,106	1,313	1,537	1,778
$1:m$	264760,8	290052,4	315016,5	339628,1	363863,3
τ^g	7,16 53	7,90 27	8,64 58	9,39 51	10,15 11
$x = 20$	0,030	0,028	0,025	0,024	0,022
30	0,102	0,093	0,086	0,080	0,074
40	0,242	0,221	0,203	0,188	0,176
50	0,472	0,431	0,397	0,368	0,344
60	0,816	0,745	0,686	0,636	0,594
70	1,296	1,183	1,089	1,010	0,943
80	1,934	1,765	1,625	1,508	1,407
90	2,753	2,513	2,314	2,146	2,003
100	3,763	3,448	3,174	2,944	2,748
110	5,024	4,568	4,225	3,919	3,658
120	6,499	5,955	5,456	5,088	4,749
130	8,205	7,550	6,972	6,428	6,038
140	10,144	9,377	8,688	8,077	7,487
150	12,320	11,439	10,639	9,917	9,273
160	14,736	13,740	12,826	11,992	11,239
170	17,396	16,283	15,253	14,307	13,441
180	20,304	19,072	17,925	16,863	15,884
190	23,466	22,112	20,845	19,666	18,572
200			24,019	22,720	21,509
210					24,700

308

Kreisbogen mit Übergangsbogen.

r	450	500	500	500	500
L	150	20	30	40	50
l	149,583	20	30	39,994	49,988
a	72,813	10	15	19,965	24,932
f	2,036	0,033	0,075	0,133	0,208
$1 : m$	387700,0	60000,0	90000,0	119693,5	149402,2
τ^g	10,91 41	—	—	2,55 08	3,19 16
$x = 10$	0,003	0,017	0,011	0,008	0,007
20	0,021	0,133	0,089	0,067	0,054
30	0,070	0,433	0,300	0,226	0,181
40	0,165	0,934	0,700	0,534	0,428
50	0,322	1,636	1,301	1,036	0,836
60	0,557	2,539	2,104	1,738	1,439
70	0,885	3,646	3,109	2,642	2,243
80	1,321	4,957	4,318	3,749	3,250
90	1,880	6,475	5,732	5,062	4,460
100	2,579	8,200	7,353	6,580	5,875
110	3,433	10,135	9,183	8,306	7,498
120	4,457	12,283	11,224	10,242	9,329
130	5,667	14,647	13,480	12,391	11,372
140	7,078	17,229	15,952	14,755	13,629
150	8,633	20,033	18,644	17,338	16,103
160	10,563	23,063	21,562	20,143	18,797
170	12,656		24,707	23,174	21,715
180	14,988				24,862
190	17,562				
200	20,384				
210	23,457				

Tafel III.

Kreisbogen mit Übergangsbogen.

r	500	500	500	500	500
L	60	70	80	90	100
l	59,978	69,966	79,949	89,927	99,900
a	29,882	34,813	39,721	44,604	49,459
f	0,299	0,406	0,530	0,670	0,826
$1:m$	178968,6	208365,3	237565,1	266541,7	295268,8
τ^g	3.83 43	4.47 95	5.12 75	5.77 86	6.43 33
$x = 20$	0,045	0,038	0,034	0,030	0,027
30	0,151	0,130	0,114	0,101	0,091
40	0,358	0,307	0,269	0,240	0,217
50	0,698	0,600	0,526	0,469	0,423
60	1,206	1,037	0,909	0,810	0,732
70	1,911	1,644	1,444	1,287	1,162
80	2,817	2,452	2,151	1,921	1,734
90	3,926	3,461	3,064	2,728	2,469
100	5,240	4,673	4,177	3,748	3,377
110	6,758	6,091	5,494	4,965	4,505
120	8,487	7,716	7,017	6,387	5,827
130	10,425	9,550	8,748	8,016	7,356
140	12,576	11,596	10,689	9,855	9,092
150	14,942	13,855	12,843	11,905	11,039
160	17,527	16,331	15,213	14,168	13,198
170	20,333	19,028	17,801	16,649	15,574
180	23,366	21,949	20,611	19,351	18,168
190			23,648	22,277	20,984
200					24,027

Kreisbogen mit Übergangsbogen.

r	500	500	500	500	500
L	110	120	130	140	150
l	109,867	119,827	129,780	139,726	149,662
a	54,283	59,072	63,825	68,540	73,213
f	0,997	1,185	1,388	1,606	1,839
$1:m$	323721,9	351875,8	379707,7	407194,3	434314,0
τ^g	7,09 19	7,75 47	8,42 22	9,09 46	9,77 22
$x = 20$	0,025	0,023	0,021	0,020	0,018
30	0,083	0,077	0,071	0,066	0,062
40	0,198	0,182	0,169	0,157	0,147
50	0,386	0,355	0,329	0,307	0,288
60	0,667	0,614	0,569	0,530	0,497
70	1,060	0,975	0,903	0,842	0,790
80	1,582	1,455	1,348	1,258	1,179
90	2,252	2,072	1,920	1,791	1,679
100	3,089	2,842	2,634	2,456	2,303
110	4,097	3,783	3,505	3,269	3,065
120	5,335	4,890	4,551	4,244	3,979
130	6,763	6,241	5,757	5,395	5,059
140	8,399	7,778	7,225	6,699	6,318
150	10,244	9,523	8,870	8,286	7,718
160	12,301	11,477	10,725	10,042	9,429
170	14,572	13,645	12,791	12,008	11,297
180	17,060	16,029	15,072	14,188	13,375
190	19,769	18,632	17,570	16,583	15,669
200	22,702	21,457	20,289	19,197	18,181
210		24,508	23,232	22,034	20,914
220					23,871

Tafel III.

Kreisbogen mit Übergangsbogen.

r	500	500	600	600	600
L	160	170	20	30	40
l	159,590	169,509	20	30	39,996
a	77,842	82,427	10	15	19,976
f	2,088	2,352	0,028	0,062	0,111
$1:m$	461046,0	487370,0	72000,0	108000,0	143744,5
τ^g	10,45 54	11,14 44	—	—	2,12 46
$x = 10$	0,002	0,002	0,014	0,009	0,007
20	0,017	0,016	0,111	0,074	0,056
30	0,059	0,055	0,361	0,250	0,188
40	0,139	0,131	0,778	0,583	0,445
50	0,271	0,256	1,363	1,084	0,863
60	0,468	0,443	2,115	1,752	1,447
70	0,744	0,704	3,036	2,588	2,200
80	1,111	1,051	4,125	3,593	3,121
90	1,581	1,496	5,385	4,768	4,211
100	2,169	2,052	6,816	6,113	5,471
110	2,887	2,731	8,420	7,630	6,903
120	3,748	3,546	10,197	9,321	8,507
130	4,765	4,508	12,150	11,186	10,285
140	5,952	5,630	14,281	13,227	12,238
150	7,320	6,925	16,590	15,447	14,369
160	8,816	8,404	19,081	17,846	16,679
170	10,654	9,994	21,755	20,428	19,170
180	12,636	11,965	24,815	23,195	21,844
190	14,830	14,061			24,705
200	17,240	16,372			
210	19,870	18,901			
220	22,723	21,651			

Kreisbogen mit Übergangsbogen.

r	600	600	600	600	600
L	50	60	70	80	90
l	49,991	59,985	69,976	79,964	89,949
a	24,952	29,918	34,870	39,806	44,724
f	0,173	0,249	0,339	0,443	0,560
$1:m$	179501,3	215139,2	250634,8	285965,2	321107,7
τ^g	2,65 75	3,19 16	3,72 70	4,26 41	4,80 31
$x = 20$	0,044	0,037	0,032	0,028	0,025
30	0,150	0,126	0,108	0,094	0,084
40	0,357	0,297	0,255	0,224	0,199
50	0,696	0,581	0,499	0,437	0,389
60	1,198	1,003	0,860	0,755	0,673
70	1,866	1,589	1,367	1,199	1,068
80	2,703	2,343	2,039	1,788	1,594
90	3,709	3,265	2,877	2,546	2,266
100	4,885	4,356	3,884	3,470	3,112
110	6,231	5,617	5,061	4,563	4,121
120	7,749	7,050	6,409	5,826	5,301
130	9,441	8,655	7,928	7,261	6,651
140	11,306	10,434	9,621	8,868	8,173
150	13,348	12,388	11,488	10,649	9,869
160	15,569	14,520	13,532	12,605	11,738
170	17,969	16,830	15,754	14,739	13,784
180	20,552	19,323	18,156	17,052	16,009
190	23,320	21,998	20,740	19,546	18,413
200		24,860	23,510	22,223	21,000
210					23,773

Tafel III.

Kreisbogen mit Übergangsbogen.

r	600	600	600	600	600
L	100	110	120	130	140
l	99,931	109,908	119,880	129,847	139,809
a	49,622	54,499	59,351	64,177	68,975
f	0,690	0,834	0,991	1,161	1,345
$1:m$	356040,1	390740,4	425187,3	459359,6	493237,0
τ^8	5,34 41	5,88 75	6,43 33	6,98 18	7,53 33
$x = 20$	0,022	0,020	0,019	0,017	0,016
30	0,076	0,069	0,064	0,059	0,055
40	0,180	0,164	0,151	0,139	0,130
50	0,351	0,320	0,294	0,272	0,253
60	0,607	0,553	0,508	0,470	0,438
70	0,963	0,878	0,807	0,747	0,695
80	1,438	1,310	1,204	1,115	1,038
90	2,048	1,866	1,715	1,587	1,478
100	2,803	2,559	2,352	2,177	2,027
110	3,736	3,398	3,130	2,898	2,698
120	4,832	4,420	4,052	3,762	3,503
130	6,098	5,603	5,165	4,766	4,454
140	7,536	6,957	6,436	5,971	5,540
150	9,146	8,483	7,878	7,331	6,841
160	10,930	10,182	9,493	8,862	8,290
170	12,890	12,056	11,282	10,567	9,911
180	15,027	14,106	13,246	12,446	11,707
190	17,343	16,335	15,388	14,502	13,677
200	19,840	18,743	17,709	16,736	15,826
210	22,522	21,335	20,212	19,151	18,154
220		24,111	22,898	21,748	20,663
230				24,530	23,356

Kreisbogen mit Übergangsbogen.

r	600	600	600	600	700
L	150	160	170	180	20
l	149,766	159,716	169,659	179,595	20
a	73,744	78,481	83,186	87,855	10
f	1,541	1,750	1,973	2,207	0,024
$1:m$	526800,0	560029,2	592906,0	625412,0	84000,0
τ^g	8,08 79	8,64 58	9,20 72	9,77 22	—
$x = 20$	0,015	0,014	0,013	0,013	0,095
30	0,051	0,048	0,046	0,043	0,310
40	0,121	0,114	0,108	0,102	0,667
50	0,237	0,223	0,211	0,200	1,168
60	0,410	0,386	0,364	0,346	1,812
70	0,651	0,612	0,579	0,548	2,600
80	0,972	0,914	0,864	0,819	3,533
90	1,384	1,302	1,230	1,166	4,610
100	1,898	1,786	1,687	1,599	5,834
110	2,526	2,377	2,245	2,128	7,204
120	3,280	3,086	2,914	2,763	8,721
130	4,170	3,923	3,705	3,513	10,386
140	5,209	4,900	4,628	4,388	12,201
150	6,377	6,026	5,692	5,396	14,167
160	7,773	7,275	6,908	6,549	16,284
170	9,312	8,771	8,237	7,856	18,555
180	11,025	10,401	9,835	9,262	20,980
190	12,912	12,205	11,557	10,964	23,563
200	14,975	14,185	13,454	12,780	
210	17,217	16,342	15,528	14,771	
220	19,640	18,679	17,780	16,940	
230	22,245	21,197	20,212	19,288	

Kreisbogen mit Übergangsbogen.

r	700	700	700	700	700
L	30	40	50	60	70
l	30	39,997	49,994	59,989	69,982
a	15	19,982	24,965	29,940	34,904
f	0,054	0,095	0,148	0,214	0,291
$1 : m$	126000,0	167780,8	209572,3	251261,4	292828,3
τ^g	—	1,82 05	2,27 67	2,73 37	3,19 16
$x = 20$	0,063	0,048	0,038	0,032	0,027
30	0,214	0,161	0,129	0,107	0,092
40	0,501	0,381	0,305	0,255	0,219
50	0,930	0,739	0,596	0,497	0,427
60	1,502	1,240	1,025	0,859	0,738
70	2,218	1,884	1,598	1,361	1,170
80	3,080	2,673	2,315	2,006	1,746
90	4,083	3,606	3,176	2,795	2,463
100	5,234	4,684	4,181	3,729	3,324
110	6,530	5,907	5,332	4,807	4,331
120	7,974	7,277	6,629	6,032	5,483
130	9,565	8,795	8,073	7,402	6,781
140	11,305	10,462	9,665	8,921	8,225
150	13,195	12,278	11,405	10,587	9,818
160	15,236	14,242	13,296	12,403	11,560
170	17,430	16,359	15,338	14,369	13,451
180	19,778	18,630	17,532	16,487	15,494
190	22,282	21,056	19,881	18,759	17,689
200	24,943	23,638	22,384	21,186	20,039
210				23,769	22,544

Kreisbogen mit Übergangsbogen.

r	700	700	700	700	700
L	80	90	100	110	120
l	79,974	89,963	99,949	109,932	119,912
a	39,857	44,797	49,722	54,630	59,521
f	0,380	0,480	0,592	0,716	0,851
$1:m$	334252,8	375515,5	416596,7	457477,3	498138,2
τ^8	3,65 04	4,11 05	4,57 19	5,03 47	5,49 91
$x = 20$	0,024	0,021	0,019	0,017	0,016
30	0,081	0,072	0,065	0,059	0,054
40	0,191	0,170	0,154	0,140	0,129
50	0,374	0,333	0,300	0,273	0,251
60	0,646	0,575	0,518	0,472	0,434
70	1,026	0,913	0,823	0,750	0,689
80	1,530	1,363	1,229	1,120	1,028
90	2,178	1,939	1,750	1,594	1,463
100	2,968	2,660	2,397	2,186	2,007
110	3,903	3,523	3,192	2,904	2,672
120	4,983	4,531	4,129	3,775	3,461
130	6,208	5,685	5,210	4,786	4,408
140	7,580	6,984	6,438	5,941	5,493
150	9,100	8,431	7,812	7,243	6,723
160	10,767	10,025	9,333	8,692	8,100
170	12,584	11,768	11,003	10,289	9,624
180	14,552	13,661	12,822	12,034	11,297
190	16,672	15,705	14,792	13,930	13,119
200	18,945	17,902	16,913	15,977	15,092
210	21,372	20,254	19,188	18,176	17,216
220	23,957	22,760	20,053	20,530	19,495
230			24,205	23,039	21,928
240					24,517

Tafel III.

Kreisbogen mit Übergangsbogen.

r	700	700	700	700	700
L	130	140	150	160	170
l	129,888	139,860	149,828	159,791	169,749
a	64,392	69,243	74,071	78,875	83,655
f	0,998	1,156	1,325	1,506	1,698
$1 : m$	538560,6	578726,8	618618,6	658218,6	697509,2
τ^g	5,96 53	6,43 33	6,90 33	7,37 54	7,84 98
$x = 20$	0,015	0,014	0,013	0,012	0,011
30	0,050	0,047	0,044	0,041	0,039
40	0,119	0,111	0,103	0,097	0,092
50	0,232	0,216	0,202	0,189	0,179
60	0,401	0,373	0,349	0,328	0,310
70	0,637	0,593	0,554	0,521	0,492
80	0,951	0,885	0,828	0,778	0,734
90	1,354	1,260	1,178	1,108	1,045
100	1,857	1,728	1,617	1,519	1,434
110	2,471	2,300	2,152	2,022	1,908
120	3,209	2,986	2,793	2,625	2,477
130	4,069	3,796	3,551	3,338	3,150
140	5,093	4,727	4,436	4,169	3,934
150	6,253	5,830	5,437	5,127	4,839
160	7,558	7,064	6,619	6,198	5,872
170	9,010	8,445	7,928	7,463	7,013
180	10,611	9,974	9,386	8,849	8,360
190	12,360	11,651	10,991	10,383	9,823
200	14,259	13,477	12,745	12,066	11,434
210	16,310	15,454	14,649	13,897	13,194
220	18,513	17,583	16,705	15,879	15,105
230	20,870	19,865	18,913	18,014	17,167
240	23,383	22,302	21,275	20,302	19,381
250		24,896	23,793	22,745	21,750

318

Kreisbogen mit Übergangsbogen.

r	700	700	800	800	800
L	180	190	20	30	40
l	179,702	189,650	20	30	40
a	88,408	93,134	10	15	20
f	1,901	2,114	0,021	0,047	0,083
$1:m$	736474,1	775097,3	96000,0	144000,0	192000,0
τ^8	8,32 66	8,80 58	—	—	—
$x = 20$	0,011	0,010	0,083	0,056	0,042
30	0,037	0,035	0,271	0,188	0,141
40	0,087	0,083	0,584	0,438	0,333
50	0,170	0,161	1,022	0,813	0,646
60	0,293	0,279	1,585	1,314	1,084
70	0,465	0,443	2,274	1,941	1,647
80	0,695	0,661	3,089	2,692	2,336
90	0,990	0,941	4,031	3,570	3,151
100	1,358	1,290	5,099	4,576	4,093
110	1,807	1,717	6,296	5,708	5,161
120	2,346	2,229	7,620	6,968	6,358
130	2,983	2,834	9,072	8,356	7,682
140	3,726	3,540	10,654	9,873	9,134
150	4,583	4,354	12,366	11,520	10,716
160	5,562	5,284	14,209	13,297	12,428
170	6,671	6,339	16,184	15,206	14,271
180	7,880	7,524	18,292	17,248	16,246
190	9,312	8,800	20,534	19,422	18,354
200	10,853	10,320	22,911	21,732	20,596
210	12,542	11,938		24,177	22,973
220	14,381	13,706			
230	16,371	15,625			
240	18,512	17,694			
250	20,808	19,917			

Tafel III.

Kreisbogen mit Übergangsbogen.

r	800	800	800	800	800
L	50	60	70	80	90
l	49,995	59,992	69,987	79,980	89,972
a	24,973	29,954	34,926	39,890	44,844
f	0,130	0,187	0,255	0,333	0,420
$1:m$	239625,6	287353,3	334973,8	382469,7	429823,1
τ^g	1,99 15	2,39 09	2,79 09	3,19 16	3,59 30
$x = 20$	0,033	0,028	0,024	0,021	0,019
30	0,113	0,094	0,081	0,071	0,063
40	0,267	0,223	0,191	0,167	0,149
50	0,522	0,433	0,373	0,327	0,291
60	0,897	0,751	0,645	0,565	0,503
70	1,398	1,190	1,023	0,897	0,798
80	2,025	1,754	1,526	1,338	1,191
90	2,777	2,444	2,153	1,904	1,694
100	3,656	3,260	2,906	2,594	2,324
110	4,661	4,202	3,785	3,411	3,078
120	5,794	5,271	4,791	4,354	3,958
130	7,054	6,467	5,925	5,424	4,965
140	8,443	7,792	7,185	6,622	6,099
150	9,960	9,245	8,575	7,947	7,361
160	11,607	10,828	10,093	9,401	8,751
170	13,385	12,541	11,741	10,984	10,271
180	15,295	14,384	13,519	12,698	11,920
190	17,336	16,360	15,429	14,542	13,699
200	19,511	18,468	17,471	16,519	15,610
210	21,821	20,710	19,647	18,628	17,654
220	24,266	23,088	21,957	20,871	19,830
230			24,403	23,250	22,141
240					24,589

Kreisbogen mit Übergangsbogen.

r	800	800	800	800	800
L	100	110	120	130	140
l	99,961	109,948	119,932	129,914	139,893
a	49,787	54,716	59,632	64,533	69,418
f	0,519	0,628	0,746	0,875	1,014
$1:m$	477017,0	524034,4	570858,0	617471,8	663858,6
τ^g	3,99 54	4,39 87	4,80 31	5,20 87	5,61 55
$x = 20$	0,017	0,015	0,015	0,013	0,012
30	0,057	0,052	0,047	0,044	0,041
40	0,134	0,122	0,112	0,104	0,096
50	0,262	0,238	0,219	0,202	0,188
60	0,453	0,412	0,378	0,350	0,325
70	0,719	0,654	0,601	0,555	0,517
80	1,073	0,977	0,897	0,829	0,771
90	1,528	1,391	1,277	1,181	1,098
100	2,094	1,908	1,752	1,619	1,506
110	2,788	2,536	2,332	2,156	2,005
120	3,606	3,296	3,022	2,798	2,603
130	4,550	4,178	3,847	3,551	3,309
140	5,622	5,187	4,793	4,442	4,124
150	6,820	6,323	5,866	5,453	5,083
160	8,147	7,586	7,067	6,592	6,159
170	9,603	8,978	8,396	7,857	7,362
180	11,187	10,499	9,853	9,252	8,693
190	12,902	12,150	11,440	10,775	10,154
200	14,748	13,931	13,157	12,428	11,743
210	16,726	15,843	15,005	14,212	13,463
220	18,837	17,888	16,985	16,127	15,314
230	21,081	20,067	19,097	18,174	17,296
240	23,461	22,380	21,344	20,355	19,412
250		24,829	23,726	22,671	21,662

Tafel III.

Kreisbogen mit Übergangsbogen.

r	800	800	800	800	800
L	150	160	170	180	190
l	149,868	159,840	169,808	179,772	189,732
a	74,285	79,134	83,964	88,773	93,561
f	1,162	1,321	1,490	1,668	1,857
$1:m$	710003,0	755888,2	801499,3	846820,4	891836,6
τ^g	6,02 37	6,43 33	6,84 44	7,25 72	7,67 16
$x = 20$	0,011	0,011	0,010	0,009	0,009
30	0,038	0,036	0,034	0,032	0,030
40	0,090	0,085	0,080	0,076	0,072
50	0,176	0,165	0,156	0,148	0,140
60	0,304	0,286	0,269	0,255	0,242
70	0,483	0,454	0,428	0,405	0,385
80	0,721	0,677	0,639	0,605	0,575
90	1,027	0,964	0,910	0,861	0,817
100	1,409	1,323	1,248	1,181	1,121
110	1,875	1,761	1,661	1,572	1,493
120	2,434	2,286	2,156	2,041	1,938
130	3,094	2,906	2,741	2,594	2,463
140	3,865	3,630	3,424	3,240	3,077
150	4,741	4,465	4,211	3,985	3,784
160	5,767	5,402	5,110	4,837	4,593
170	6,908	6,498	6,109	5,802	5,509
180	8,177	7,705	7,275	6,861	6,539
190	9,575	9,040	8,548	8,098	7,658
200	11,101	10,504	9,950	9,438	8,969
210	12,758	12,097	11,481	10,906	10,376
220	14,545	13,821	13,141	12,504	11,912
230	16,463	15,675	14,932	14,232	13,578
240	18,513	17,662	16,854	16,092	15,374
250	20,698	19,781	18,911	18,083	17,302

Kreisbogen mit Übergangsbogen.

r	800	900	900	900	900
L	200	20	30	40	50
l	199,688	20	30	40	49,996
a	98,326	10	15	20	24,979
f	2,055	0,019	0,042	0,074	0,116
$1:m$	936533,8	108000,0	162000,0	216000,0	269667,1
τ^g	8,08 79	—	—	—	1,76 98
$x = 20$	0,009	0,074	0,049	0,037	0,030
30	0,029	0,241	0,167	0,125	0,100
40	0,068	0,519	0,389	0,296	0,237
50	0,133	0,908	0,723	0,574	0,464
60	0,231	1,409	1,168	0,963	0,798
70	0,366	2,021	1,724	1,464	1,243
80	0,547	2,745	2,392	2,076	1,799
90	0,778	3,582	3,173	2,800	2,468
100	1,068	4,530	4,065	3,637	3,248
110	1,421	5,592	5,070	4,585	4,141
120	1,845	6,766	6,187	5,647	5,146
130	2,346	8,055	7,419	6,821	6,264
140	2,930	9,457	8,765	8,110	7,496
150	3,604	10,975	10,225	9,512	8,842
160	4,374	12,607	11,799	11,030	10,302
170	5,246	14,355	13,490	12,662	11,877
180	6,227	16,220	15,296	14,410	13,567
190	7,324	18,203	17,220	16,275	15,374
200	8,502	20,303	19,261	18,258	17,298
210	9,888	22,523	21,421	20,358	19,340
220	11,362	24,862	23,700	22,578	21,500
230	12,966			24,917	23,779
240	14,700				
250	16,565				

21*

Tafel III.

Kreisbogen mit Übergangsbogen.

r	900	900	900	900	900
L	60	70	80	90	100
l	59,993	69,989	79,984	89,978	99,969
a	29,963	34,942	39,913	44,877	49,831
f	0,166	0,226	0,296	0,374	0,462
$1:m$	323424,9	377087,4	430638,7	484063,1	537345,4
τ^g	2,12 46	2,47 97	2,83 54	3,19 16	3,54 84
$x = 20$	0,025	0,021	0,019	0,017	0,015
30	0,083	0,072	0,063	0,056	0,050
40	0,198	0,170	0,149	0,132	0,119
50	0,386	0,331	0,290	0,258	0,233
60	0,668	0,573	0,502	0,446	0,402
70	1,057	0,909	0,796	0,709	0,638
80	1,558	1,355	1,188	1,058	0,953
90	2,171	1,912	1,691	1,505	1,357
100	2,895	2,580	2,304	2,064	1,859
110	3,732	3,361	3,029	2,733	2,476
120	4,681	4,255	3,866	3,515	3,202
130	5,743	5,260	4,816	4,409	4,040
140	6,918	6,379	5,878	5,415	4,990
150	8,207	7,611	7,054	6,534	6,054
160	9,610	8,957	8,344	7,767	7,230
170	11,127	10,417	9,747	9,114	8,521
180	12,759	11,993	11,264	10,575	9,925
190	14,508	13,684	12,897	12,151	11,444
200	16,374	15,491	14,647	13,843	13,079
210	18,357	17,415	16,514	15,651	14,829
220	20,458	19,457	18,498	17,576	16,696
230	22,678	21,618	20,599	19,619	18,680
240		23,898	22,819	21,780	20,783
250				24,061	23,004

324

Kreisbogen mit Übergangsbogen.

r	900	900	900	900	900
L	110	120	130	140	150
l	109,959	119,947	129,932	139,915	149,896
a	54,775	59,709	64,630	69,539	74,434
f	0,558	0,664	0,779	0,902	1,035
$1:m$	590469,8	643421,6	696185,4	748746,8	801090,1
τ^g	3,90 59	4,26 41	4,62 32	4,98 32	5,34 41
$x = 20$	0,014	0,012	0,011	0,011	0,010
30	0,046	0,042	0,039	0,036	0,034
40	0,109	0,100	0,092	0,085	0,080
50	0,212	0,195	0,179	0,167	0,156
60	0,366	0,336	0,310	0,289	0,270
70	0,581	0,533	0,493	0,458	0,428
80	0,867	0,796	0,735	0,684	0,639
90	1,235	1,133	1,046	0,974	0,910
100	1,694	1,554	1,436	1,336	1,248
110	2,252	2,069	1,912	1,778	1,661
120	2,925	2,682	2,482	2,308	2,157
130	3,707	3,413	3,151	2,934	2,743
140	4,602	4,253	3,941	3,658	3,425
150	5,609	5,205	4,837	4,506	4,204
160	6,730	6,269	5,846	5,460	5,112
170	7,965	7,447	6,969	6,526	6,123
180	9,312	8,739	8,204	7,707	7,248
190	10,775	10,145	9,554	9,000	8,486
200	12,352	11,666	11,018	10,408	9,838
210	14,045	13,301	12,597	11,930	11,304
220	15,854	15,053	14,291	13,568	12,885
230	17,780	16,921	16,102	15,322	14,582
240	19,824	18,907	18,030	17,192	16,395
250	21,987	21,011	20,076	19,180	18,325

Tafel III.

Kreisbogen mit Übergangsbogen.

r	900	900	900	900	900
L	160	170	180	190	200
l	159,874	169,848	179,820	189,788	199,753
a	79,314	84,178	89,026	93,857	98,670
f	1,177	1,327	1,486	1,654	1,831
$1:m$	853201,6	905066,6	956670,9	1008000,9	1059043,2
τ^g	5,70 61	6,06 91	6,43 33	6,79 87	7,16 53
$x = 20$	0,009	0,009	0,008	0,008	0,008
30	0,032	0,030	0,028	0,027	0,025
40	0,075	0,071	0,067	0,063	0,060
50	0,147	0,138	0,131	0,124	0,118
60	0,253	0,239	0,226	0,214	0,204
70	0,402	0,379	0,359	0,340	0,324
80	0,600	0,566	0,535	0,508	0,483
90	0,854	0,805	0,762	0,723	0,688
100	1,172	1,105	1,045	0,992	0,944
110	1,560	1,471	1,391	1,320	1,257
120	2,025	1,909	1,806	1,714	1,632
130	2,575	2,427	2,297	2,180	2,075
140	3,216	3,032	2,868	2,722	2,591
150	3,956	3,729	3,528	3,348	3,187
160	4,789	4,526	4,282	4,063	3,868
170	5,758	5,414	5,136	4,874	4,639
180	6,827	6,442	6,078	5,786	5,507
190	8,009	7,570	7,168	6,782	6,477
200	9,306	8,811	8,354	7,935	7,526
210	10,717	10,166	9,654	9,179	8,743
220	12,241	11,635	11,068	10,538	10,047
230	13,881	13,219	12,596	12,011	11,465
240	15,638	14,919	14,239	13,599	12,997
250	17,511	16,735	15,999	15,302	14,645

Kreisbogen mit Übergangsbogen.

r	900	900	1000	1000	1000
L	210	220	20	30	40
l	209,714	219,671	20	30	40
a	103,463	108,237	10	15	20
f	2,017	2,211	0,017	0,038	0,067
$1:m$	1109783,5	1160209,4	120000,0	180000,0	240000,0
τ^g	7,53 33	7,90 27	—	—	—
$x = 20$	0,007	0,007	0,067	0,044	0,033
30	0,024	0,023	0,217	0,150	0,112
40	0,058	0,055	0,467	0,350	0,267
50	0,113	0,108	0,817	0,650	0,517
60	0,195	0,186	1,268	1,050	0,867
70	0,309	0,296	1,819	1,551	1,318
80	0,461	0,441	2,470	2,152	1,869
90	0,657	0,628	3,222	2,854	2,520
100	0,901	0,862	4,075	3,657	3,272
110	1,199	1,147	5,029	4,560	4,125
120	1,557	1,489	6,085	5,565	5,079
130	1,980	1,894	7,243	6,672	6,135
140	2,473	2,365	8,503	7,881	7,293
150	3,041	2,909	9,865	9,192	8,553
160	3,691	3,530	11,331	10,606	9,915
170	4,427	4,235	12,900	12,123	11,381
180	5,255	5,027	14,573	13,744	12,950
190	6,180	5,912	16,350	15,469	14,623
200	7,209	6,895	18,233	17,299	16,400
210	8,311	7,982	20,221	19,234	18,283
220	9,594	9,137	22,316	21,276	20,271
230	10,956	10,486		23,423	22,366
240	12,434	11,909			
250	14,027	13,446			

Tafel III.

Kreisbogen mit Übergangsbogen.

r	1000	1000	1000	1000	1000
L	50	60	70	80	90
l	50	59,995	69,991	79,987	89,982
a	25	29,970	34,953	39,930	44,900
f	0,104	0,150	0,204	0,266	0,337
$1:m$	300000,0	359482,4	419178,2	478774,1	538255,6
τ^g	—	1,91 17	2,23 11	2,55 08	2,87 10
$x = 20$	0,027	0,022	0,019	0,017	0,015
30	0,090	0,075	0,064	0,056	0,050
40	0,213	0,178	0,153	0,134	0,119
50	0,417	0,348	0,298	0,261	0,232
60	0,717	0,601	0,515	0,451	0,401
70	1,117	0,951	0,818	0,716	0,637
80	1,618	1,402	1,219	1,069	0,951
90	2,219	1,953	1,720	1,521	1,354
100	2,921	2,605	2,322	2,072	1,856
110	3,723	3,357	3,024	2,724	2,458
120	4,627	4,211	3,827	3,477	3,161
130	5,632	5,166	4,731	4,331	3,965
140	6,738	6,222	5,737	5,286	4,869
150	7,947	7,380	6,844	6,342	5,875
160	9,258	8,640	8,053	7,501	6,983
170	10,672	10,003	9,364	8,761	8,193
180	12,189	11,468	10,779	10,124	9,505
190	13,810	13,038	12,297	11,590	10,920
200	15,535	14,711	13,918	13,160	12,438
210	17,365	16,489	15,644	14,834	14,060
220	19,301	18,371	17,889	16,610	15,786
230	21,342	20,360	19,408	18,496	17,617
240	23,490	22,455	21,452	20,485	19,554
250		24,657	23,600	22,579	21,596

Kreisbogen mit Übergangsbogen.

r	1000	1000	1000	1000	1000
L	100	110	120	130	140
l	99,975	109,967	119,957	129,945	139,931
a	49,863	54,818	59,764	64,700	69,626
f	0,416	0,503	0,598	0,701	0,813
$1 : m$	597608,8	656819,8	715874,3	774759,4	833461,2
τ^8	3,19 16	3,51 27	3,83 43	4,15 66	4,47 95
$x = 20$	0,013	0,012	0,011	0,010	0,010
30	0,045	0,041	0,038	0,035	0,032
40	0,107	0,097	0,089	0,083	0,077
50	0,209	0,190	0,175	0,162	0,150
60	0,361	0,329	0,302	0,279	0,259
70	0,574	0,523	0,479	0,443	0,412
80	0,857	0,780	0,715	0,661	0,614
90	1,220	1,110	1,018	0,941	0,875
100	1,672	1,522	1,397	1,291	1,200
110	2,226	2,025	1,859	1,718	1,597
120	2,879	2,630	2,411	2,230	2,073
130	3,632	3,333	3,068	2,832	2,636
140	4,486	4,138	3,822	3,540	3,288
150	5,442	5,043	4,678	4,346	4,048
160	6,500	6,050	5,634	5,253	4,905
170	7,659	7,159	6,693	6,261	5,863
180	8,920	8,369	7,853	7,370	6,923
190	10,284	9,682	9,115	8,582	8,084
200	11,751	11,098	10.480	9,896	9,348
210	13,321	12,617	11,948	11,313	10,715
220	14,996	14,240	13,519	12,833	12,184
230	16,775	15,967	15,195	14,458	13,756
240	18,659	17,799	16,975	16,186	15,433
250	20,648	19,736	18,860	18,019	17,215

Tafel III.

Kreisbogen mit Übergangsbogen.

r	1000	1000	1000	1000	1000
L	150	160	170	180	190
l	149,916	159,898	169,877	179,854	189,829
a	74,540	79,443	84,332	89,209	94,071
f	0,933	1,060	1,196	1,340	1,492
$1 : m$	891965,6	950260,4	1008331,6	1066166,8	1123751,7
τ^g	4,80 31	5,12 75	5,45 26	5,77 86	6,10 55
$x = 20$	0,009	0,008	0,008	0,008	0,007
30	0,030	0,028	0,027	0,025	0,024
40	0,072	0,067	0,063	0,060	0,057
50	0,140	0,131	0,123	0,117	0,111
60	0,242	0,227	0,214	0,203	0,192
70	0,385	0,361	0,340	0,322	0,305
80	0,574	0,539	0,508	0,480	0,456
90	0,817	0,767	0,723	0,684	0,649
100	1,121	1,052	0,992	0,938	0,890
110	1,492	1,401	1,320	1,248	1,184
120	1,937	1,819	1,714	1,621	1,537
130	2,463	2,312	2,179	2,061	1,955
140	3,076	2,888	2,721	2,574	2,442
150	3,777	3,552	3,347	3,166	3,003
160	4,592	4,302	4,062	3,842	3,645
170	5,500	5,169	4,862	4,608	4,372
180	6,510	6,129	5,783	5,457	5,190
190	7,621	7,191	6,794	6,432	6,087
200	8,834	8,354	7,908	7,496	7,118
210	10,150	9,619	9,124	8,662	8,234
220	11,569	10,987	10,442	9,930	9,453
230	13,091	12,459	11,863	11,301	10,773
240	14,716	14,034	13,387	12,774	12,197
250	16,446	15,712	15,014	14,352	13,724

330

Kreisbogen mit Übergangsbogen.

r	1000	1000	1000	1000	1100
L	200	210	220	230	20
l	199,800	209,768	219,734	229,696	20
a	98,918	103,750	108,565	113,363	10
f	1,652	1,819	1,995	2,178	0,015
$1:m$	1181075,3	1238124,5	1294887,5	1351350,6	132000,0
τ^g	6,43 33	6,76 21	7,09 19	7,42 28	—
$x = 20$	0,007	0,006	0,006	0,006	0,061
30	0,023	0,022	0,021	0,020	0,196
40	0,054	0,052	0,049	0,047	0,423
50	0,106	0,101	0,096	0,092	0,742
60	0,183	0,174	0,167	0,160	1,152
70	0,290	0,277	0,265	0,254	1,653
80	0,433	0,414	0,395	0,379	2,245
90	0,617	0,589	0,563	0,539	2,928
100	0,847	0,808	0,772	0,740	3,703
110	1,127	1,075	1,028	0,985	4,570
120	1,463	1,396	1,335	1,279	5,529
130	1,860	1,774	1,697	1,626	6,580
140	2,323	2,216	2,119	2,031	7,724
150	2,857	2,726	2,606	2,498	8,960
160	3,468	3,308	3,163	3,031	10,290
170	4,160	3,968	3,794	3,636	11,714
180	4,938	4,710	4,504	4,316	13,231
190	5,807	5,540	5,297	5,076	14,842
200	6,753	6,461	6,178	5,920	16,548
210	7,841	7,455	7,152	6,853	18,349
220	9,010	8,600	8,193	7,880	20,247
230	10,281	9,821	9,396	8,968	22,240
240	11,654	11,144	10,670	10,229	24,329
250	13,131	12,571	12,047	11,557	
260	14,711	14,101	13,528	12,988	
270	16,395	15,736	15,112	14,522	
280	18,184	17,474	16,800	16,160	

Tafel III.

Kreisbogen mit Übergangsbogen.

r	1100	1100	1100	1100	1100
L	30	40	50	60	70
l	30	40	50	59,996	69,993
a	15	20	25	29,975	34,961
f	0,034	0,061	0,095	0,136	0,186
$1:m$	198000,0	264000,0	330000,0	395529,4	461252,8
τ^g	—	—	—	1,73 76	2,02 78
$x = 20$	0,040	0,030	0,024	0,020	0,017
30	0,136	0,102	0,082	0,068	0,059
40	0,318	0,242	0,194	0,162	0,139
50	0,591	0,469	0,379	0,316	0,271
60	0,955	0,788	0,652	0,546	0,468
70	1,410	1,198	1,016	0,864	0,743
80	1,956	1,699	1,471	1,274	1,108
90	2,594	2,291	2,017	1,775	1,564
100	3,323	2,974	2,655	2,367	2,110
110	4,144	3,749	3,384	3,051	2,748
120	5,057	4,616	4,205	3,825	3,478
130	6,062	5,575	5,118	4,693	4,299
140	7,159	6,626	6,123	5,652	5,213
150	8,349	7,770	7,220	6,704	6,218
160	9,632	9,006	8,410	7,848	7,316
170	11,009	10,336	9,693	9,085	8,506
180	12,479	11,760	11,070	10,415	9,789
190	14,044	13,277	12,540	11,838	11,166
200	15,703	14,888	14,105	13,355	12,637
210	17,456	16,594	15,764	14,967	14,202
220	19,305	18,395	17,517	16,673	15,861
230	21,250	20,293	19,366	18,474	17,615
240	23,291	22,286	21,311	20,372	19,465
250		24,375	23,352	22,366	21,410

Kreisbogen mit Übergangsbogen.

r	1100	1100	1100	1100	1100
L	80	90	100	110	120
l	79,989	89,985	99,979	109,972	119,964
a	39,942	44,917	49,887	54,849	59,805
f	0,242	0,306	0,378	0,457	0,544
$1:m$	526885,2	592413,3	657824,8	723106,5	788246,4
τ^g	2,31 82	2,60 90	2,90 01	3,19 16	3,48 35
$x = 20$	0,015	0,014	0,012	0,011	0,010
30	0,051	0,046	0,041	0,037	0,034
40	0,121	0,108	0,097	0,089	0,081
50	0,237	0,211	0,190	0,173	0,159
60	0,410	0,365	0,328	0,299	0,274
70	0,651	0,579	0,521	0,474	0,435
80	0,971	0,864	0,778	0,708	0,650
90	1,382	1,230	1,108	1,008	0,925
100	1,883	1,686	1,519	1,383	1,269
110	2,475	2,233	2,021	1,839	1,689
120	3,159	2,871	2,615	2,388	2,190
130	3,934	3,601	3,300	3,027	2,786
140	4,802	4,422	4,075	3,758	3,471
150	5,762	5,337	4,943	4,580	4,248
160	6,814	6,343	5,903	5,494	5,117
170	7,958	7,441	6,955	6,501	6,078
180	9,195	8,632	8,100	7,599	7,131
190	10,525	9,916	9,337	8,791	8,276
200	11,949	11,293	10,669	10,076	9,514
210	13,467	12,764	12,093	11,454	10,846
220	15,079	14,329	13,611	12,925	12,271
230	16,786	15,989	15,224	14,491	13,790
240	18,587	17,743	16,925	16,151	15,403
250	20,485	19,692	18,723	17,906	17,111

Tafel III.

Kreisbogen mit Übergangsbogen.

r	1100	1100	1100	1100	1100
L	130	140	150	160	170
l	129,955	139,943	149,930	159,915	169,898
a	64,752	69,690	74,619	79,539	84,447
f	0,638	0,740	0,849	0,965	1,089
$1:m$	853230,8	918048,3	982685,9	1047131,4	1111373,1
τ^8	3,77 58	4,06 86	4,36 20	4,65 59	4,95 04
$x = 20$	0,009	0,009	0,008	0,008	0,007
30	0,032	0,029	0,027	0,026	0,024
40	0,075	0,070	0,065	0,061	0,058
50	0,146	0,133	0,127	0,119	0,112
60	0,253	0,235	0,220	0,206	0,194
70	0,402	0,374	0,349	0,328	0,309
80	0,600	0,558	0,521	0,489	0,461
90	0,854	0,794	0,742	0,696	0,656
100	1,172	1,089	1,018	0,955	0,900
110	1,560	1,450	1,354	1,271	1,198
120	2,025	1,882	1,758	1,650	1,555
130	2,572	2,393	2,236	2,098	1,977
140	3,215	2,985	2,792	2,620	2,469
150	3,946	3,676	3,430	3,223	3,037
160	4,770	4,453	4,168	3,905	3,686
170	5,685	5,323	4,992	4,691	4,413
180	6,692	6,285	5,908	5,562	5,247
190	7,792	7,339	6,917	6,525	6,165
200	8,984	8,486	8,018	7,581	7,175
210	10,270	9,725	9,212	8,729	8,278
220	11,649	11,058	10,498	9,970	9,473
230	13,121	12,484	11,879	11,303	10,761
240	14,686	14,004	13,352	12,731	12,143
250	16,348	15,619	14,920	14,253	13,618
260	18,105	17,328	16,583	15,869	15,188
270	19,956	19,132	18,340	17,579	16,852
280	21,903	21,032	20,193	19,385	18,611

334

Kreisbogen mit Übergangsbogen.

r	1100	1100	1100	1100	1100
L	180	190	200	210	220
l	179,880	189,858	199,835	209,809	219,780
a	89,344	94,230	99,103	103,963	108,810
f	1,220	1,358	1,504	1,656	1,817
$1:m$	1175398,4	1239195,7	1302752,9	1366058,8	1429101,3
τ^g	5,24 56	5,54 14	5,83 80	6,13 52	6,43 33
$x = 20$	0,007	0,006	0,006	0,006	0,006
30	0,023	0,022	0,021	0,020	0,019
40	0,054	0,052	0,049	0,047	0,045
50	0,106	0,101	0,096	0,092	0,087
60	0,184	0,174	0,166	0,158	0,151
70	0,292	0,277	0,263	0,251	0,240
80	0,436	0,413	0,393	0,375	0,358
90	0,620	0,588	0,560	0,534	0,510
100	0,851	0,807	0,768	0,732	0,700
110	1,132	1,074	1,022	0,974	0,931
120	1,470	1,394	1,326	1,265	1,209
130	1,869	1,773	1,686	1,608	1,537
140	2,335	2,215	2,106	2,009	1,920
150	2,871	2,724	2,591	2,471	2,362
160	3,485	3,305	3,144	2,998	2,866
170	4,180	3,965	3,771	3,596	3,438
180	4,952	4,706	4,477	4,269	4,081
190	5,835	5,523	5,265	5,021	4,800
200	6,800	6,455	6,126	5,856	5,598
210	7,857	7,467	7,108	6,761	6,480
220	9,007	8,572	8,168	7,795	7,428
230	10,250	9,769	9,320	8,900	8,514
240	11,586	11,059	10,565	10,100	9,668
250	13,015	12,443	11,904	11,393	10,916
260	14,539	13,920	13,335	12,779	12,257
270	16,156	15,492	14,860	14,259	13,691
280	17,868	17,158	16,480	15,833	15,218

Tafel III.

Kreisbogen mit Übergangsbogen.

r	1100	1100	1200	1200	1200
L	230	240	20	30	40
l	229,749	239,714	20	30	40
a	113,642	118,460	10	15	20
f	1,984	2,159	0,014	0,031	0,056
$1:m$	1491869,4	1554352,1	144000,0	216000,0	288000,0
τ^g	6,73 21	7,03 18	—	—	—
$x = 20$	0,005	0,005	0,056	0,037	0,028
30	0,018	0,017	0,180	0,125	0,094
40	0,043	0,041	0,389	0,291	0,222
50	0,084	0,080	0,681	0,542	0,431
60	0,145	0,139	1,057	0,875	0,723
70	0,230	0,221	1,515	1,292	1,099
80	0,343	0,329	2,058	1,793	1,557
90	0,489	0,469	2,684	2,377	2,100
100	0,670	0,643	3,394	3,045	2,726
110	0,892	0,856	4,188	3,797	3,436
120	1,158	1,112	5,066	4,634	4,230
130	1,473	1,413	6,029	5,554	5,108
140	1,839	1,765	7,077	6,559	6,071
150	2,262	2,171	8,209	7,649	7,119
160	2,746	2,635	9,426	8,824	8,251
170	3,293	3,161	10,729	10,084	9,468
180	3,909	3,752	12,117	11,429	10,771
190	4,598	4,413	13,591	12,860	12,159
200	5,363	5,147	15,151	14,377	13,633
210	6,208	5,958	16,798	15,981	15,193
220	7,137	6,850	18,532	17,671	16,840
230	8,129	7,828	20,353	19,449	18,574
240	9,266	8,862	22,262	21,313	20,395
250	10,468	10,052	24,259	23,266	22,304
260	11,764	11,303			24,301
270	13,153	12,647			
280	14,636	14,085			
290	16,213	15,617			
300	17,885	17,242			

336

Kreisbogen mit Übergangsbogen.

r	1200	1200	1200	1200	1200
L	50	60	70	80	90
l	50	60	69,994	79,991	89,987
a	25	30	34,967	39,951	44,931
f	0,087	0,125	0,170	0,222	0,281
$1:m$	360000,0	432000,0	503314,9	574977,6	646544,8
τ^g	—	—	1,85 85	2,12 46	2,39 09
$x = 20$	0,022	0,019	0,016	0,014	0,012
30	0,075	0,063	0,054	0,047	0,042
40	0,178	0,148	0,127	0,111	0,099
50	0,347	0,289	0,248	0,217	0,193
60	0,598	0,500	0,419	0,376	0,334
70	0,931	0,792	0,681	0,597	0,531
80	1,348	1,168	1,015	0,890	0,792
90	1,849	1,626	1,433	1,266	1,127
100	2,433	2,169	1,933	1,725	1,545
110	3,101	2,795	2,518	2,268	2,046
120	3,853	3,505	3,187	2,895	2,631
130	4,690	4,299	3,939	3,605	3,300
140	5,610	5,177	4,776	4,400	4,053
150	6,615	6,140	5,696	5,279	4,890
160	7,705	7,188	6,701	6,242	5,811
170	8,880	8,320	7,792	7,290	6,816
180	10,140	9,537	8,967	8,422	7,907
190	11,485	10,840	10,227	9,640	9,082
200	12,916	12,228	11,572	10,943	10,343
210	14,433	13,702	13,004	12,332	11,688
220	16,037	15,262	14,521	13,806	13,120
230	17,727	16,909	16,125	15,367	14,638
240	19,505	18,643	17,816	17,015	16,242
250	21,369	20,464	19,594	18,749	17,933
260	23,322	22,373	21,459	20,570	19,711
270		24,370	23,412	22,480	21,577
280				24,477	23,532

22   Höfer, Bogentafeln. 4. Aufl.

Tafel III.

Kreisbogen mit Übergangsbogen.

r	1200	1200	1200	1200	1200
L	100	110	120	130	140
l	99,983	109,977	119,970	129,962	139,952
a	49,905	54,873	59,836	64,791	69,739
f	0,347	0,419	0,499	0,585	0,678
$1:m$	718005,1	789346,0	860556,5	931624,7	1002538,8
τ^g	2,65 75	2,92 44	3,19 16	3,45 91	3,72 70
$x = 20$	0,011	0,010	0,009	0,009	0,008
30	0,038	0,034	0,031	0,029	0,027
40	0,089	0,081	0,074	0,069	0,064
50	0,174	0,158	0,145	0,134	0,125
60	0,301	0,274	0,251	0,232	0,215
70	0,478	0,435	0,399	0,368	0,342
80	0,713	0,649	0,595	0,550	0,511
90	1,015	0,924	0,847	0,783	0,727
100	1,392	1,267	1,162	1,073	0,997
110	1,852	1,685	1,547	1,428	1,328
120	2,396	2,188	2,006	1,855	1,724
130	3,023	2,773	2,552	2,356	2,191
140	3,734	3,442	3,180	2,944	2,734
150	4,529	4,195	3,891	3,614	3,365
160	5,408	5,033	4,686	4,368	4,077
170	6,372	5,954	5,566	5,206	4,874
180	7,420	6,960	6,531	6,128	5,754
190	8,553	8,052	7,579	7,135	6,718
200	9,771	9,228	8,713	8,227	7,769
210	11,074	10,488	9,932	9,403	8,903
220	12,463	11,834	11,236	10,665	10,123
230	13,938	13,267	12,625	12,012	11,428
240	15,499	14,785	14,100	13,445	12,818
250	17,147	16,390	15,662	14,964	14,294
260	18,882	18,081	17,311	16,569	15,857
270	20,704	19,860	19,046	18,261	17,506
280	22,613	21,726	20,869	20,041	19,242

338

Kreisbogen mit Übergangsbogen.

r	1200	1200	1200	1200	1200
L	150	160	170	180	190
l	149,941	159,929	169,915	179,899	189,881
a	74,680	79,612	84,535	89,448	94,352
f	0,778	0,885	0,999	1,119	1,246
$1 : m$	1073288,1	1143860,3	1214244,7	1284430,2	1354405,9
τ^g	3,99 54	4,26 41	4,53 34	4,80 31	5,07 33
$x = 20$	0,007	0,007	0,007	0,006	0,006
30	0,025	0,024	0,022	0,021	0,020
40	0,060	0,056	0,053	0,050	0,047
50	0,116	0,109	0,103	0,097	0,092
60	0,201	0,189	0,178	0,168	0,159
70	0,320	0,300	0,282	0,267	0,253
80	0,477	0,448	0,422	0,399	0,378
90	0,679	0,637	0,600	0,568	0,538
100	0,932	0,874	0,824	0,779	0,738
110	1,240	1,164	1,096	1,036	0,983
120	1,610	1,511	1,423	1,345	1,276
130	2,047	1,921	1,809	1,710	1,622
140	2,557	2,399	2,260	2,136	2,026
150	3,141	2,951	2,780	2,628	2,492
160	3,815	3,576	3,373	3,189	3,024
170	4,570	4,294	4,040	3,825	3,627
180	5,409	5,091	4,802	4,533	4,306
190	6,332	5,973	5,642	5,339	5,055
200	7,340	6,939	6,567	6,223	5,906
210	8,432	7,990	7,576	7,190	6,831
220	9,610	9,125	8,670	8,242	7,842
230	10,872	10,346	9,848	9,379	8,937
240	12,220	11,652	11,111	10,601	10,118
250	13,654	13,043	12,461	11,908	11,383
260	15,174	14,520	13,897	13,301	12,734
270	16,780	16,084	15,418	14,780	14,171
280	18,474	17,735	17,025	16,345	15,693

Tafel III.

Kreisbogen mit Übergangsbogen.

r	1200	1200	1200	1200	1200
L	200	210	220	230	240
l	199,861	209,839	219,815	229,789	239,760
a	99,245	104,127	108,997	113,856	118,702
f	1,380	1,520	1,668	1,821	1,982
$1:m$	1424159,7	1493681,4	1562961,3	1631986,9	1700748,2
τ^g	5,34 41	5,61 55	5,88 75	6,16 00	6,43 33
$x=20$	0,006	0,005	0,005	0,005	0,005
30	0,019	0,018	0,017	0,017	0,016
40	0,045	0,043	0,041	0,039	0,038
50	0,088	0,084	0,080	0,077	0,073
60	0,152	0,145	0,138	0,132	0,127
70	0,241	0,230	0,219	0,210	0,202
80	0,360	0,343	0,328	0,314	0,301
90	0,512	0,488	0,466	0,447	0,429
100	0,702	0,669	0,640	0,613	0,588
110	0,935	0,891	0,852	0,816	0,783
120	1,213	1,157	1,106	1,059	1,016
130	1,543	1,471	1,406	1,346	1,292
140	1,927	1,837	1,756	1,681	1,613
150	2,370	2,260	2,159	2,068	1,984
160	2,876	2,742	2,621	2,510	2,408
170	3,450	3,289	3,143	3,010	2,889
180	4,095	3,904	3,731	3,574	3,429
190	4,816	4,592	4,388	4,203	4,033
200	5,606	5,356	5,118	4,902	4,704
210	6,502	6,186	5,925	5,675	5,445
220	7,471	7,128	6,796	6,525	6,261
230	8,525	8,140	7,784	7,435	7,154
240	9,664	9,237	8,840	8,469	8,104
250	10,887	10,419	9,981	9,569	9,184
260	12,196	11,687	11,207	10,753	10,330
270	13,591	13,042	12,518	12,023	11,558
280	15,072	14,484	13,915	13,378	12,872

340

Kreisbogen mit Übergangsbogen.

r	1200	1300	1300	1300	1300
L	250	20	30	40	50
l	249,729	20	30	40	50
a	123,535	10	15	20	25
f	2,149	0,013	0,029	0,051	0,080
$1:m$	1769235,4	156000,0	234000,0	312000,0	390000,0
τ^g	6,70 72	—	—	—	—
$x = 20$	0,005	0,051	0,034	0,026	0,021
30	0,015	0,167	0,115	0,087	0,069
40	0,036	0,359	0,269	0,205	0,164
50	0,071	0,629	0,500	0,397	0,321
60	0,122	0,975	0,808	0,667	0,551
70	0,194	1,398	1,193	1,013	0,859
80	0,289	1,899	1,655	1,436	1,244
90	0,412	2,477	2,194	1,937	1,706
100	0,565	3,132	2,811	2,515	2,245
110	0,752	3,865	3,505	3,170	2,862
120	0,977	4,675	4,276	3,903	3,556
130	1,242	5,563	5,125	4,713	4,327
140	1,551	6,529	6,053	5,601	5,176
150	1,908	7,573	7,058	6,567	6,104
160	2,315	8,696	8,141	7,611	7,109
170	2,777	9,897	9,302	8,734	8,192
180	3,296	11,176	10,543	9,935	9,353
190	3,877	12,534	11,862	11,214	10,594
200	4,522	13,972	13,260	12,572	11,913
210	5,234	15,490	14,737	14,010	13,311
220	6,018	17,087	16,294	15,528	14,788
230	6,877	18,764	17,931	17,125	16,345
240	7,814	20,521	19,648	18,802	17,982
250	8,803	22,359	21,446	20,559	19,699
260	9,934	24,278	23,324	22,397	21,497
270	11,121			24,316	23,375
280	12,393				
290	13,751				
300	15,195				

Tafel III.

Kreisbogen mit Übergangsbogen.

r	1300	1300	1300	1300	1300
L	60	70	80	90	100
l	60	69,995	79,992	89,989	99,985
a	30	34,972	39,958	44,941	49,919
f	0,115	0,157	0,205	0,260	0,320
1 : m	468000,0	545367,5	623056,1	700656,6	778157,8
τ^g	—	1,71 53	1,96 08	2,20 65	2,45 24
x = 20	0,017	0,015	0,013	0,011	0,010
30	0,058	0,050	0,043	0,039	0,035
40	0,137	0,117	0,103	0,091	0,082
50	0,267	0,229	0,201	0,178	0,161
60	0,462	0,396	0,347	0,308	0,278
70	0,731	0,629	0,551	0,490	0,441
80	1,077	0,937	0,822	0,731	0,658
90	1,500	1,322	1,169	1,040	0,937
100	2,001	1,784	1,592	1,426	1,284
110	2,579	2,324	2,193	1,889	1,709
120	3,234	2,942	2,672	2,429	2,210
130	3,967	3,636	3,327	3,046	2,789
140	4,777	4,407	4,060	3,740	3,445
150	5,665	5,256	4,871	4,512	4,178
160	6,631	6,183	5,759	5,362	4,989
170	7,675	7,188	6,725	6,289	5,878
180	8,798	8,273	7,770	7,295	6,845
190	9,999	9,434	8,893	8,378	7,890
200	11,278	10,674	10,094	9,541	9,013
210	12,636	11,993	11,374	10,781	10,214
220	14,074	13,392	12,733	12,101	11,494
230	15,592	14,870	14,171	13,499	12,853
240	17,189	16,427	15,688	14,977	14,291
250	18,866	18,064	17,286	16,535	15,809
260	20,623	19,781	18,963	18,173	17,407
270	22,461	21,579	20,721	19,890	19,084
280	24,380	23,458	22,559	21,688	20,842

Kreisbogen mit Übergangsbogen.

r	1300	1300	1300	1300	1300
L	110	120	130	140	150
l	109,980	119,974	129,968	139,959	149,950
a	54,892	59,860	64,822	69,778	74,727
f	0,387	0,461	0,540	0,627	0,719
$1:m$	855549,0	932820,0	1009959,1	1086955,6	1163799,2
τ^g	2.69 85	2.94 49	3.19 16	3.43 85	3.68 58
$x = 20$	0,009	0,009	0,008	0,007	0,007
30	0,032	0,029	0,027	0,025	0,023
40	0,075	0,069	0,063	0,059	0,055
50	0,146	0,134	0,124	0,115	0,107
60	0,252	0,232	0,214	0,199	0,186
70	0,401	0,368	0,340	0,316	0,295
80	0,598	0,549	0,507	0,471	0,440
90	0,852	0,782	0,722	0,671	0,626
100	1,169	1,072	0,990	0,920	0,859
110	1,555	1,427	1,318	1,225	1,144
120	2,018	1,851	1,711	1,590	1,485
130	2,559	2,354	2,174	2,021	1,888
140	3,176	2,933	2,715	2,522	2,358
150	3,871	3,590	3,333	3,104	2,897
160	4,643	4,324	4,029	3,761	3,519
170	5,493	5,135	4,802	4,496	4,215
180	6,421	6,024	5,652	5,308	4,989
190	7,427	6,991	6,581	6,198	5,840
200	8,511	8,037	7,587	7,166	6,769
210	9,673	9,160	8,672	8,212	7,776
220	10,914	10,362	9,835	9,336	8,861
230	12,234	11,643	11,076	10,538	10,025
240	13,633	13,002	12,397	11,819	11,267
250	15,112	14,441	13,796	13,179	12,589
260	16,669	15,960	15,275	14,618	13,989
270	18,307	17,558	16,833	16,138	15,469
280	20,025	19,236	18,472	17,737	17,028

Kreisbogen mit Übergangsbogen.

r	1300	1300	1300	1300	1300
L	160	170	180	190	200
l	159,939	169,927	179,914	189,899	199,882
a	79,669	84,603	89,529	94,447	99,356
f	0,818	0,923	1,034	1,151	1,275
$1:m$	1240479,4	1316985,8	1393308,0	1469434,8	1545356,6
τ^g	3,93 34	4,18 14	4,42 98	4,67 86	4,92 78
$x = 20$	0,006	0,006	0,006	0,005	0,005
30	0,022	0,021	0,019	0,019	0,017
40	0,053	0,049	0,046	0,044	0 041
50	0,101	0,095	0,090	0,085	0,081
60	0,174	0,164	0,155	0,147	0,140
70	0,277	0,260	0,246	0,233	0,222
80	0,413	0,389	0,367	0,348	0,331
90	0,588	0,554	0,523	0,496	0,472
100	0,806	0,759	0,718	0,681	0,647
110	1,073	1,010	0,955	0,906	0,861
120	1,393	1,312	1,240	1,176	1,118
130	1,771	1,668	1,577	1,495	1,422
140	2,212	2,084	1,969	1,867	1,776
150	2,721	2,562	2,422	2,297	2,184
160	3,298	3,110	2,940	2,787	2,650
170	3,960	3,726	3,526	3,343	3,179
180	4,695	4,428	4,180	3,969	3,774
190	5,508	5,203	4,922	4,660	4,438
200	6,399	6,055	5,736	5,444	5,168
210	7,368	6,985	6,628	6,297	5,992
220	8,414	7,993	7,598	7,228	6,885
230	9,539	9,079	8,646	8,238	7,856
240	10,743	10,244	9,772	9,325	8,905
250	12,025	11,488	10,976	10,491	10,033
260	13,386	12,810	12,259	11,736	11,239
270	14,827	14,211	13,622	13,059	12,523
280	16,346	15,691	15,063	14,461	13,887

Kreisbogen mit Übergangsbogen.

r	1300	1300	1300	1300	1300
L	210	220	230	240	250
l	209,863	219,842	229,820	239,796	249,769
a	104,255	109,144	114,023	118,891	123,748
f	1,405	1,541	1,684	1,832	1,987
$1:m$	1621063,4	1696544,5	1771790,2	1846791,1	1921536,7
τ^8	5,17 74	5,42 76	5,67 82	5,92 94	6 18 10
$x = 20$	0,005	0,005	0,005	0,004	0,004
30	0,017	0,016	0,015	0,015	0,014
40	0,039	0,038	0,036	0,035	0,033
50	0,077	0,074	0,071	0,068	0,065
60	0,133	0,127	0,122	0,117	0,112
70	0,212	0,202	0,194	0,186	0,178
80	0,316	0,302	0,289	0,277	0,266
90	0,450	0,430	0,411	0,394	0,379
100	0,617	0,589	0,564	0,541	0,520
110	0,821	0,784	0,751	0,721	0,692
120	1,066	1,018	0,975	0,936	0,899
130	1,355	1,295	1,240	1,190	1,143
140	1,693	1,617	1,549	1,486	1,428
150	2,082	1,989	1,905	1,827	1,756
160	2,527	2,414	2,312	2,217	2,131
170	3,031	2,896	2,773	2,660	2,557
180	3,598	3,438	3,292	3,158	3,035
190	4,231	4,043	3,871	3,714	3,569
200	4,935	4,716	4,515	4,332	4,163
210	5,702	5,459	5,227	5,015	4,819
220	6,568	6,263	6,010	5,766	5,541
230	7,501	7,171	6,851	6,588	6,332
240	8,512	8,144	7,802	7,466	7,196
250	9,601	9,195	8,815	8,460	8 109
260	10,768	10,324	9,906	9,513	9,147
270	12,014	11,531	11,075	10,644	10,240
280	13,339	12,817	12,323	11,854	11,412
290	14,743	14,182	13,650	13,142	12,662
300	16,226	15,627	15,056	14,509	13,990

Tafel III.

Kreisbogen mit Übergangsbogen.

r	1300	1400	1400	1400	1400
L	260	20	30	40	50
l	259,740	20	30	40	50
a	128,594	10	15	20	25
f	2,147	0,012	0,027	0,048	0,074
$1 : m$	1996017,0	168000,0	252000,0	336000,0	420000,0
τ^8	6,43 33	—	—	—	—
$x = 20$	0,004	0,048	0,032	0,024	0,019
30	0,014	0,155	0,107	0,080	0,064
40	0,032	0,334	0,250	0,190	0,152
50	0,062	0,584	0,464	0,369	0,298
60	0,108	0,905	0,750	0,620	0,511
70	0,172	1,298	1,108	0,941	0,797
80	0,257	1,763	1,537	1,334	1,155
90	0,365	2,300	2,037	1,799	1,584
100	0,501	2,908	2,609	2,336	2,084
110	0,667	3,588	3,254	2,944	2,656
120	0,866	4,340	3,970	3,624	3,301
130	1,101	5,164	4,758	4,376	4,017
140	1,375	6,061	5,619	5,200	4,805
150	1,691	7,030	6,551	6,097	5,666
160	2,052	8,071	7,556	7,066	6,598
170	2,461	9,185	8,634	8,107	7,603
180	2,921	10,372	9,784	9,221	8,681
190	3,436	11,632	11,007	10,408	9,831
200	4,008	12,965	12,304	11,668	11,054
210	4,640	14,371	13,674	13,001	12,351
220	5,335	15,851	15,117	14,407	13,721
230	6,096	17,405	16,634	15,887	15,164
240	6,926	19,034	18,225	17,441	16,681
250	7,828	20,737	19,891	19,070	18,272
260	8,779	22,514	21,631	20,773	19,938
270	9,861	24,367	23,446	22,550	21,678
280	10,994			24,403	23,493
290	12,206				
300	13,496				

346

Kreisbogen mit Übergangsbogen.

r	1400	1400	1400	1400	1400
L	60	70	80	90	100
l	60	70	79,993	89,991	99,987
a	30	35	39,964	44,949	49,930
f	0,107	0,146	0,190	0,241	0,297
$1:m$	504000,0	588000,0	671123,2	754752,2	838289,0
τ^g	—	—	1,82 05	2,04 85	2,27 67
$x = 20$	0,016	0,014	0,012	0,011	0,009
30	0,054	0,046	0,040	0,036	0,032
40	0,127	0,109	0,095	0,085	0,076
50	0,248	0,213	0,186	0,166	0,149
60	0,429	0,367	0,322	0,286	0,257
70	0,679	0,583	0,511	0,454	0,409
80	1,000	0,870	0,763	0,678	0,611
90	1,393	1,227	1,085	0,966	0,870
100	1,858	1,656	1,478	1,324	1,192
110	2,395	2,156	1,943	1,753	1,586
120	3,003	2,728	2,480	2,254	2,052
130	3,683	3,373	3,088	2,827	2,589
140	4,435	4,089	3,768	3,471	3,197
150	5,259	4,877	4,521	4,188	3,878
160	6,156	5,738	5,345	4,976	4,631
170	7,125	6,670	6,242	5,837	5,455
180	8,166	7,675	7,211	6,770	6,352
190	9,280	8,753	8,253	7,775	7,322
200	10,467	9,903	9,367	8,853	8,363
210	11,727	11,126	10,554	10,004	9,478
220	13,060	12,423	11,814	11,228	10,665
230	14,466	13,793	13,148	12,525	11,926
240	15,946	15,236	14,555	13,896	13,259
250	17,500	16,753	16,035	15,339	14,666
260	19,129	18,344	17,590	16,857	16,147
270	20,832	20,010	19,218	18,448	17,702
280	22,609	21,750	20,921	20,114	19,331
290	24,462	23,565	22,699	21,854	21,034
300			24,552	23,670	22,812

Tafel III.

Kreisbogen mit Übergangsbogen.

r	1400	1400	1400	1400	1400
L	110	120	130	140	150
l	109,983	119,978	129,972	139,965	149,957
a	54,907	59,879	64,846	69,808	74,764
f	0,360	0,428	0,502	0,582	0,668
$1:m$	921723,4	1005045,6	1088245,4	1171313,2	1254239,9
τ^g	2,50 51	2,73 37	2,96 25	3,19 16	3,42 09
$x = 20$	0,009	0,008	0,007	0,007	0,006
30	0,029	0,027	0,025	0,023	0,022
40	0,069	0,064	0,059	0,055	0,051
50	0,136	0,124	0,115	0,107	0,099
60	0,234	0,215	0,198	0,184	0,172
70	0,372	0,341	0,315	0,293	0,273
80	0,555	0,509	0,470	0,437	0,408
90	0,791	0,725	0,670	0,622	0,581
100	1,085	0,995	0,919	0,854	0,797
110	1,443	1,324	1,223	1,136	1,061
120	1,874	1,718	1,588	1,475	1,378
130	2,375	2,185	2,018	1,876	1,752
140	2,948	2,723	2,521	2,341	2,188
150	3,593	3,332	3,094	2,882	2,689
160	4,310	4,013	3,739	3,490	3,265
170	5,099	4,766	4,457	4,171	3,911
180	5,960	5,591	5,246	4,925	4,629
190	6,893	6,488	6,107	5,751	5,419
200	7,899	7,457	7,041	6,649	6,281
210	8,977	8,499	8,047	7,619	7,215
220	10,128	9,615	9,126	8,661	8,222
230	11,352	10,802	10,277	9,777	9,301
240	12,649	12,063	11,502	10,965	10,454
250	14,020	13,397	12,800	12,226	11,678
260	15,464	14,804	14,171	13,561	12,976
270	16,982	16,286	15,615	14,969	14,348
280	18,574	17,841	17,133	16,451	15,793
290	20,240	19,470	18,726	18,006	17,312
300	21,981	21,174	20,392	19,636	18,906

348

Kreisbogen mit Übergangsbogen.

r	1400	1400	1400	1400	1400
L	160	170	180	190	200
l	159,948	169,937	179,926	189,913	199,898
a	79,714	84,657	89,594	94,522	99,444
f	0,759	0,857	0,960	1,070	1,185
$1:m$	1337011,4	1419622,5	1502062,3	1584320,1	1666386,6
τ^g	3,65 04	3,88 03	4,11 05	4,34 10	4,57 19
$x=20$	0,006	0,006	0,005	0,005	0,005
30	0,020	0,019	0,018	0,017	0,017
40	0,048	0,045	0,043	0,040	0,038
50	0,094	0,088	0,083	0,079	0,075
60	0,162	0,152	0,144	0,136	0,130
70	0,257	0,242	0,228	0,216	0,206
80	0,383	0,361	0,340	0,323	0,307
90	0,545	0,514	0,485	0,460	0,437
100	0,748	0,704	0,666	0,631	0,600
110	0,996	0,937	0,886	0,840	0,799
120	1,292	1,217	1,150	1,091	1,037
130	1,643	1,548	1,463	1,387	1,318
140	2,052	1,933	1,827	1,732	1,647
150	2,524	2,377	2,247	2,130	2,026
160	3,061	2,885	2,727	2,585	2,458
170	3,673	3,457	3,271	3,101	2,948
180	4,356	4,107	3,878	3,681	3,500
190	5,110	4,826	4,565	4,323	4,116
200	5,936	5,617	5,320	5,049	4,793
210	6,834	6,479	6,147	5,841	5,557
220	7,805	7,414	7,046	6,705	6,385
230	8,849	8,422	8,018	7,641	7,286
240	9,965	9,502	9,062	8,649	8,258
250	11,154	10,655	10,179	9,730	9,304
260	12,416	11,881	11,369	10,884	10,422
270	13,751	13,180	12,632	12,111	11,613
280	15,160	14,252	13,969	13,411	12,877
290	16,643	15,998	15,378	14,784	14,214
300	18,198	17,518	16,861	16,231	15,625

Tafel III.

Kreisbogen mit Übergangsbogen.

r	1400	1400	1400	1400	1400
L	210	220	230	240	250
l	209,882	219,864	229,845	239,824	249,801
a	104,356	109,261	114,156	119,042	123,918
f	1,306	1,432	1,564	1,702	1,847
$1:m$	1748252,6	1829908,9	1911344,9	1992552,7	2073521,9
τ^g	4,80 31	5,03 47	5,26 67	5,49 91	5,73 20
$x = 20$	0,005	0,004	0,004	0,004	0,004
30	0,015	0,015	0,014	0,014	0,013
40	0,037	0,035	0,033	0,032	0,031
50	0,072	0,068	0,065	0,063	0,060
60	0,124	0,118	0,113	0,108	0,104
70	0,196	0,187	0,179	0,172	0,165
80	0,293	0,280	0,268	0,257	0,247
90	0,417	0,398	0,381	0,366	0,352
100	0,572	0,547	0,523	0,502	0,482
110	0,761	0,727	0,696	0,668	0,641
120	0,988	0,944	0,904	0,867	0,833
130	1,257	1,201	1,150	1,103	1,060
140	1,570	1,500	1,436	1,378	1,324
150	1,930	1,844	1,766	1,694	1,628
160	2,342	2,238	2,143	2,056	1,975
170	2,810	2,685	2,570	2,466	2,369
180	3,336	3,187	3,051	2,927	2,813
190	3,923	3,748	3,589	3,442	3,308
200	4,576	4,372	4,186	4,015	3,858
210	5,288	5,061	4,845	4,648	4,466
220	6,091	5,808	5,571	5,344	5,135
230	6,956	6,648	6,353	6,106	5,868
240	7,893	7,550	7,231	6,923	6,667
250	8,902	8,524	8,170	7,840	7,518
260	9,985	9,571	9,181	8,816	8,476
270	11,140	10,690	10,265	9,864	9,489
280	12,368	11,882	11,421	10,985	10,575
290	13,669	13,148	12,650	12,179	11,733
300	15,044	14,487	13,954	13,446	12,964

350

Kreisbogen mit Übergangsbogen.

r	1400	1400	1500	1500	1500
L	260	270	20	30	40
l	259,776	269,749	20	30	40
a	128,784	133,640	10	15	20
f	1,996	2,151	0,011	0,025	0,044
$1 : m$	2154242,6	2234708,2	180000,0	270000,0	360000,0
τ^g	5,96 53	6,19 90	—	—	—
$x = 20$	0,004	0,004	0,044	0,030	0,022
30	0,013	0,012	0,144	0,100	0,075
40	0,030	0,029	0,311	0,233	0,178
50	0,058	0,056	0,544	0,433	0,344
60	0,100	0,097	0,845	0,700	0,577
70	0,159	0,154	1,212	1,034	0,878
80	0,238	0,229	1,645	1,434	1,245
90	0,338	0,326	2,146	1,901	1,678
100	0,464	0,447	2,713	2,435	2,179
110	0,618	0,595	3,348	3,036	2,746
120	0,802	0,773	4,050	3,705	3,381
130	1,020	0,983	4,819	4,440	4,083
140	1,274	1,228	5,655	5,242	4,852
150	1,567	1,510	6,559	6,112	5,688
160	1,901	1,833	7,530	7,050	6,592
170	2,280	2,199	8,569	8,055	7,563
180	2,707	2,610	9,676	9,127	8,602
190	3,184	3,069	10,850	10,268	9,709
200	3,714	3,580	12,093	11,477	10,883
210	4,299	4,144	13,404	12,754	12,126
220	4,943	4,765	14,784	14,099	13,437
230	5,648	5,445	16,232	15,513	14,817
240	6,417	6,186	17,749	16,996	16,265
250	7,253	6,992	19,336	18,548	17,782
260	8,138	7,865	20,991	20,169	19,368
270	9,136	8,783	22,716	21,859	21,024
280	10,186	9,822	24,511	23,619	22,749
290	11,309	10,910			24,544
300	12,505	12,070			

Tafel III.
Kreisbogen mit Übergangsbogen.

r	1500	1500	1500	1500	1500
L	50	60	70	80	90
l	50	60	70	79,994	89,992
a	25	30	35	39,969	44,956
f	0,069	0,100	0,136	0,178	0,225
$1:m$	450000,0	540000,0	630000,0	719181,8	808835,5
τ^g	—	—	—	1,69 89	1,91 17
$z = 20$	0,018	0,015	0,013	0,011	0,010
30	0,060	0,050	0,043	0,038	0,033
40	0,142	0,119	0,102	0,089	0,079
50	0,278	0,231	0,198	0,174	0,155
60	0,477	0,400	0,343	0,300	0,267
70	0,744	0,633	0,544	0,477	0,424
80	1,078	0,934	0,811	0,712	0,633
90	1,478	1,301	1,145	1,013	0,901
100	1,945	1,734	1,545	1,380	1,235
110	2,479	2,234	2,012	1,814	1,636
120	3,080	2,802	2,546	2,315	2,103
130	3,749	3,437	3,147	2,882	2,637
140	4,484	4,139	3,816	3,517	3,239
150	5,286	4,908	4,551	4,219	3,908
160	6,156	5,744	5,353	4,988	4,643
170	7,094	6,648	6,223	5,825	5,446
180	8,099	7,619	7,161	6,729	6,316
190	9,171	8,658	8,166	7,699	7,254
200	10,312	9,765	9,238	8,739	8,259
210	11,521	10,939	10,379	9,846	9,332
220	12,798	12,182	11,588	11,021	10,473
230	14,143	13,493	12,865	12,264	11,682
240	15,557	14,873	14,210	13,575	12,959
250	17,040	16,321	15,624	14,955	14,305
260	18,592	17,838	17,107	16,404	15,720
270	20,213	19,425	18,659	17,921	17,203
280	21,903	21,080	20,280	19,508	18,755
290	23,663	22,805	21,970	21,164	20,376
300		24,600	23,730	22,889	22,066

Kreisbogen mit Übergangsbogen.

r	1500	1500	1500	1500	1500
L	100	110	120	130	140
l	99,989	109,985	119,981	129,976	139,970
a	49,939	54,919	59,895	64,866	69,833
f	0,278	0,336	0,400	0,469	0,543
$1:m$	898402,9	987874,8	1077241,8	1166494,4	1255623,7
τ^8	2,12 46	2.33 76	2,55 08	2,76 42	2,97 78
$x = 20$	0,009	0,008	0,007	0,007	0,006
30	0,030	0,027	0,025	0,023	0,022
40	0,071	0,065	0,059	0,055	0,051
50	0,139	0,127	0,116	0,107	0,099
60	0,240	0,219	0,201	0,185	0,172
70	0,381	0,347	0,318	0,294	0,273
80	0,570	0,518	0,475	0,439	0,408
90	0,811	0,738	0,677	0,625	0,581
100	1,113	1,012	0,928	0,857	0,797
110	1,481	1,347	1,236	1,141	1,060
120	1,915	1,748	1,603	1,481	1,376
130	2,416	2,216	2,039	1,882	1,750
140	2,984	2,751	2,540	2,352	2,184
150	3,619	3.353	3,108	2,887	2,687
160	4,321	4,021	3,744	3,489	3,256
170	5,090	4,757	4,447	4,158	3,891
180	5,927	5,560	5,217	4,894	4,594
190	6,831	6,431	6,053	5,698	5,364
200	7,803	7,369	6,957	6,569	6,201
210	8,842	8,374	7,929	7,507	7,106
220	9,949	9,448	8,969	8,513	8,078
230	11,125	10,589	10,076	9,587	9,118
240	12,368	11,798	11,251	10,728	10,226
250	13,679	13,076	12,495	11,938	11,402
260	15,059	14,422	13,807	13,216	12,646
270	16,508	15,836	15,188	14,562	13,959
280	18,026	17,319	16,637	15,977	15,340
290	19,612	18,871	18,154	17,461	16,789
300	21,268	20,493	19,741	19,013	18,306

Tafel III.

Kreisbogen mit Übergangsbogen.

r	1500	1500	1500	1500	1500
L	150	160	170	180	190
l	149,962	159,954	169,945	179,935	189,924
a	74,795	79,751	84,701	89,646	94,584
f	0,624	0,710	0,801	0,897	0,999
$1:m$	1344620,1	1433473,9	1522176,5	1610717,1	1699090,0
τ^g	3,19 16	3,40 56	3,61 98	3,83 43	4,04 91
$x = 20$	0,006	0,006	0,005	0,005	0,005
30	0,020	0,019	0,018	0,017	0,016
40	0,048	0,045	0,042	0,040	0,038
50	0,093	0,087	0,082	0,078	0,074
60	0,161	0,150	0,142	0,134	0,127
70	0,255	0,239	0,225	0,213	0,202
80	0,381	0,357	0,336	0,319	0,301
90	0,542	0,509	0,479	0,454	0,429
100	0,744	0,698	0,657	0,621	0,589
110	0,990	0,929	0,874	0,826	0,783
120	1,285	1,206	1,135	1,073	1,017
130	1,634	1,533	1,443	1,364	1,293
140	2,041	1,914	1,803	1,704	1,615
150	2,508	2,354	2,217	2,095	1,986
160	3,045	2,855	2,691	2,543	2,411
170	3,648	3,427	3,224	3,050	2,892
180	4,318	4,064	3,831	3,617	3,432
190	5,055	4,767	4,502	4,258	4,032
200	5,859	5,538	5,239	4,962	4,708
210	6,730	6,376	6,044	5,733	5,446
220	7,669	7,281	6,916	6,572	6,251
230	8,675	8,254	7,855	7,478	7,124
240	9,749	9,294	8,862	8,451	8,064
250	10,891	10,402	9,937	9,493	9,072
260	12,101	11,579	11,079	10,602	10,147
270	13,380	12,824	12,290	11,779	11,291
280	14,727	14,137	13,569	13,024	12,503
290	16,142	15,518	14,917	14,338	13,783
300	17,626	16,968	16,333	15,720	15,131

Kreisbogen mit Übergangsbogen.

r	1500	1500	1500	1500	1500
L	200	210	220	230	240
l	199,911	209,897	219,882	229,865	239,846
a	99,515	104,439	109,355	114,264	119,164
f	1,107	1,219	1,338	1,462	1,591
$1:m$	1787282,3	1875287,9	1963095,5	2050698,6	2138086,0
τ^g	4,26 41	4,47 95	4,69 52	4,91 11	5,12 75
$x = 20$	0,004	0,004	0,004	0,004	0,004
30	0,015	0,014	0,014	0,013	0,013
40	0,036	0,034	0,033	0,031	0,030
50	0,070	0,067	0,064	0,061	0,058
60	0,121	0,115	0,110	0,105	0,101
70	0,192	0,183	0,175	0,167	0,160
80	0,286	0,273	0,261	0,250	0,239
90	0,408	0,389	0,371	0,356	0,341
100	0,560	0,533	0,509	0,488	0,468
110	0,745	0,710	0,678	0,649	0,623
120	0,967	0,922	0,880	0,843	0,808
130	1,229	1,172	1,119	1,072	1,027
140	1,535	1,463	1,398	1,338	1,283
150	1,888	1,800	1,720	1,646	1,579
160	2,292	2,185	2,087	1,998	1,916
170	2,749	2,620	2,503	2,396	2,298
180	3,263	3,110	2,971	2,844	2,728
190	3,838	3,658	3,494	3,345	3,208
200	4,470	4,266	4,075	3,901	3,742
210	5,181	4,931	4,718	4,516	4,331
220	5,954	5,677	5,415	5,192	4,980
230	6,794	6,483	6,197	5.923	5,691
240	7,700	7,357	7,038	6,741	6,453
250	8,673	8,298	7,946	7,616	7,308
260	9,716	9,307	8,922	8,558	8,217
270	10,827	10,384	9,965	9,568	9,194
280	12,005	11,528	11,076	10,646	10,239
290	13,251	12,740	12,255	11,792	11,351
300	14,565	14,022	13,502	13,006	12,532

23*

Tafel III.
Kreisbogen mit Übergangsbogen.

r	1500	1500	1500	1500	1600
L	250	260	270	280	20
l	249,826	259,805	269,781	279,756	20
a	124,056	128,939	133,813	138,678	10
f	1,725	1,865	2,010	2,161	0,010
$1:m$	2225250,5	2312182,4	2398875,3	2485316,6	192000,0
τ^g	5.34 41	5.56 12	5.77 86	5.99 64	—
$x = 20$	0,004	0,003	0,003	0,003	0,042
30	0,012	0,012	0,011	0,011	0,135
40	0,029	0,028	0,027	0,026	0,291
50	0,056	0,054	0,052	0,051	0,510
60	0,097	0,093	0,090	0,087	0,792
70	0,154	0,148	0,143	0,138	1,136
80	0,230	0,221	0,213	0,206	1,542
90	0,328	0,315	0,304	0,293	2,011
100	0,449	0,432	0,417	0,402	2,543
110	0,598	0,575	0,555	0,536	3,138
120	0,777	0,747	0,720	0,695	3,795
130	0,987	0,950	0,916	0,884	4,516
140	1,233	1,187	1,144	1,104	5,300
150	1,517	1,460	1,407	1,358	6,147
160	1,841	1,771	1,707	1,648	7,057
170	2,208	2,124	2,048	1,977	8,030
180	2,621	2,522	2,431	2,347	9,067
190	3,082	2,966	2,859	2,760	10,167
200	3,595	3,460	3,335	3,219	11,331
210	4,162	4,005	3,861	3,726	12,559
220	4,785	4,605	4,439	4,284	13,851
230	5,468	5,262	5,072	4,896	15,207
240	6,212	5,979	5,763	5,563	16,627
250	7,007	6,758	6,514	6,287	18,112
260	7,898	7,584	7,327	7,072	19,662
270	8,842	8,512	8,185	7,920	21,277
280	9,853	9,490	9,150	8 810	22,956
290	10,932	10,537	10,164	9,813	24,701
300	12,079	11,651	11,245	10,861	

356

Kreisbogen mit Übergangsbogen.

r	1600	1600	1600	1600	1600
L	30	40	50	60	70
l	30	40	50	60	70
a	15	20	25	30	35
f	0,023	0,042	0,065	0,094	0,128
$1:m$	288000,0	384000,0	480000,0	576000,0	672000,0
τ^8	—	—	—	—	—
$x = 20$	0,028	0,021	0,017	0,014	0,012
30	0,094	0,070	0,056	0,047	0,040
40	0,218	0,167	0,133	0,111	0,095
50	0,406	0,323	0,260	0,217	0,186
60	0,656	0,542	0,448	0,375	0,321
70	0,969	0,824	0,698	0,594	0,510
80	1,344	1,168	1,011	0,876	0,761
90	1,782	1,574	1,386	1,220	1,074
100	2,283	2,043	1,824	1,626	1,449
110	2,846	2,575	2,325	2,095	1,887
120	3,472	3,170	2,888	2,627	2,388
130	4,161	3,828	3,514	3,222	2,951
140	4,913	4,548	4,203	3,880	3,577
150	5,728	5,332	4,955	4,600	4,266
160	6,607	6,179	5,770	5,384	5,018
170	7,549	7,089	6,649	6,231	5,833
180	8,554	8,062	7,591	7,141	6,712
190	9,622	9,099	8,596	8,114	7,654
200	10,754	10,199	9,664	9,151	8,659
210	11,950	11,363	10,796	10,251	9,727
220	13,210	12,591	11,992	11,415	10,859
230	14,534	13,883	13,252	12,643	12,055
240	15,922	15,239	14,576	13,935	13,315
250	17,375	16,659	15,964	15,291	14,639
260	18,893	18,144	17,417	16,711	16,027
270	20,475	19,694	18,935	18,196	17,480
280	22,121	21,309	20,517	19,746	18,998
290	23,833	22,988	22,163	21,361	20,580
300		24,733	23,875	23,040	22,226

Kreisbogen mit Übergangsbogen.

r	1600	1600	1600	1600	1600
L	80	90	100	110	120
l	80	89,993	99,990	109,987	119,983
a	40	44,961	49,946	54,929	59,907
f	0,167	0,211	0,260	0,315	0,375
$1:m$	768000,0	862907,8	958502,7	1054007,4	1149413,2
τ^g	—	1,79 20	1,99 15	2,19 11	2,39 09
$x = 20$	0,010	0,009	0,008	0,008	0,007
30	0,035	0,031	0,028	0,026	0,024
40	0,083	0,074	0,067	0,061	0,056
50	0,162	0,145	0,130	0,119	0,109
60	0,281	0,250	0,225	0,205	0,188
70	0,447	0,397	0,358	0,325	0,298
80	0,667	0,593	0,534	0,486	0,445
90	0,949	0,845	0,761	0,692	0,634
100	1,293	1,158	1,043	0,949	0,870
110	1,699	1,534	1,388	1,262	1,158
120	2,168	1,972	1,795	1,639	1,503
130	2,700	2,472	2,264	2,077	1,911
140	3,295	3,035	2,796	2,578	2,381
150	3,953	3,662	3,392	3,142	2,914
160	4,673	4,352	4,050	3,769	3,509
170	5,457	5,104	4,770	4,458	4,167
180	6,304	5,919	5,554	5,211	4,888
190	7,214	6,797	6,401	6,026	5,672
200	8,187	7,740	7,312	6,905	6,520
210	9,224	8,746	8,286	7,847	7,431
220	10,324	9,814	9,323	8,853	8,405
230	11,488	10,947	10,423	9,922	9,442
240	12,716	12,143	11,587	11,055	10,543
250	14,008	13,403	12,816	12,251	11,707
260	15,364	14,727	14,108	13,512	12,936
270	16,784	16,116	15,465	14,836	14,228
280	18,269	17,569	16,885	16,224	15,585
290	19,819	19,086	18,370	17,677	17,006
300	21,434	20,668	19,920	19,195	18,492

Kreisbogen mit Übergangsbogen.

r	1600	1600	1600	1600	1600
L	130	140	150	160	170
l	129,979	139,973	149,967	159,960	169,952
a	64,882	69,853	74,819	79,781	84,737
f	0,440	0,510	0,585	0,665	0,751
$1:m$	1244712,3	1339895,4	1434953,8	1529878,8	1624661,0
τ^8	2,59 08	2,79 09	2,99 11	3,19 16	3.39 22
$x = 20$	0,006	0,006	0,006	0,005	0,005
30	0,022	0,020	0,019	0,018	0,017
40	0,051	0,048	0,045	0,042	0,039
50	0,100	0,093	0,087	0,082	0,077
60	0,174	0,161	0,151	0,141	0,133
70	0,276	0,256	0,239	0,224	0,211
80	0,411	0,382	0,357	0,335	0,315
90	0,586	0,544	0,508	0,477	0,449
100	0,803	0,746	0,697	0,654	0,616
110	1,069	0,993	0,928	0,870	0,819
120	1,388	1,290	1,204	1,130	1,063
130	1,764	1,640	1,531	1,436	1,352
140	2,204	2,047	1,912	1,794	1,689
150	2,706	2,520	2,350	2,206	2,077
160	3,270	3,052	2,856	2,675	2,521
170	3,897	3,647	3,419	3,212	3,022
180	4,587	4,305	4,046	3,807	3,589
190	5,340	5,027	4,736	4,466	4,217
200	6,156	5,812	5,490	5,188	4,908
210	7,035	6,660	6,306	5,973	5,662
220	7,977	7,571	7,185	6,821	6,479
230	8,983	8,545	8,128	7,732	7,359
240	10,052	9,583	9,134	8,707	8,302
250	11,185	10,684	10,204	9,745	9,309
260	12,382	11,849	11,337	10,847	10,379
270	13,642	13,078	12,534	12,013	11,513
280	14,967	14,370	13,796	13,242	12,711
290	16,356	15,726	15,121	14,535	13,972
300	17,810	17,148	16,510	15,893	15,298

Tafel III.

Kreisbogen mit Übergangsbogen.

r	1600	1600	1600	1600	1600
L	180	190	200	210	220
l	179,943	189,933	199,922	209,910	219,896
a	89,688	94,634	99,573	104,506	109,432
f	0,841	0,937	1,038	1,144	1,255
$1:m$	1719292,3	1813764,2	1908068,0	2002194,5	2096137,9
τ^g	3,59 30	3,79 41	3,99 54	4,19 69	4,39 87
$x = 20$	0,005	0,004	0,004	0,004	0,004
30	0,016	0,015	0,014	0,013	0,013
40	0,037	0,035	0,034	0,032	0,031
50	0,073	0,069	0,066	0,062	0,060
60	0,126	0,119	0,113	0,108	0,103
70	0,200	0,189	0,180	0,171	0,164
80	0,298	0,282	0,268	0,256	0,245
90	0,424	0,402	0,382	0,364	0,348
100	0,582	0,551	0,524	0,499	0,477
110	0,774	0,734	0,698	0,665	0,635
120	1,005	0,953	0,906	0,863	0,824
130	1,278	1,211	1,151	1,097	1,048
140	1,596	1,513	1,438	1,370	1,309
150	1,963	1,861	1,769	1,686	1,610
160	2,382	2,258	2,147	2,046	1,954
170	2,858	2,709	2,575	2,454	2,344
180	3,389	3,215	3,056	2,913	2,782
190	3,988	3,778	3,595	3,426	3,272
200	4,648	4,410	4,188	3,996	3,817
210	5,370	5,102	4,853	4,619	4,418
220	6,156	5,856	5,577	5,318	5,073
230	7,005	6,673	6,363	6,073	5,804
240	7,917	7,554	7,212	6,891	6,591
250	8,892	8,498	8,125	7,773	7,441
260	9,931	9,506	9,101	8,718	8,355
270	11,034	10,577	10,141	9,726	9,332
280	12,200	11,711	11,244	10,798	10,373
290	13,429	12,909	12,410	11,933	11,477
300	14,724	14,171	13,641	13,132	12,644

Kreisbogen mit Übergangsbogen.

r	1600	1600	1600	1600	1600
L	230	240	250	260	270
l	229,881	239,865	249,847	259,828	269,808
a	114,352	119,264	124,169	129,066	133,955
f	1,371	1,492	1,618	1,750	1,886
$1:m$	2189886,1	2283431,8	2376769,8	2469887,2	2562778,1
τ^g	4,60 08	4,80 31	5,00 57	5,20 87	5,41 19
$x = 20$	0,004	0,004	0,003	0,003	0,003
30	0,012	0,012	0,011	0,011	0,011
40	0,029	0,028	0,027	0,026	0,025
50	0,057	0,055	0,053	0,051	0,049
60	0,099	0,095	0,091	0,088	0,084
70	0,157	0,150	0,144	0,139	0,134
80	0,234	0,224	0,215	0,207	0,200
90	0,333	0,319	0,307	0,295	0,284
100	0,457	0,438	0,421	0,405	0,390
110	0,608	0,583	0,560	0,539	0,519
120	0,789	0,757	0,727	0,700	0,674
130	1,003	0,962	0,924	0,890	0,857
140	1,253	1,202	1,154	1,111	1,071
150	1,541	1,478	1,420	1,366	1,317
160	1,870	1,794	1,723	1,658	1,598
170	2,244	2,152	2,067	1,989	1,917
180	2,664	2,554	2,454	2,361	2,276
190	3,132	3,004	2,886	2,777	2,677
200	3,653	3,504	3,366	3,239	3,122
210	4,229	4,056	3,896	3,750	3,614
220	4,862	4,663	4,480	4,311	4,155
230	5,547	5,328	5,119	4,926	4,748
240	6,312	6,044	5,816	5,597	5,394
250	7,131	6,842	6,562	6,326	6,097
260	8,013	7,692	7,394	7,102	6,858
270	8,959	8,607	8,278	7,969	7,664
280	9,969	9,586	9,225	8,885	8,565
290	11,043	10,628	10,235	9,864	9,514
300	12,181	11,733	11,309	10,907	10,525

Tafel III.

Kreisbogen mit Übergangsbogen.

r	1600	1600	1700	1700	1700
L	280	290	20	30	40
l	279,786	289,762	20	30	40
a	138,836	143,708	10	15	20
f	2,027	2,174	0,010	0,022	0,039
$1:m$	2655434,4	2747848,7	204000,0	306000,0	408000,0
τ^g	5,61 55	5,81 94	—	—	—
$x = 20$	0,003	0,003	0,039	0,026	0,020
30	0,010	0,010	0,128	0,088	0,066
40	0,024	0,023	0,275	0,206	0,157
50	0,047	0,045	0,481	0,382	0,304
60	0,081	0,079	0,746	0,618	0,510
70	0,129	0,125	1,070	0,912	0,774
80	0,193	0,186	1,452	1,265	1,098
90	0,275	0,265	1,893	1,677	1,481
100	0,377	0,364	2,394	2,148	1,923
110	0,501	0,484	2,954	2,678	2,423
120	0,650	0,629	3,573	3,267	2,983
130	0,827	0,800	4,251	3,916	3,602
140	1,033	0,998	4,988	4,624	4,280
150	1,271	1,228	5,785	5,391	5,017
160	1,542	1,491	6,641	6,217	5,814
170	1,850	1,788	7,556	7,103	6,670
180	2,196	2,122	8,531	8,048	7,585
190	2,583	2,496	9,566	9,053	8,560
200	3,013	2,911	10,661	10,118	9,595
210	3,488	3,370	11,816	11,243	10,690
220	4,010	3,875	13,031	12,427	11,845
230	4,582	4,428	14,306	13,672	13,060
240	5,206	5,031	15,641	14,977	14,335
250	5,884	5,686	17,036	16,343	15,670
260	6,619	6,396	18,492	17,769	17,065
270	7,412	7,163	20,010	19,256	18,522
280	8,248	7,989	21,589	20,803	20,039
290	9,184	8,854	23,228	22,412	21,617
300	10,165	9,826	24,928	24,082	23,257

Kreisbogen mit Übergangsbogen.

r	1700	1700	1700	1700	1700
L	50	60	70	80	90
l	50	60	70	80	89,994
a	25	30	35	40	44,965
f	0,061	0,088	0,120	0,157	0,198
$1:m$	510000,0	612000,0	714000,0	816000,0	916971,9
τ^g	—	—	—	—	1,68 64
$x = 20$	0,016	0,013	0,011	0,010	0,009
30	0,053	0,044	0,038	0,033	0,029
40	0,125	0,104	0,090	0,078	0,070
50	0,245	0,204	0,175	0,153	0,137
60	0,421	0,353	0,303	0,265	0,236
70	0,657	0,559	0,480	0,420	0,374
80	0,951	0,824	0,716	0,627	0,558
90	1,304	1,147	1,010	0,893	0,795
100	1,716	1,530	1,363	1,216	1,089
110	2,187	1,972	1,775	1,599	1,443
120	2,717	2,472	2,246	2,041	1,855
130	3,306	3,032	2,776	2,541	2,326
140	3,955	3,651	3,365	3,101	2,857
150	4,663	4,329	4,014	3,720	3,446
160	5,430	5,066	4,722	4,398	4,095
170	6,256	5,863	5,489	5,135	4,803
180	7,142	6,719	6,315	5,932	5,570
190	8,087	7,634	7,201	6,788	6,396
200	9,092	8,609	8,146	7,703	7,282
210	10,157	9,644	9,151	8,678	8,228
220	11,282	10,739	10,216	9,713	9,233
230	12,466	11,894	11,341	10,808	10,298
240	13,711	13,109	12,525	11,963	11,423
250	15,016	14,384	13,770	13,178	12,608
260	16,382	15,719	15,075	14,453	13,853
270	17,808	17,114	16,441	15,788	15,158
280	19,295	18,571	17,867	17,183	16,524
290	20,842	20,088	19,354	18,640	17,950
300	22,451	21,666	20,901	20,157	19,437

Tafel III.

Kreisbogen mit Übergangsbogen.

r	1700	1700	1700	1700	1700
L	100	110	120	130	140
l	99,991	109,988	119,985	129,981	139,976
a	49,952	54,937	59,918	64,896	69,870
f	0,245	0,296	0,353	0,414	0,480
1 : m	1018589,7	1120123,5	1221565,2	1322904,7	1424135,7
τ^g	1,87 41	2,06 19	2,24 99	2,43 79	2,62 61
x = 20	0,008	0,007	0,007	0,006	0,006
30	0,027	0,024	0,022	0,020	0,019
40	0,063	0,057	0,052	0,048	0,045
50	0,123	0,112	0,102	0,094	0,088
60	0,212	0,193	0,177	0,163	0,152
70	0,337	0,306	0,281	0,259	0,241
80	0,503	0,457	0,419	0,387	0,360
90	0,716	0,651	0,597	0,551	0,512
100	0,981	0,893	0,819	0,756	0,702
110	1,306	1,188	1,090	1,006	0,935
120	1,789	1,542	1,414	1,306	1,214
130	2,131	1,954	1,798	1,660	1,543
140	2,632	2,425	2,240	2,074	1,926
150	3,192	2,956	2,741	2,544	2,370
160	3,811	3,546	3,302	3,075	2,871
170	4,489	4,195	3,921	3,665	3,431
180	5,226	4,903	4,599	4,314	4,051
190	6,024	5,670	5,337	5,022	4,730
200	6,881	6,496	6,134	5,790	5,468
210	7,796	7,382	6,991	6,618	6,265
220	8,771	8,328	7,907	7,504	7,122
230	9,806	9,334	8,883	8,450	8,039
240	10,902	10,399	9,919	9,456	9,014
250	12,056	11,523	11,015	10,522	10,150
260	13,271	12,708	12,170	11,648	11,146
270	14,547	13,954	13,384	12,833	12,301
280	15,882	15,260	14,659	14,078	13,517
290	17,278	16,626	15,995	15,384	14,792
300	18,735	18,052	17,391	16,750	16,128

Tafel III.

Kreisbogen mit Übergangsbogen.

r	1700	1700	1700	1700	1700
L	150	160	170	180	190
l	149,971	159,965	169,958	179,950	189,941
a	74,840	79,806	84,767	89,724	94,675
f	0,550	0,626	0,707	0,792	0,882
$1 : m$	1525248,4	1626235,2	1727088,9	1827800,4	1928360,4
τ^8	2,81 44	3,00 29	3,19 16	3,38 04	3,56 94
$x = 20$	0,005	0,005	0,005	0,004	0,004
30	0,018	0,017	0,016	0,015	0,014
40	0,042	0,039	0,037	0,035	0,033
50	0,082	0,077	0,072	0,068	0,065
60	0,142	0,133	0,125	0,118	0,112
70	0,225	0,211	0,199	0,188	0,178
80	0,336	0,315	0,296	0,280	0,266
90	0,478	0,448	0,422	0,399	0,378
100	0,656	0,615	0,579	0,547	0,519
110	0,873	0,819	0,771	0,728	0,690
120	1,133	1,063	1,001	0,945	0,896
130	1,440	1,351	1,272	1,202	1,139
140	1,799	1,687	1,589	1,501	1,423
150	2,211	2,075	1,954	1,846	1,750
160	2,685	2,517	2,372	2,241	2,124
170	3,216	3,021	2,843	2,688	2,548
180	3,806	3,581	3,377	3,188	3,024
190	4,455	4,201	3,967	3,752	3,554
200	5,164	4,880	4,616	4,372	4,148
210	5,932	5,619	5,324	5,052	4,798
220	6,759	6,417	6,093	5,791	5,508
230	7,646	7,274	6,922	6,589	6,277
240	8,592	8,191	7,809	7,447	7,105
250	9,598	9,167	8,756	8,364	7,993
260	10,664	10,203	9,762	9,341	8,940
270	11,790	11,299	10,829	10,378	9,947
280	12,975	12,455	11,955	11,475	11,014
290	14,220	13,671	13,141	12,631	12,140
300	15,524	14,947	14,387	13,847	13,327

Tafel III.

Kreisbogen mit Übergangsbogen.

r	1700	1700	1700	1700	1700
L	200	210	220	230	240
l	199,931	209,920	219,908	229,895	239,880
a	99,622	104,562	109,497	114,425	119,348
f	0,977	1,077	1,181	1,291	1,406
$1:m$	2028762,9	2128997,5	2229058,5	2328936,4	2428623,5
τ^8	3.75 86	3.94 80	4.13 76	4.32 75	4.51 75
$x = 20$	0,004	0,004	0,004	0,003	0,003
30	0,013	0,013	0,012	0,012	0,011
40	0,032	0,030	0,029	0,028	0,026
50	0,062	0,059	0,056	0,054	0,051
60	0,106	0,101	0,097	0,093	0,089
70	0,169	0,161	0,154	0,147	0,141
80	0,252	0,240	0,230	0,220	0,211
90	0,359	0,342	0,327	0,313	0,300
100	0,493	0,470	0,449	0,429	0,412
110	0,656	0,625	0,597	0,571	0,548
120	0,852	0,812	0,775	0,742	0,712
130	1,083	1,032	0,986	0,943	0,905
140	1,353	1,289	1,231	1,178	1,130
150	1,664	1,585	1,514	1,449	1,390
160	2,019	1,924	1,838	1,759	1,687
170	2,422	2,308	2,204	2,110	2,023
180	2,875	2,739	2,616	2,504	2,401
190	3,381	3,222	3,077	2,945	2,824
200	3,939	3,758	3,589	3,435	3,294
210	4,564	4,345	4,155	3,976	3,813
220	5,244	5,001	4,771	4,572	4,384
230	5,984	5,711	5,458	5,217	5,010
240	6,783	6,481	6,198	5,936	5,684
250	7,641	7,310	6,997	6,706	6,435
260	8,559	8,198	7,856	7,535	7,235
270	9,536	9,146	8,775	8,425	8,094
280	10,574	10,154	9,753	9,374	9,014
290	11,671	11,223	10,791	10,382	9,993
300	12,829	12,353	11,887	11,450	11,032

366

Kreisbogen mit Übergangsbogen.

r	1700	1700	1700	1700	1700
L	250	260	270	280	290
l	249,865	259,848	269,830	279,810	289,789
a	124,263	129,172	134,073	138,967	143,853
f	1,524	1,648	1,776	1,910	2,048
$1:m$	2528113,4	2627396,4	2726464,2	2825311,1	2923928,9
τ^g	4,70 79	4,89 84	5,08 93	5,28 04	5,47 18
$x = 20$	0,003	0,003	0,003	0,003	0,003
30	0,011	0,010	0,010	0,010	0,009
40	0,025	0,023	0,023	0,023	0,022
50	0,049	0,048	0,046	0,044	0,043
60	0,085	0,082	0,079	0,076	0,074
70	0,136	0,131	0,126	0,121	0,117
80	0,203	0,195	0,188	0,181	0,175
90	0,288	0,277	0,267	0,258	0,249
100	0,395	0,381	0,367	0,354	0,342
110	0,526	0,507	0,488	0,471	0,455
120	0,683	0,658	0,634	0,612	0,591
130	0,869	0,836	0,806	0,777	0,751
140	1,085	1,044	1,006	0,971	0,938
150	1,335	1,285	1,238	1,195	1,154
160	1,620	1,559	1,502	1,450	1,401
170	1,943	1,870	1,802	1,739	1,680
180	2,307	2,220	2,139	2,064	1,995
190	2,713	2,611	2,516	2,428	2,346
200	3,164	3,045	2,934	2,832	2,736
210	3,663	3,525	3,397	3,278	3,167
220	4,212	4,053	3,905	3,769	3,642
230	4,813	4,631	4,463	4,306	4,161
240	5,468	5,261	5,070	4,893	4,728
250	6,170	5,947	5,731	5,530	5,344
260	6,953	6,678	6,446	6,221	6,011
270	7,782	7,491	7,206	6,967	6,732
280	8,673	8,352	8,051	7,754	7,508
290	9,623	9,273	8,942	8,632	8,323
300	10,631	10,253	9,893	9,554	9,234

Tafel III.

Kreisbogen mit Übergangsbogen.

r	1800	1800	1800	1800	1800
L	20	30	40	50	60
l	20	30	40	50	60
a	10	15	20	25	30
f	0,009	0,021	0,037	0,058	0,083
$1:m$	216000,0	324000,0	432000,0	540000,0	648000,0
τ^g	—	—	—	—	—
$x = 20$	0,037	0,025	0,019	0,015	0,012
30	0,120	0,083	0,063	0,050	0,042
40	0,259	0,193	0,148	0,119	0,099
50	0,454	0,361	0,287	0,231	0,193
60	0,704	0,584	0,482	0,398	0,333
70	1,010	0,862	0,732	0,621	0,528
80	1,371	1,195	1,038	0,899	0,778
90	1,788	1,584	1,399	1,232	1,084
100	2,261	2,029	1,816	1,621	1,446
110	2,789	2,530	2,289	2,066	1,864
120	3,373	3,086	2,817	2,567	2,336
130	4,013	3,698	3,401	3,123	2,863
140	4,709	4,367	4,041	3,735	3,447
150	5,462	5,091	4,737	4,404	4,087
160	6,270	5,871	5,490	5,128	4,783
170	7,134	6,707	6,298	5,908	5,536
180	8,055	7,599	7,162	6,744	6,344
190	9,032	8,548	8,083	7,636	7,208
200	10,065	9,553	9,060	8,585	8,129
210	11,155	10,615	10,093	9,590	9,106
220	12,301	11,733	11,183	10,652	10,139
230	13,504	12,907	12,329	11,770	11,229
240	14,764	14,139	13,532	12,944	12,375
250	16,081	15,427	14,792	14,176	13,578
260	17,455	16,772	16,109	15,464	14,838
270	18,886	18,175	17,483	16,809	16,155
280	20,374	19,635	18,914	18,212	17,529
290	21,920	21,152	20,402	19,672	18,960
300	23,524	22,726	21,948	21,189	20,448

Kreisbogen mit Übergangsbogen.

r	1800	1800	1800	1800	1800
L	70	80	90	100	110
l	70	80	90	99,992	109,990
a	35	40	45	49,958	54,944
f	0,113	0,148	0,187	0,231	0,280
$1 : m$	756000,0	864000,0	972000,0	1078668,2	1186227,9
τ^g	—	—	—	1,76 98	1,94 72
$x = 20$	0,010	0,009	0,008	0,007	0,007
30	0,036	0,031	0,028	0,025	0,023
40	0,085	0,074	0,066	0,059	0,054
50	0,165	0,145	0,129	0,116	0,105
60	0,286	0,250	0,222	0,200	0,182
70	0,454	0,397	0,353	0,318	0,289
80	0,676	0,593	0,527	0,475	0,432
90	0,953	0,843	0,750	0,676	0,615
100	1,287	1,149	1,027	0,927	0,843
110	1,676	1,510	1,361	1,233	1,122
120	2,121	1,927	1,750	1,594	1,456
130	2,622	2,400	2,195	2,012	1,846
140	3,178	2,928	2,696	2,485	2,291
150	3,790	3,512	3,252	3,013	2,792
160	4,459	4,152	3,864	3,598	3,348
170	5,183	4,848	4,533	4,238	3,961
180	5,963	5,601	5,257	4,934	4,629
190	6,799	6,409	6,037	5,687	5,354
200	7,691	7,273	6,873	6,495	6,134
210	8,640	8,194	7,765	7,360	6,970
220	9,645	9,171	8,714	8,281	7,863
230	10,707	10,204	9,719	9,258	8,813
240	11,825	11,294	10,781	10,291	9,818
250	12,999	12,440	11,899	11,381	10,880
260	14,231	13,643	13,073	12,528	11,998
270	15,519	14,903	14,305	13,731	13,173
280	16,864	16,220	15,593	14,991	14,405
290	18,267	17,594	16,938	16,309	15,694
300	19,727	19,025	18,341	17,682	17,039

Tafel III.

Kreisbogen mit Übergangsbogen.

r	1800	1800	1800	1800	1800
L	120	130	140	150	160
l	119,987	129,983	139,979	149,974	159,968
a	59,927	64,907	69,884	74,857	79,827
f	0,333	0,391	0,453	0,520	0,591
$1:m$	1293699,4	1401076,5	1508349,7	1615511,6	1722554,8
τ^g	2,12 46	2,30 21	2,47 97	2,65 75	2,83 54
$x = 20$	0,006	0,006	0,005	0,005	0,005
30	0,021	0,019	0,018	0,017	0,016
40	0,049	0,046	0,042	0,040	0,037
50	0,097	0,089	0,083	0,077	0,073
60	0,167	0,154	0,143	0,134	0,125
70	0,265	0,245	0,227	0,212	0,199
80	0,396	0,365	0,339	0,317	0,297
90	0,564	0,520	0,483	0,451	0,423
100	0,773	0,714	0,663	0,619	0,581
110	1,029	0,950	0,882	0,824	0,773
120	1,335	1,233	1,146	1,070	1,003
130	1,698	1,568	1,457	1,360	1,275
140	2,115	1,958	1,818	1,698	1,593
150	2,588	2,403	2,237	2,088	1,959
160	3,117	2,904	2,710	2,535	2,376
170	3,702	3,461	3,239	3,037	2,851
180	4,342	4,074	3,824	3,594	3,381
190	5,039	4,743	4,465	4,207	3,966
200	5,791	5,468	5,162	4,875	4,607
210	6,600	6,248	5,915	5,600	5,304
220	7,465	7,085	6,723	6,381	6,057
230	8,386	7,978	7,588	7,218	6,866
240	9,363	8,927	8,510	8,111	7,732
250	10,397	9,933	9,487	9,061	8,653
260	11,487	10,995	10,521	10,067	9,631
270	12,633	12,113	11,612	11,130	10,666
280	13,837	13,288	12,758	12,248	11,756
290	15,097	14,520	13,962	13,424	12,903
300	16,414	15,809	15,223	14,656	14,107

Kreisbogen mit Übergangsbogen.

r	1800	1800	1800	1800	1800
L	170	180	190	200	210
l	169,962	179,955	189,947	199,938	209,929
a	84,792	89,754	94,710	99,662	104,609
f	0,667	0,748	0,834	0,923	1,018
$1:m$	1829470,9	1936252,2	2042891,5	2149381,7	2255713,2
τ^g	3,01 34	3,19 16	3,36 99	3,54 84	3,72 70
$x = 20$	0,004	0,004	0,004	0,004	0,003
30	0,015	0,014	0,013	0,013	0,012
40	0,035	0,033	0,031	0,030	0,028
50	0,068	0,065	0,061	0,058	0,055
60	0,118	0,112	0,106	0,100	0,096
70	0,187	0,177	0,168	0,159	0,152
80	0,280	0,264	0,251	0,238	0,227
90	0,399	0,376	0,357	0,339	0,323
100	0,547	0,516	0,490	0,465	0,443
110	0,728	0,687	0,652	0,619	0,590
120	0,945	0,892	0,846	0,804	0,766
130	1,201	1,135	1,075	1,022	0,974
140	1,500	1,417	1,343	1,277	1,216
150	1,845	1,743	1,652	1,571	1,496
160	2,239	2,115	2,005	1,906	1,816
170	2,684	2,537	2,405	2,285	2,178
180	3,187	3,010	2,855	2,713	2,585
190	3,744	3,542	3,355	3,191	3,041
200	4,358	4,127	3,916	3,719	3,547
210	5,027	4,768	4,530	4,308	4,101
220	5,752	5,466	5,200	4,952	4,719
230	6,534	6,220	5,926	5,649	5,389
240	7,371	7,029	6,707	6,402	6,116
250	8,264	7,895	7,545	7,212	6,899
260	9,214	8,817	8,439	8,078	7,738
270	10,221	9,795	9,389	9,001	8,633
280	11,284	10,830	10,396	9,980	9,584
290	12,403	11,921	11,459	11,015	10,591
300	13,578	13,069	12,579	12,107	11,654

Tafel III.

Kreisbogen mit Übergangsbogen.

r	1800	1800	1800	1800	1800
L	220	230	240	250	260
l	219,918	229,906	239,893	249,879	259,864
a	109,551	114,487	119,418	124,342	129,260
f	1,116	1,220	1,328	1,440	1,558
$1:m$	2361879,1	2467873,0	2573686,4	2679312,6	2784741,3
τ^8	3,90 59	4,08 49	4,26 41	4,44 36	4,62 32
$x = 20$	0,003	0,003	0,003	0,003	0,003
30	0,011	0,011	0,010	0,010	0,010
40	0,027	0,026	0,025	0,024	0,023
50	0,053	0,051	0,049	0,047	0,045
60	0,091	0,088	0,084	0,081	0,078
70	0,145	0,139	0,133	0,128	0,123
80	0,217	0,207	0,199	0,191	0,184
90	0,309	0,295	0,283	0,272	0,262
10c	0,423	0,405	0,388	0,373	0,359
110	0,563	0,539	0,517	0,497	0,478
120	0,732	0,700	0,671	0,645	0,621
130	0,930	0,890	0,853	0,820	0,789
140	1,162	1,112	1,066	1,024	0,985
150	1,429	1,368	1,311	1,260	1,212
160	1,734	1,660	1,591	1,529	1,471
170	2,080	1,991	1,909	1,834	1,764
180	2,469	2,363	2,266	2,177	2,094
190	2,904	2,779	2,665	2,560	2,463
200	3,387	3,242	3,108	2,986	2,873
210	3,921	3,753	3,598	3,456	3,326
220	4,503	4,315	4,137	3,974	3,824
230	5,150	4,924	4,728	4,541	4,369
240	5,849	5,601	5,364	5,160	4,964
250	6,604	6,328	6,071	5,823	5,611
260	7,415	7,111	6,826	6,559	6,302
270	8,281	7,950	7,638	7,343	7,069
280	9,204	8,845	8,505	8,183	7,881
290	10,183	9,797	9,428	9,079	8,749
300	11,219	10,806	10,409	10,032	9,674

Kreisbogen mit Übergangsbogen.

r	1800	1800	1800	1800	2000
L	270	280	290	300	20
l	269,848	279,831	289,812	299,792	20
a	134,172	139,078	143,976	148,867	10
f	1,679	1,804	1,935	2,070	0,008
$1 : m$	2889969,0	2994987,2	3099785,4	3204360,4	240000,0
τ^g	4,80 31	4,98 32	5,16 35	5,34 41	—
$x = 20$	0,003	0,003	0,003	0,002	0,033
30	0,009	0,009	0,009	0,008	0,108
40	0,022	0,021	0,021	0,020	0,233
50	0,043	0,042	0,040	0,039	0,408
60	0,075	0,072	0,070	0,067	0,633
70	0,119	0,114	0,111	0,107	0,908
80	0,177	0,171	0,165	0,160	1,233
90	0,252	0,243	0,235	0,228	1,608
100	0,346	0,334	0,323	0,312	2,034
110	0,461	0,444	0,429	0,415	2,510
120	0,598	0,577	0,557	0,539	3,035
130	0,760	0,734	0,709	0,686	3,611
140	0,950	0,916	0,885	0,856	4,237
150	1,168	1,127	1,089	1,053	4,914
160	1,417	1,368	1,321	1,278	5,641
170	1,700	1,640	1,585	1,533	6,418
180	2,018	1,947	1,881	1,820	7,246
190	2,373	2,290	2,213	2,141	8,124
200	2,768	2,671	2,581	2,497	9,053
210	3,204	3,092	2,988	2,890	10,033
220	3,684	3,555	3,435	3,323	11,064
230	4,210	4,062	3,925	3,797	12,145
240	4,783	4,616	4,460	4,314	13,277
250	5,407	5,218	5,041	4,876	14,460
260	6,082	5,869	5,670	5,485	15,694
270	6,799	6,572	6,350	6,143	16,980
280	7,596	7,316	7,082	6,851	18,317
290	8,437	8,142	7,853	7,611	19,705
300	9,334	9,011	8,710	8,408	21,145

Tafel III.

Kreisbogen mit Übergangsbogen.

r	2000	2000	2000	2000	2000
L	30	40	50	60	70
l	30	40	50	60	70
a	15	20	25	30	35
f	0,019	0,033	0,052	0,075	0,102
$1 : m$	360000,0	480000,0	600000,0	720000,0	840000,0
τ^8	—	—	—	—	—
$x = 20$	0,022	0,017	0,013	0,011	0,010
30	0,075	0,056	0,045	0,038	0,032
40	0,175	0,133	0,107	0,089	0,076
50	0,325	0,258	0,208	0,174	0,149
60	0,525	0,433	0,358	0,300	0,258
70	0,775	0,658	0,558	0,475	0,408
80	1,075	0,933	0,808	0,700	0,608
90	1,425	1,258	1,108	0,975	0,858
100	1,826	1,633	1,458	1,300	1,158
110	2,277	2,059	1,859	1,675	1,508
120	2,778	2,535	2,310	2,101	1,909
130	3,328	3,060	2,811	2,577	2,360
140	3,929	3,636	3,361	3,102	2,861
150	4,580	4,262	3,962	3,678	3,411
160	5,282	4,939	4,613	4,304	4,012
170	6,034	5,666	5,315	4,981	4,663
180	6,836	6,443	6,067	5,708	5,365
190	7,688	7,271	6,869	6,485	6,117
200	8,592	8,149	7,721	7,313	6,919
210	9,547	9,078	8,625	8,191	7,771
220	10,553	10,058	9,580	9,120	8,675
230	11,609	11,089	10,586	10,100	9,630
240	12,716	12,170	11,642	11,131	10,636
250	13,873	13,302	12,749	12,212	11,692
260	15,082	14,485	13,906	13,344	12,799
270	16,342	15,719	15,115	14,527	13,956
280	17,653	17,005	16,375	15,761	15,165
290	19,016	18,342	17,685	17,047	16,425
300	20,430	19,730	19,049	18,384	17,736

374

Kreisbogen mit Übergangsbogen.

r	2000	2000	2000	2000	2000
L	80	90	100	110	120
l	80	90	100	109,992	119,989
a	40	45	50	54,954	59,941
f	0,133	0,169	0,208	0,252	0,300
$1 : m$	960000,0	1080000,0	1200000,0	1318404,7	1437929,5
τ^g	—	—	—	1,75 21	1,91 17
$x = 20$	0,008	0,007	0,007	0,006	0,006
30	0,028	0,025	0,023	0,020	0,019
40	0,067	0,059	0,053	0,049	0,045
50	0,130	0,116	0,104	0,095	0,087
60	0,225	0,200	0,180	0,164	0,150
70	0,357	0,318	0,286	0,260	0,239
80	0,533	0,474	0,427	0,388	0,356
90	0,758	0,675	0,608	0,553	0,507
100	1,033	0,925	0,833	0,758	0,695
110	1,358	1,225	1,109	1,009	0,926
120	1,733	1,575	1,433	1,310	1,201
130	2,159	1,976	1,808	1,661	1,527
140	2,635	2,427	2,234	2,061	1,903
150	3,160	2,928	2,710	2,512	2,329
160	3,736	3,478	3,235	3,013	2,805
170	4,362	4,079	3,811	3,564	3,331
180	5,039	4,730	4,437	4,164	3,907
190	5,766	5,432	5,114	4,816	4,533
200	6,543	6,184	5,841	5,520	5,210
210	7,371	6,986	6,618	6,271	5,937
220	8,249	7,838	7,446	7,073	6,714
230	9,178	8,742	8,324	7,926	7,543
240	10,158	9,697	9,253	8,831	8,422
250	11,189	10,703	10,233	9,786	9,351
260	12,270	11,759	11,264	10,791	10,331
270	13,402	12,866	12,345	11,847	11,362
280	14,585	14,023	13,477	12,953	12,443
290	16,819	15,232	14,660	14,111	13,576
300	17,105	16,492	15,894	15,320	14,759

Tafel III.

Kreisbogen mit Übergangsbogen.

r	2000	2000	2000	2000	2000
L	130	140	150	160	170
l	129,986	139,983	149,979	159,974	169,969
a	64,925	69,906	74,884	79,860	84,832
f	0,352	0,408	0,468	0,533	0,601
$1 : m$	1557367,4	1676712,9	1795958,3	1915096,3	2034120,7
τ^g	2,07 13	2,23 11	2,39 09	2,55 08	2,71 08
$x = 20$	0,005	0,005	0,004	0,004	0,004
30	0,017	0,016	0,015	0,014	0,013
40	0,041	0,038	0,036	0,033	0,031
50	0,080	0,075	0,070	0,065	0,061
60	0,139	0,129	0,120	0,113	0,106
70	0,220	0,205	0,191	0,179	0,169
80	0,329	0,305	0,285	0,267	0,252
90	0,468	0,435	0,406	0,381	0,358
100	0,642	0,596	0,557	0,522	0,492
110	0,855	0,794	0,741	0,695	0,654
120	1,110	1,031	0,962	0,902	0,850
130	1,410	1,310	1,223	1,147	1,080
140	1,762	1,636	1,528	1,433	1,349
150	2,162	2,012	1,878	1,762	1,659
160	2,613	2,438	2,280	2,138	2,014
170	3,114	2,914	2,731	2,565	2,414
180	3,665	3,441	3,232	3,042	2,866
190	4,267	4,017	3,784	3,568	3,368
200	4,919	4,643	4,385	4,145	3,920
210	5,621	5,321	5,037	4,771	4,522
220	6,374	6,048	5,740	5,448	5,174
230	7,176	6,826	6,493	6,176	5,876
240	8,029	7,654	7,296	6,954	6,630
250	8,934	8,533	8,148	7,783	7,433
260	9,889	9,462	9,050	8,662	8,286
270	10,894	10,442	10,006	9,592	9,191
280	11,950	11,473	11,014	10,572	10,146
290	13,057	12,555	12,071	11,603	11,152
300	14,215	13,688	13,178	12,686	12,209

376

Kreisbogen mit Übergangsbogen.

r	2000	2000	2000	2000	2000
L	180	190	200	210	220
l	179,964	189,957	199,950	209,942	219,933
a	89,800	94,765	99,726	104,683	109,636
f	0,674	0,750	0,832	0,916	1,006
$1:m$	2153022,6	2271796,6	2390435,4	2508931,5	2627279,2
τ^g	2,87 10	3,03 12	3,19 16	3,35 20	3,51 27
$x = 20$	0,004	0,004	0,003	0,003	0,003
30	0,013	0,012	0,011	0,011	0,010
40	0,030	0,028	0,027	0,026	0,024
50	0,058	0,055	0,052	0,050	0,048
60	0,100	0,095	0,090	0,086	0,082
70	0,159	0,151	0,143	0,137	0,131
80	0,238	0,225	0,214	0,204	0,195
90	0,339	0,321	0,305	0,291	0,277
100	0,464	0,440	0,418	0,399	0,381
110	0,618	0,586	0,557	0,531	0,507
120	0,803	0,761	0,723	0,689	0,658
130	1,020	0,967	0,919	0,876	0,836
140	1,274	1,208	1,148	1,094	1,045
150	1,568	1,486	1,412	1,345	1,285
160	1,903	1,803	1,713	1,632	1,559
170	2,282	2,163	2,055	1,958	1,870
180	2,707	2,567	2,440	2,324	2,220
190	3,185	3,017	2,869	2,734	2,611
200	3,713	3,521	3,344	3,189	3,045
210	4,290	4,073	3,874	3,688	3,525
220	4,917	4,675	4,452	4,244	4,049
230	5,594	5,327	5,079	4,846	4,631
240	6,322	6,030	5,757	5,498	5,259
250	7,100	6,784	6,485	6,202	5,938
260	7,929	7,588	7,264	6,956	6,666
270	8,809	8,442	8,093	7,760	7,445
280	9,739	9,346	8,973	8,615	8,275
290	10,720	10,301	9,903	9,520	9,155
300	11,750	11,308	10,884	10,476	10,086

Tafel III.

Kreisbogen mit Übergangsbogen.

r	2000	2000	2000	2000	2000
L	230	240	250	260	270
l	229,924	239,914	249,902	259,890	269,877
a	114,584	119,528	124,466	129,400	134,328
f	1,099	1,196	1,297	1,403	1,512
$1 : m$	2745469,6	2863497,4	2981356,2	3099037,9	3216535,2
τ^g	3,67 34	3,83 43	3,99 54	4,15 66	4,31 80
$x = 20$	0,003	0,003	0,003	0,003	0,002
30	0,010	0,009	0,009	0,009	0,008
40	0,023	0,022	0,021	0,021	0,020
50	0,046	0,044	0,042	0,040	0,039
60	0,079	0,075	0,072	0,070	0,067
70	0,125	0,120	0,115	0,111	0,107
80	0,186	0,179	0,172	0,165	0,160
90	0,265	0,255	0,245	0,235	0,227
100	0,364	0,349	0,335	0,323	0,311
110	0,485	0,465	0,446	0,430	0,414
120	0,629	0,604	0,580	0,558	0,537
130	0,800	0,767	0,737	0,709	0,683
140	0,999	0,958	0,920	0,885	0,853
150	1,229	1,178	1,132	1,089	1,049
160	1,492	1,430	1,374	1,322	1,273
170	1,790	1,716	1,648	1,585	1,527
180	2,124	2,037	1,956	1,882	1,813
190	2,498	2,395	2,301	2,213	2,132
200	2,914	2,793	2,683	2,581	2,487
210	3,373	3,234	3,106	2,988	2,879
220	3,878	3,718	3,571	3,436	3,310
230	4,427	4,249	4,081	3,926	3,783
240	5,035	4,822	4,637	4,461	4,298
250	5,689	5,456	5,235	5,042	4,858
260	6,393	6,136	5,895	5,664	5,464
270	7,148	6,865	6,599	6,351	6,111
280	7,952	7,644	7,353	7,081	6,824
290	8,806	8,474	8,159	7,861	7,580
300	9,712	9,355	9,015	8,692	8,386

378

Kreisbogen mit Übergangsbogen.

r	2000	2000	2000	2000	2000
L	280	290	300	310	320
l	279,863	289,848	299,831	309,814	319,795
a	139,252	144,169	149,080	153,986	158,885
f	1,626	1,744	1,865	1,991	2,121
$1:m$	3333845,0	3450955,6	3567862,3	3684560,7	3801041,7
τ^g	4,47 95	4,64 12	4,80 31	4,96 52	5,12 75
$x=20$	0,002	0,002	0,002	0,002	0,002
30	0,008	0,008	0,008	0,007	0,007
40	0,019	0,019	0,018	0,017	0,017
50	0,038	0,036	0,035	0,034	0,033
60	0,065	0,063	0,061	0,059	0,057
70	0,102	0,099	0,096	0,093	0,090
80	0,154	0,148	0,144	0,139	0,135
90	0,219	0,211	0,204	0,198	0,192
100	0,300	0,290	0,280	0,271	0,263
110	0,399	0,386	0,373	0,361	0,350
120	0,518	0,501	0,484	0,469	0,455
130	0,659	0,637	0,616	0,596	0,578
140	0,823	0,795	0,769	0,745	0,722
150	1,012	0,978	0,946	0,916	0,888
160	1,229	1,187	1,148	1,112	1,078
170	1,474	1,424	1,377	1,333	1,293
180	1,749	1,690	1,635	1,583	1,534
190	2,057	1,988	1,922	1,862	1,804
200	2,400	2,318	2,242	2,171	2,105
210	2,778	2,684	2,596	2,513	2,437
220	3,194	3,086	2,984	2,890	2,801
230	3,650	3,526	3,410	3,302	3,201
240	4,147	4,006	3,875	3,752	3,637
250	4,687	4,528	4,379	4,241	4,111
260	5,272	5,093	4,926	4,770	4,624
270	5,904	5,704	5,517	5,342	5,178
280	6,575	6,361	6,153	5,958	5,775
290	7,316	7,056	6,836	6,619	6,416
300	8,096	7,824	7,555	7,328	7,103
310	8,928	8,631	8,349	8,071	7,837
320	9,810	9,488	9,182	8,893	8,604

Tafel III.
Kreisbogen mit Übergangsbogen.

r	2500	2500	2500	2500	2500
L	20	30	40	50	60
l	20	30	40	50	60
a	10	15	20	25	30
f	0,007	0,015	0,027	0,042	0,060
$1:m$	300000,0	450000,0	600000,0	750000,0	900000,0
τ^8	—	—	—	—	—
$x = 20$	0,027	0,018	0,013	0,011	0,009
30	0,087	0,060	0,045	0,036	0,030
40	0,187	0,140	0,107	0,085	0,071
50	0,327	0,260	0,207	0,167	0,139
60	0,507	0,420	0,347	0,287	0,240
70	0,727	0,620	0,527	0,447	0,380
80	0,987	0,860	0,747	0,647	0,560
90	1,287	1,140	1,007	0,887	0,780
100	1,627	1,460	1,307	1,167	1,040
110	2,007	1,820	1,647	1,487	1,340
120	2,428	2,221	2,027	1,847	1,680
130	2,888	2,661	2,448	2,248	2,060
140	3,389	3,142	2,908	2,688	2,481
150	3,930	3,663	3,409	3,169	2,941
160	4,511	4,224	3,950	3,690	3,442
170	5,132	4,825	4,531	4,251	3,983
180	5,793	5,466	5,152	4,852	4,564
190	6,495	6,147	5,813	5,493	5,185
200	7,237	6,869	6,515	6,174	5,846
210	8,020	7,631	7,257	6,896	6,548
220	8,843	8,434	8,040	7,658	7,290
230	9,706	9,277	8,863	8,461	8,073
240	10,610	10,160	9,726	9,304	8,896
250	11,554	11,084	10,630	10,187	9,759
260	12,539	12,049	11,574	11,111	10,663
270	13,564	13,054	12,559	12,076	11,607
280	14,630	14,100	13,584	13,081	12,592
290	15,737	15,186	14,650	14,127	13,617
300	16,884	16,313	15,757	15,213	14,683

Kreisbogen mit Übergangsbogen.

r	2500	2500	2500	2500	2500
L	70	80	90	100	110
l	70	80	90	100	110
a	35	40	45	50	55
f	0,082	0,107	0,135	0,167	0,202
$1 : m$	1050000,0	1200000,0	1350000,0	1500000,0	1650000,0
τ^g	—	—	—	—	—
$x = 20$	0,008	0,007	0,006	0,005	0,005
30	0,026	0,023	0,020	0,018	0,016
40	0,061	0,053	0,047	0,043	0,039
50	0,119	0,104	0,093	0,083	0,076
60	0,206	0,180	0,160	0,144	0,131
70	0,327	0,286	0,254	0,229	0,208
80	0,487	0,427	0,379	0,341	0,310
90	0,687	0,606	0,540	0,486	0,442
100	0,927	0,826	0,740	0,667	0,606
110	1,207	1,086	0,980	0,887	0,807
120	1,527	1,386	1,260	1,147	1,047
130	1,887	1,726	1,580	1,447	1,327
140	2,288	2,106	1,940	1,787	1,647
150	2,728	2,527	2,341	2,167	2,007
160	3,209	2,987	2,781	2,588	2,408
170	3,730	3,488	3,262	3,048	2,848
180	4,291	4,029	3,783	3,549	3,329
190	4,892	4,610	4,344	4,090	3,850
200	5,533	5,231	4,945	4,671	4,411
210	6,214	5,892	5,586	5,292	5,012
220	6,936	6,594	6,267	5,953	5,653
230	7,698	7,336	6,989	6,655	6,334
240	8,501	8,119	7,751	7,397	7,056
250	9,344	8,942	8,554	8,180	7,818
260	10,227	9,805	9,397	9,003	8,621
270	11,151	10,709	10,280	9,866	9,464
280	12,116	11,653	11,204	10,770	10,347
290	13,121	12,638	12,169	11,714	11,271
300	14,167	13,663	13,174	12,699	12,236

Tafel III.
Kreisbogen mit Übergangsbogen.

r	2500	2500	2500	2500	2500
L	120	130	140	150	160
l	120	129,991	139,989	149,986	159,984
a	60	64,952	69,940	74,926	79,910
f	0,240	0,282	0,326	0,375	0,427
$1:m$	1800000,0	1947893,3	2097368,6	2246764,2	2396074,0
τ^g	—	1,65 64	1,78 40	1,91 17	2,03 94
$x = 20$	0,004	0,004	0,004	0,004	0,003
30	0,015	0,014	0,013	0,012	0,011
40	0,036	0,033	0,031	0,028	0,027
50	0,069	0,064	0,060	0,056	0,052
60	0,120	0,111	0,103	0,097	0,090
70	0,191	0,176	0,164	0,153	0,143
80	0,284	0,263	0,244	0,228	0,214
90	0,405	0,374	0,348	0,324	0,304
100	0,556	0,513	0,477	0,445	0,417
110	0,739	0,683	0,635	0,592	0,555
120	0,960	0,887	0,824	0,769	0,721
130	1,220	1,128	1,048	0,978	0,917
140	1,520	1,408	1,308	1,221	1,145
150	1,860	1,729	1,608	1,502	1,409
160	2,240	2,089	1,948	1,822	1,709
170	2,661	2,490	2,328	2,183	2,050
180	3,121	2,930	2,749	2,584	2,432
190	3,622	3,411	3,210	3,025	2,852
200	4,163	3,932	3,711	3,506	3,313
210	4,744	4,493	4,252	4,027	3,814
220	5,365	5,094	4,834	4,588	4,355
230	6,026	5,735	5,455	5,189	4,936
240	6,728	6,417	6,116	5,831	5,558
250	7,470	7,140	6,817	6,513	6,220
260	8,253	7,902	7,560	7,235	6,922
270	9,076	8,705	8,343	7,997	7,665
280	9,939	9,549	9,167	8,800	8,448
290	10,843	10,432	10,031	9,644	9,272
300	11,787	11,356	10,935	10,527	10,135

Kreisbogen mit Übergangsbogen.

r	2500	2500	2500	2500	2500
L	170	180	190	200	210
l	169,980	179,977	189,973	199,968	209,963
a	84,892	89,872	94,850	99,824	104,797
f	0,481	0,540	0,601	0,666	0,733
$1:m$	2545291,8	2694412,1	2843429,0	2992338,0	3141133,0
τ^g	2,16 72	2,29 50	2,42 29	2,55 08	2,67 88
$x = 20$	0,003	0,003	0,003	0,003	0,003
30	0,011	0,010	0,009	0,009	0,009
40	0,025	0,024	0,023	0,021	0,020
50	0,049	0,046	0,044	0,042	0,040
60	0,085	0,080	0,076	0,072	0,069
70	0,135	0,127	0,121	0,115	0,109
80	0,201	0,190	0,180	0,171	0,163
90	0,286	0,271	0,256	0,244	0,232
100	0,393	0,371	0,352	0,334	0,318
110	0,523	0,494	0,468	0,445	0,424
120	0,679	0,641	0,608	0,577	0,550
130	0,863	0,815	0,773	0,734	0,699
140	1,078	1,018	0,965	0,917	0,873
150	1,326	1,253	1,187	1,128	1,074
160	1,609	1,520	1,441	1,369	1,304
170	1,930	1,823	1,728	1,642	1,564
180	2,290	2,164	2,051	1,949	1,857
190	2,692	2,546	2,411	2,292	2,184
200	3,132	2,967	2,813	2,672	2,547
210	3,613	3,428	3,254	3,094	2,947
220	4,135	3,930	3,736	3,556	3,389
230	4,697	4,471	4,257	4,058	3,871
240	5,298	5,052	4,818	4,599	4,392
250	5,939	5,674	5,420	5,181	4,954
260	6,621	6,336	6,063	5,804	5,556
270	7,343	7,038	6,745	6,465	6,197
280	8,106	7,781	7,467	7,166	6,880
290	8,910	8,564	8,230	7,907	7,603
300	9,753	9,388	9,033	8,690	8,367

Tafel III.

Kreisbogen mit Übergangsbogen.

r	2500	2500	2500	2500	2500
L	220	230	240	250	260
l	219,957	229,951	239,945	249,938	259,930
a	109,766	114,733	119,697	124,658	129,615
f	0,805	0,880	0,958	1,039	1,124
$1 : m$	3289806,8	3438355,6	3586773,6	3735055,2	3883192,9
τ^g	2 80 69	2,93 50	3.06 33	3.19 16	3,31 99
$x = 20$	0,002	0,002	0,002	0,002	0,002
30	0,008	0,008	0,008	0,007	0,007
40	0,019	0,019	0,018	0,017	0,016
50	0,038	0,036	0,035	0,033	0,032
60	0,066	0,063	0,060	0,058	0,056
70	0,104	0,100	0,096	0,092	0,088
80	0,156	0,149	0,143	0,137	0,132
90	0,222	0,212	0,203	0,195	0,188
100	0,304	0,291	0,279	0,268	0,258
110	0,405	0,387	0,371	0,356	0,343
120	0,525	0,503	0,482	0,463	0,445
130	0,668	0,639	0,613	0,588	0,566
140	0,834	0,798	0,765	0,735	0,707
150	1,026	0,982	0,941	0,904	0,869
160	1,245	1,191	1,142	1,097	1,055
170	1,493	1,429	1,370	1,315	1,265
180	1,773	1,696	1,626	1,561	1,502
190	2,085	1,995	1,912	1,836	1,766
200	2,432	2,327	2,230	2,142	2,060
210	2,815	2,693	2,582	2,479	2,385
220	3,235	3,097	2,969	2,851	2,742
230	3,698	3,536	3,392	3,258	3,133
240	4,200	4,021	3,852	3,701	3,560
250	4,742	4,542	4,357	4,180	4,024
260	5,324	5,104	4,899	4,706	4,522
270	5,946	5,707	5,481	5,269	5,070
280	6,609	6,349	6,103	5,871	5,653
290	7,312	7,032	6,766	6,514	6,276
300	8,055	7,755	7,470	7,197	6,938

384

Kreisbogen mit Übergangsbogen.

r	3000	3000	3000	3000	3000
L	30	40	50	60	70
l	30	40	50	60	70
a	15	20	25	30	35
f	0,012	0,022	0,035	0,050	0,068
$1:m$	540000,0	720000,0	900000,0	1080000,0	1260000,0
τ^8	—	—	—	—	—
$x = 20$	0,015	0,011	0,009	0,007	0,006
30	0,050	0,038	0,030	0,025	0,021
40	0,116	0,089	0,071	0,059	0,051
50	0,216	0,172	0,139	0,116	0,099
60	0,349	0,289	0,240	0,200	0,171
70	0,516	0,439	0,373	0,317	0,272
80	0,716	0,622	0,539	0,467	0,405
90	0,949	0,839	0,739	0,650	0,572
100	1,216	1,089	0,972	0,867	0,772
110	1,516	1,372	1,239	1,117	1,005
120	1,849	1,689	1,539	1,400	1,272
130	2,216	2,039	1,873	1,717	1,572
140	2,617	2,423	2,240	2,067	1,905
150	3,051	2,840	2,640	2,451	2,272
160	3,518	3,291	3,074	2,868	2,673
170	4,019	3,775	3,541	3,319	3,107
180	4,553	4,292	4,042	3,803	3,574
190	5,120	4,842	4,576	4,320	4,075
200	5,721	5,427	5,143	4,870	4,609
210	6,356	6,045	5,744	5,455	5,176
220	7,025	6,696	6,379	6,073	5,777
230	7,726	7,381	7,047	6,724	6,412
240	8,461	8,100	7,749	7,409	7,081
250	9,230	8,852	8,485	8,128	7,782
260	10,033	9,638	9,254	8,880	8,517
270	10,869	10,457	10,056	9,666	9,286
280	11,739	11,310	10,892	10,485	10,089
290	12,643	12,197	11,762	11,338	10,925
300	13,580	13,118	12,666	12,225	11,795

Tafel III.

Kreisbogen mit Übergangsbogen.

r	3000	3000	3000	3000	3000
L	80	90	100	110	120
l	80	90	100	110	120
a	40	45	50	55	60
f	0,089	0,112	0,139	0,168	0,200
$1:m$	1440000,0	1620000,0	1800000,0	1980000,0	2160000,0
τ^g	—	—	—	—	—
$x = 20$	0,006	0,005	0,004	0,004	0,004
30	0,019	0,017	0,015	0,014	0,013
40	0,044	0,040	0,036	0,032	0,030
50	0,087	0,077	0,069	0,063	0,058
60	0,150	0,133	0,120	0,109	0,100
70	0,238	0,212	0,191	0,173	0,159
80	0,356	0,316	0,284	0,259	0,237
90	0,506	0,450	0,405	0,368	0,338
100	0,689	0,616	0,556	0,505	0,463
110	0,906	0,816	0,739	0,672	0,616
120	1,156	1,049	0,956	0,872	0,800
130	1,439	1,316	1,206	1,105	1,017
140	1,756	1,616	1,489	1,372	1,267
150	2,106	1,949	1,806	1,672	1,550
160	2,490	2,316	2,156	2,005	1,867
170	2,907	2,717	2,540	2,372	2,217
180	3,358	3,151	2,957	2,773	2,601
190	3,842	3,618	3,408	3,207	3,018
200	4,359	4,119	3,892	3,674	3,469
210	4,909	4,653	4,409	4,175	3,953
220	5,494	5,220	4,959	4,709	4,470
230	6,112	5,821	5,544	5,276	5,020
240	6,763	6,456	6,162	5,877	5,605
250	7,448	7,125	6,813	6,512	6,223
260	8,167	7,826	7,498	7,181	6,874
270	8,919	8,561	8,217	7,882	7,559
280	9,705	9,330	8,969	8,617	8,278
290	10,524	10,133	9,755	9,386	9,030
300	11,377	10,969	10,574	10,189	9,816

386

Kreisbogen mit Übergangsbogen.

r	3000	3000	3000	3000	3000
L	130	140	150	160	170
l	130	140	150	159,989	169,986
a	65	70	75	79,938	84,925
f	0,235	0,272	0,312	0,355	0,401
$1:m$	2340000,0	2520000,0	2700000,0	2876727,2	3056074.1
τ^8	—	—	—	1,69 89	1,80 53
$x = 20$	0,003	0,003	0,003	0,003	0,003
30	0,012	0,011	0,010	0,010	0,009
40	0,027	0,025	0,024	0,022	0,021
50	0,053	0,050	0,046	0,043	0,041
60	0,092	0,086	0,080	0,075	0,070
70	0,147	0,136	0,127	0,119	0,112
80	0,219	0,203	0,190	0,178	0,168
90	0,312	0,289	0,270	0,253	0,239
100	0,427	0,397	0,370	0,348	0,327
110	0,569	0,528	0,493	0,463	0,435
120	0,738	0,686	0,640	0,601	0,565
130	0,939	0,872	0,814	0,764	0,719
140	1,172	1,089	1,016	0,954	0,898
150	1,439	1,339	1,250	1,173	1,104
160	1,739	1,622	1,516	1,424	1,340
170	2,072	1,939	1,816	1,707	1,607
180	2,439	2,289	2,149	2,024	1,908
190	2,840	2,673	2,516	2,374	2,242
200	3,274	3,090	2,917	2,758	2,608
210	3,741	3,541	3,351	3,175	3,009
220	4,242	4,025	3,818	3,626	3,443
230	4,776	4,542	4,319	4,111	3,911
240	5,343	5,092	4,853	4,628	4,411
250	5,944	5,677	5,420	5,179	4,946
260	6,579	6,295	6,021	5,763	5,513
270	7,248	6,946	6,656	6,382	6,115
280	7,949	7,631	7,325	7,033	6,750
290	8,684	8,350	8,026	7,719	7,418
300	9,453	9,102	8,761	8,437	8,120

25*

Tafel III.

Kreisbogen mit Übergangsbogen.

r	3000	3000	3000	3000	3000
L	180	190	200	210	220
l	179,984	189,981	199,978	209,974	219,970
a	89,911	94,895	99,878	104,859	109,838
f	0,450	0,501	0,555	0,612	0,672
$1:m$	3235341,0	3414522,0	3593611,6	3772605,2	3951499,1
τ^g	1,91 17	2,01 81	2,12 46	2,23 11	2,33 76
$x = 20$	0,002	0,002	0,002	0,002	0,002
30	0,008	0,008	0,008	0,007	0,007
40	0,020	0,019	0,018	0,017	0,016
50	0,039	0,037	0,035	0,033	0,032
60	0,067	0,063	0,060	0,057	0,055
70	0,106	0,100	0,095	0,091	0,087
80	0,158	0,150	0,142	0,136	0,130
90	0,225	0,214	0,203	0,193	0,184
100	0,309	0,293	0,278	0,265	0,253
110	0,411	0,390	0,370	0,353	0,337
120	0,534	0,506	0,481	0,458	0,437
130	0,679	0,643	0,611	0,582	0,556
140	0,848	0,803	0,764	0,727	0,694
150	1,043	0,988	0,939	0,895	0,854
160	1,266	1,200	1,140	1,086	1,037
170	1,518	1,439	1,367	1,302	1,243
180	1,802	1,708	1,623	1,546	1,476
190	2,120	2,008	1,909	1,818	1,736
200	2,470	2,342	2,225	2,121	2,025
210	2,854	2,709	2,576	2,454	2,344
220	3,271	3,110	2,960	2,822	2,694
230	3,722	3,544	3,378	3,222	3,078
240	4,207	4,012	3,829	3,656	3.496
250	4,724	4,513	4,313	4,124	3,947
260	5,275	5,047	4,830	4,626	4,432
270	5,860	5,615	5,382	5,161	4,950
280	6,478	6,217	5,967	5,729	5,501
290	7,130	6,852	6,585	6,330	6,085
300	7,816	7,520	7,236	6,965	6,700

Kreisbogen mit Übergangsbogen.

r	4000	4000	4000	4000	4000
L	30	40	50	60	70
l	30	40	50	60	70
a	15	20	25	30	35
f	0,009	0,017	0,026	0,038	0,051
$1:m$	720000,0	960000,0	1200000,0	1440000,0	1680000,0
τ^g	—	—	—	—	—
$x = 20$	0,011	0,008	0,007	0,006	0,005
30	0,038	0,028	0,023	0,019	0,016
40	0,087	0,067	0,053	0,044	0,038
50	0,162	0,129	0,104	0,087	0,074
60	0,262	0,217	0,179	0,150	0,129
70	0,387	0,329	0,279	0,238	0,204
80	0,537	0,467	0,404	0,350	0,304
90	0,712	0,629	0,554	0,488	0,429
100	0,912	0,817	0,729	0,650	0,579
110	1,137	1,029	0,929	0,838	0,754
120	1,387	1,267	1,154	1,050	0,954
130	1,662	1,529	1,404	1,288	1,179
140	1,962	1,817	1,679	1,550	1,429
150	2,287	2,130	1,979	1,838	1,704
160	2,637	2,468	2,304	2,151	2,004
170	3,013	2,831	2,654	2,489	2,329
180	3,414	3,218	3,030	2,852	2,679
190	3,839	3,631	3,431	3,239	3,055
200	4,290	4,069	3,856	3,652	3,456
210	4,765	4,532	4,307	4,090	3,881
220	5,266	5,020	4,782	4,553	4,332
230	5,791	5,533	5,283	5,041	4,807
240	6,342	6,071	5,808	5,554	5,308
250	6,918	6,634	6,359	6,092	5,833
260	7,519	7,223	6,935	6,655	6,384
270	8,146	7,837	7,536	7,244	6,960
280	8,797	8,476	8,163	7,858	7,561
290	9,473	9,140	8,714	8,497	8,188
300	10,175	9,829	9,490	9,161	8,839

Tafel III.
Kreisbogen mit Übergangsbogen.

r	4000	4000	4000	4000	4000
L	80	90	100	110	120
l	80	90	100	110	120
a	40	45	50	55	60
f	0,067	0,084	0,104	0,126	0,150
$1:m$	1920000,0	2160000,0	2400000,0	2640000,0	2880000,0
τ^8	—	—	—	—	—
$x = 20$	0,004	0,004	0,003	0,003	0,003
30	0,014	0,012	0,011	0,010	0,009
40	0,033	0,030	0,027	0,024	0,022
50	0,065	0,058	0,052	0,047	0,043
60	0,112	0,100	0,090	0,082	0,075
70	0,179	0,159	0,143	0,130	0,119
80	0,267	0,237	0,213	0,194	0,178
90	0,379	0,338	0,304	0,276	0,253
100	0,517	0,462	0,417	0,379	0,347
110	0,679	0,612	0,554	0,504	0,462
120	0,867	0,787	0,716	0,654	0,600
130	1,079	0,987	0,904	0,829	0,762
140	1,317	1,212	1,116	1,029	0,950
150	1,579	1,462	1,354	1,254	1,162
160	1,867	1,737	1,616	1,504	1,400
170	2,180	2,037	1,904	1,779	1,662
180	2,518	2,362	2,217	2,079	1,950
190	2,881	2,712	2,555	2,404	2,263
200	3,268	3,088	2,918	2,754	2,601
210	3,681	3,489	3,305	3,130	2,964
220	4,119	3,914	3,718	3,531	3,351
230	4,582	4,365	4,156	3,956	3,764
240	5,070	4,840	4,619	4,407	4,202
250	5,583	5,341	5,107	4,882	4,665
260	6,121	5,866	5,620	5,383	5,153
270	6,684	6,417	6,158	5,908	5,666
280	7,273	6,993	6,721	6,459	6,204
290	7,887	7,594	7,310	7,035	6,767
300	8,526	8,221	7,924	7,636	7,356

Kreisbogen mit Übergangsbogen.

r	4000	4000	4000	4000	5000
L	130	140	150	160	40
l	130	140	150	160	40
a	65	70	75	80	20
f	0,176	0,204	0,234	0,267	0,013
$1:m$	3120000,0	3360000,0	3600000,0	3840000,0	1200000,0
τ^8	—	—	—	—	—
$x = 20$	0,003	0,002	0,002	0,002	0,007
30	0,009	0,008	0,007	0,007	0,022
40	0,021	0,019	0,018	0,017	0,053
50	0,040	0,037	0,035	0,033	0,103
60	0,069	0,064	0,060	0,056	0,173
70	0,110	0,102	0,095	0,089	0,263
80	0,164	0,152	0,142	0,133	0,373
90	0,234	0,217	0,202	0,190	0,503
100	0,321	0,298	0,278	0,261	0,653
110	0,426	0,396	0,370	0,347	0,823
120	0,554	0,514	0,480	0,450	1,013
130	0,704	0,654	0,610	0,572	1,223
140	0,879	0,817	0,762	0,715	1,453
150	1,079	1,004	0,938	0,879	1,703
160	1,304	1,216	1,137	1,067	1,973
170	1,554	1,454	1,362	1,279	2,264
180	1,829	1,716	1,612	1,517	2,574
190	2,129	2,004	1,887	1,779	2,904
200	2,454	2,317	2,187	2,067	3,255
210	2,804	2,655	2,512	2,380	3,625
220	3,180	3,018	2,862	2,718	4,015
230	3,581	3,405	3,238	3,081	4,425
240	4,006	3,818	3,639	3,468	4,855
250	4,457	4,256	4,064	3,881	5,305
260	4,932	4,719	4,515	4,319	5,776
270	5,433	5,207	4,990	4,782	6,267
280	5,958	5,720	5,491	5,270	6,777
290	6,509	6,258	6,016	5,783	7,308
300	7,085	6,821	6,567	6,321	7,859

Kreisbogen mit Übergangsbogen.

r	5000	5000	5000	5000	5000
L	50	60	70	80	90
l	50	60	70	80	90
a	25	30	35	40	45
f	0,021	0,030	0,041	0,053	0,068
$1:m$	1500000,0	1800000,0	2100000,0	2400000,0	2700000,0
τ^g	—	—	—	—	—
$x = 20$	0,005	0,004	0,004	0,003	0,003
30	0,018	0,015	0,013	0,011	0,010
40	0,043	0,036	0,030	0,027	0,024
50	0,084	0,069	0,060	0,052	0,046
60	0,143	0,120	0,103	0,090	0,080
70	0,223	0,190	0,163	0,143	0,127
80	0,323	0,280	0,243	0,213	0,190
90	0,443	0,390	0,343	0,303	0,270
100	0,583	0,520	0,463	0,413	0,370
110	0,743	0,670	0,603	0,543	0,490
120	0,923	0,840	0,763	0,693	0,630
130	1,123	1,030	0,943	0,863	0,790
140	1,343	1,240	1,143	1,053	0,970
150	1,583	1,470	1,363	1,263	1,170
160	1,843	1,720	1,603	1,493	1,390
170	2,124	1,990	1,863	1,743	1,630
180	2,424	2,281	2,144	2,013	1,890
190	2,744	2,591	2,444	2,304	2,171
200	3,085	2,921	2,764	2,614	2,471
210	3,445	3,272	3,105	2,944	2,791
220	3,825	3,642	3,465	3,295	3,132
230	4,226	4,032	3,845	3,665	3,492
240	4,647	4,442	4,246	4,055	3,872
250	5,088	4,872	4,667	4,465	4,273
260	5,548	5,322	5,108	4,895	4,694
270	6,028	5,793	5,568	5,345	5,135
280	6,529	6,284	6,048	5,816	5,595
290	7,050	6,794	6,549	6,307	6,075
300	7,590	7,325	7,070	6,817	6,576

Kreisbogen mit Übergangsbogen.

r	5000	5000	5000	5000	6000
L	100	110	120	130	40
l	100	110	120	130	40
a	50	55	60	65	20
f	0,084	0,101	0,120	0,141	0,011
$1:m$	3000000,0	3300000,0	3600000,0	3900000,0	1440000,0
τ^g	—	—	—	—	—
$x = 20$	0,003	0,002	0,002	0,002	0,006
30	0,009	0,008	0,007	0,007	0,019
40	0,021	0,019	0,018	0,016	0,044
50	0,042	0,038	0,035	0,032	0,086
60	0,072	0,065	0,060	0,055	0,144
70	0,114	0,104	0,095	0,088	0,219
80	0,171	0,155	0,142	0,131	0,311
90	0,243	0,221	0,203	0,187	0,419
100	0,333	0,303	0,278	0,256	0,544
110	0,444	0,403	0,370	0,341	0,686
120	0,574	0,523	0,480	0,443	0,844
130	0,724	0,663	0,610	0,563	1,019
140	0,894	0,823	0,760	0,703	1,211
150	1,084	1,003	0,930	0,863	1,419
160	1,294	1,203	1,120	1,043	1,644
170	1,524	1,423	1,330	1,243	1,886
180	1,774	1,663	1,560	1,463	2,144
190	2,044	1,923	1,810	1,703	2,419
200	2,335	2,204	2,080	1,963	2,711
210	2,645	2,504	2,371	2,244	3,020
220	2,975	2,824	2,681	2,544	3,345
230	3,326	3,165	3,011	2,864	3,687
240	3,696	3,525	3,362	3,205	4,045
250	4,086	3,905	3,732	3,565	4,420
260	4,496	4,306	4,122	3,945	4,812
270	4,926	4,727	4,532	4,346	5,221
280	5,376	5,168	4,962	4,767	5,646
290	5,847	5,628	5,412	5,208	6,088
300	6,338	6,108	5,883	5,668	6,546

Tafel III.

Kreisbogen mit Übergangsbogen.

r	6000	6000	6000	6000	6000
L	50	60	70	80	90
l	50	60	70	80	90
a	25	30	35	40	45
f	0,017	0,025	0,034	0,044	0,056
$1:m$	1800000,0	2160000,0	2520000,0	2880000,0	3240000,0
τ^8	—	—	—	—	—
$x=20$	0,004	0,004	0,003	0,003	0,002
30	0,015	0,013	0,011	0,009	0,008
40	0,036	0,030	0,026	0,022	0,020
50	0,069	0,058	0,050	0,043	0,039
60	0,119	0,100	0,086	0,075	0,067
70	0,186	0,158	0,136	0,119	0,106
80	0,269	0,233	0,203	0,178	0,158
90	0,369	0,325	0,286	0,252	0,225
100	0,486	0,433	0,386	0,344	0,308
110	0,619	0,558	0,503	0,452	0,408
120	0,769	0,700	0,636	0,577	0,525
130	0,936	0,858	0,786	0,719	0,658
140	1,119	1,033	0,953	0,877	0,808
150	1,319	1,225	1,136	1,052	0,975
160	1,536	1,433	1,336	1,244	1,158
170	1,769	1,658	1,553	1,452	1,358
180	2,019	1,900	1,786	1,677	1,575
190	2,286	2,158	2,036	1,919	1,808
200	2,569	2,433	2,303	2,177	2,058
210	2,869	2,725	2,586	2,452	2,325
220	3,186	3,034	2,886	2,744	2,608
230	3,520	3,359	3,203	3,053	2,908
240	3,870	3,701	3,537	3,378	3,225
250	4,237	4,059	3,887	3,720	3,559
260	4,621	4,433	4,254	4,078	3,909
270	5,021	4,826	4,638	4,453	4,276
280	5,438	5,235	5,038	4,845	4,660
290	5,871	5,660	5,455	5,254	5,060
300	6,321	6,102	5,890	5,679	5,477

Kreisbogen mit Übergangsbogen.

r	6000	6000	8000	8000	8000
L	100	110	40	50	60
l	100	110	40	50	60
a	50	55	20	25	30
f	0,069	0,084	0,008	0,013	0,019
$1:m$	3600000,0	3960000,0	1920000,0	2400000,0	2880000,0
τ^g	—	—	—	—	—
$x = 20$	0,002	0,002	0,004	0,003	0,003
30	0,007	0,007	0,014	0,011	0,009
40	0,018	0,016	0,033	0,027	0,022
50	0,035	0,032	0,064	0,052	0,043
60	0,060	0,055	0,108	0,089	0,075
70	0,095	0,087	0,164	0,139	0,119
80	0,142	0,129	0,233	0,202	0,175
90	0,202	0,184	0,314	0,277	0,244
100	0,278	0,252	0,408	0,364	0,325
110	0,369	0,336	0,514	0,464	0,419
120	0,477	0,436	0,633	0,577	0,525
130	0,602	0,553	0,764	0,702	0,644
140	0,744	0,686	0,908	0,840	0,775
150	0,902	0,836	1,064	0,990	0,919
160	1,077	1,003	1,233	1,152	1,075
170	1,269	1,186	1,414	1,327	1,244
180	1,477	1,386	1,608	1,515	1,425
190	1,702	1,603	1,814	1,715	1,619
200	1,944	1,836	2,033	1,927	1,825
210	2,202	2,086	2,264	2,152	2,044
220	2,477	2,353	2,508	2,390	2,275
230	2,769	2,636	2,764	2,640	2,519
240	3,078	2,936	3,033	2,903	2,775
250	3,403	3,253	3,315	3,178	3,044
260	3,745	3,587	3,609	3,465	3,326
270	4,103	3,937	3,915	3,764	3,620
280	4,478	4,304	4,234	4,077	3,926
290	4,870	4,688	4,565	4,403	4,245
300	5,279	5,088	4,909	4,741	4,576

Tafel III.

Kreisbogen mit Übergangsbogen.

r	8000	8000	10000	10000	10000
L	70	80	40	50	60
l	70	80	40	50	60
a	35	40	20	25	30
f	0,026	0,033	0,007	0,010	0,015
$1:m$	3360000,0	3840000,0	2400000,0	3000000,0	3600000,0
τ^8	—	—	—	—	—
$x = 20$	0,002	0,002	0,003	0,003	0,002
30	0,008	0,007	0,011	0,009	0,008
40	0,019	0,017	0,027	0,021	0,018
50	0,037	0,033	0,052	0,042	0,035
60	0,064	0,056	0,087	0,071	0,060
70	0,102	0,089	0,132	0,111	0,095
80	0,152	0,133	0,187	0,161	0,140
90	0,213	0,189	0,252	0,221	0,195
100	0,289	0,258	0,327	0,291	0,260
110	0,377	0,339	0,412	0,371	0,335
120	0,477	0,433	0,507	0,461	0,420
130	0,589	0,539	0,612	0,561	0,515
140	0,714	0,658	0,727	0,671	0,620
150	0,852	0,790	0,852	0,791	0,735
160	1,002	0,934	0,987	0,921	0,860
170	1,165	1,090	1,132	1,061	0,995
180	1,340	1,259	1,287	1,211	1,140
190	1,527	1,440	1,452	1,371	1,295
200	1,727	1,634	1,627	1,541	1,460
210	1,940	1,840	1,812	1,721	1,635
220	2,165	2,059	2,007	1,911	1,820
230	2,403	2,291	2,212	2,111	2,015
240	2,653	2,534	2,427	2,321	2,220
250	2,914	2,789	2,652	2,541	2,435

Tafel IV

Polar-Koordinaten

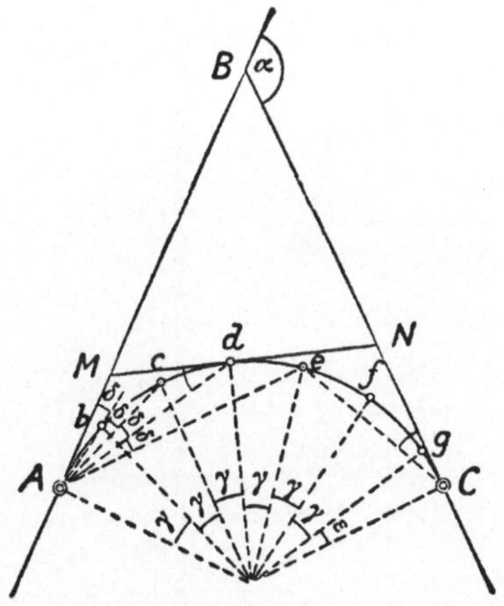

Hierzu Abschnitt 19 der Einführung

Polar-Koordinaten.

Bo-gen-län-ge m	Umfangswinkel (δ^g) bei dem Halbmesser (R in m)				Bo-gen-län-ge m
	100	**110**	**120**	**130**	
10	3,1831	2,8937	2,6526	2,4485	10
20	6,3662	5,7875	5,3052	4,8971	20
30	9,5493	8,6812	7,9577	7,3456	30
40	12,7324	11,5749	10,6103	9,7941	40
50	15,9155	14,4686	13,2629	12,2427	50
60	19,0986	17,3624	15,9155	14,6912	60
70	22,2817	20,2561	18,5681	17,1398	70
80	25,4648	23,1498	21,2207	19,5883	80
90	28,6479	26,0435	23,8732	22,0368	90
100	31,8310	28,9373	26,5258	24,4854	100

	140	**150**	**160**	**170**	
10	2,2736	2,1221	1,9894	1,8724	10
20	4,5473	4,2441	3,9789	3,7448	20
30	6,8209	6,3662	5,9683	5,6172	30
40	9,0946	8,4883	7,9577	7,4896	40
50	11,3682	10,6103	9,9472	9,3621	50
60	13,6419	12,7324	11,9366	11,2345	60
70	15,9155	14,8545	13,9261	13,1069	70
80	18,1891	16,9765	15,9155	14,9793	80
90	20,4628	19,0986	17,9049	16,8517	90
100	22,7364	21,2207	19,8944	18,7241	100

Umfangswinkel (δ^g) bei dem Halbmesser

Tafel IV.

Polar-Koordinaten.

Bo-gen-län-ge m	Umfangswinkel (δ^g) bei dem Halbmesser (R in m)				Bo-gen-län-ge m
	180	**190**	**200**	**210**	
10	1,7684	1,6753	1,5915	1,5158	10
20	3,5368	3,3506	3,1831	3,0315	20
30	5,3052	5,0259	4,7746	4,5473	30
40	7,0736	6,7013	6,3662	6,0630	40
50	8,8419	8,3766	7,9577	7,5788	50
60	10,6103	10,0519	9,5493	9,0946	60
70	12,3787	11,7272	11,1408	10,6103	70
80	14,1471	13,4025	12,7324	12,1261	80
90	15,9155	15,0778	14,3239	13,6419	90
100	17,6839	16,7532	15,9155	15,1576	100

	220	**230**	**240**	**250**	
10	1,4469	1,3840	1,3263	1,2732	10
20	2,8937	2,7679	2,6526	2,5465	20
30	4,3406	4,1519	3,9789	3,8197	30
40	5,7875	5,5358	5,3052	5,0930	40
50	7,2343	6,9198	6,6315	6,3662	50
60	8,6812	8,3037	7,9577	7,6394	60
70	10,1280	9,6877	9,2840	8,9127	70
80	11,5749	11,0716	10,6103	10,1859	80
90	13,0218	12,4556	11,9366	11,4592	90
100	14,4686	13,8396	13,2629	12,7324	100

400

Polar-Koordinaten.

Bo-gen-län-ge m	Umfangswinkel (δ^g) bei dem Halbmesser (R in m)				Bo-gen-län-ge m
	260	**270**	**280**	**290**	
10	1,2243	1,1789	1,1368	1,0976	10
20	2,4485	2,3579	2,2736	2,1952	20
30	3,6728	3,5368	3,4105	3,2929	30
40	4,8971	4,7157	4,5473	4,3905	40
50	6,1213	5,8946	5,6841	5,4881	50
60	7,3456	7,0736	6,8209	6,5857	60
70	8,5699	8,2525	7,9577	7,6833	70
80	9,7941	9,4314	9,0946	8,7810	80
90	11,0184	10,6103	10,2314	9,8786	90
100	12,2427	11,7893	11,3682	10,9762	100
	300	**325**	**350**	**375**	
10	1,0610	0,9794	0,9095	0,8488	10
20	2,1221	1,9588	1,8189	1,6977	20
30	3,1831	2,9382	2,7284	2,5465	30
40	4,2441	3,9177	3,6378	3,3953	40
50	5,3052	4,8971	4,5473	4,2441	50
60	6,3662	5,8765	5,4567	5,0930	60
70	7,4272	6,8559	6,3662	5,9418	70
80	8,4883	7,8353	7,2757	6,7906	80
90	9,5493	8,8147	8,1581	7,6394	90
100	10,6103	9,7941	9,0946	8,4882	100

Tafel IV.

Polar-Koordinaten.

Bogen-länge m	Umfangswinkel (δ^g) bei dem Halbmesser (R in m)				Bogen-länge m
	400	**425**	**450**	**475**	
10	0,7958	0,7490	0,7074	0,6701	10
20	1,5915	1,4979	1,4147	1,3403	20
30	2,3873	2,2469	2,1221	2,0104	30
40	3,1831	2,9959	2,8294	2,6805	40
50	3,9789	3,7448	3,5368	3,3506	50
60	4,7746	4,4938	4,2441	4,0208	60
70	5,5704	5,2428	4,9515	4,6909	70
80	6,3662	5,9917	5,6588	5,3610	80
90	7,1620	6,7407	6,3662	6,0311	90
100	7,9577	7,4896	7,0736	6,7013	100
	500	**525**	**550**	**575**	
10	0,6366	0,6063	0,5787	0,5536	10
20	1,2732	1,2126	1,1575	1,1072	20
30	1,9099	1,8189	1,7362	1,6607	30
40	2,5465	2,4252	2,3150	2,2143	40
50	3,1831	3,0315	2,8937	2,7679	50
60	3,8197	3,6738	3,4725	3,3215	60
70	4,4563	4,2441	4,0512	3,8751	70
80	5,0930	4,8504	4,6300	4,4287	80
90	5,7296	5,4567	5,2087	4,9822	90
100	6,3662	6,0630	5,7875	5,5358	100

402

Polar-Koordinaten.

Bo-gen-län-ge m	Umfangswinkel (δ^g) bei dem Halbmesser (R in m)				Bo-gen-län-ge m
	600	**625**	**650**	**675**	
10	0,5305	0,5093	0,4897	0,4716	10
20	1,0610	1,0186	0,9794	0,9431	20
30	1,5915	1,5279	1,4691	1,4147	30
40	2,1221	2,0372	1,9588	1,8863	40
50	2,6526	2,5465	2,4485	2,3579	50
60	3,1831	3,0558	2,9382	2,8294	60
70	3,7136	3,5651	3,4280	3,3010	70
80	4,2441	4,0744	3,9177	3,7726	80
90	4,7746	4,5837	4,4074	4,2441	90
100	5,3052	5,0930	4,8971	4,7157	100
	700	**725**	**750**	**775**	
10	0,4547	0,4390	0,4244	0,4107	10
20	0,9095	0,8781	0,8488	0,8214	20
30	1,3642	1,3171	1,2732	1,2322	30
40	1,8189	1,7562	1,6977	1,6429	40
50	2,2736	2,1952	2,1221	2,0536	50
60	2,7284	2,6343	2,5465	2,4643	60
70	3,1831	3,0733	2,9709	2,8751	70
80	3,6378	3,5124	3,3953	3,2858	80
90	4,0926	3,9514	3,8197	3,6965	90
100	4,5473	4,3905	4,2441	4,1072	100

Tafel IV.

Polar-Koordinaten.

Bo-gen-län-ge m	Umfangswinkel (δ^g) bei dem Halbmesser (R in m)				Bo-gen-län-ge m
	800	**850**	**900**	**950**	
10	0,3979	0,3745	0,3537	0,3351	10
20	0,7958	0,7490	0,7074	0,6701	20
30	1,1937	1,1234	1,0610	1,0052	30
40	1,5916	1,4979	1,4147	1,3403	40
50	1,9894	1,8724	1,7684	1,6753	50
60	2,3873	2,2469	2,1221	2,0104	60
70	2,7852	2,6214	2,4757	2,3454	70
80	3,1831	2,9959	2,8294	2,6805	80
90	3,5810	3,3703	3,1831	3,0156	90
100	3,9789	3,7448	3,5368	3,3506	100

Bei dem Halbmesser $R_1 = n \cdot R$ sind die Umfangswinkel zu denselben Bogenlängen

$$\delta_{R_1} = \frac{1}{n} \cdot \delta_R.$$

Mit Beschränkung auf $n = 10$ und $n = 100$ benutze man z. B.

für $R = 1000$ die 10. Teile der Winkel für $R = 100$,
„ $R = 1300$ „ 10. „ „ „ „ $R = 130$,
„ $R = 15000$ „ 100. „ „ „ „ $R = 150$.

Umwandlung der alten Kreisteilung in neue.

(Sechzigteilung in Hundertteilung.)

Grade.

0	0	1	2	3	4	5	6	7	8	9
00	0,0..	1,1..	2,2..	3,3..	4,4..	5,5..	6,6..	7,7..	8,8..	10,0..
10	11,1..	12,2..	13,3..	14,4..	15,5..	16,6..	17,7..	18,8..	20,0..	21,1..
20	22,2..	23,3..	24,4..	25,5..	26,6..	27,7..	28,8..	30,0..	31,1..	32,2..
30	33,3..	34,4..	35,5..	36,6..	37,7..	38,8..	40,0..	41,1..	42,2..	43,3..
40	44,4..	45,5..	46,6..	47,7..	48,8..	50,0..	51,1..	52,2..	53,3..	54,4..
50	55,5..	56,6..	57,7..	58,8..	60,0..	61,1..	62,2..	63,3..	64,4..	65,5..
60	66,6..	67,7..	68,8..	70,0..	71,1..	72,2..	73,3..	74,4..	75,5..	76,6..
70	77,7..	78,8..	80,0..	81,1..	82,2..	83,3..	84,4..	85,5..	86,6..	87,7..
80	88,8..	90,0..	91,1..	92,2..	93,3..	94,4..	95,5..	96,6..	97,7..	98,8..
90	100,0..	101,1..	102,2..	103,3..	104,4..	105,5..	106,6..	107,7..	108,8..	110,0..
100	111,1..	112,2..	113,3..	114,4..	115,5..	116,6..	117,7..	118,8..	120,0..	121,1..
110	122,2..	132,3..	124,4..	125,5..	126,6..	127,7..	128,8..	130,0..	131,1..	132,2..
120	133,3..	134,4..	135,5..	136,6..	137,7..	138,8..	140,0..	141,1..	142,2..	143,3..
130	144,4..	145,5..	146,6..	147,7..	148,8..	150,0..	151,1..	152,2..	153,3..	154,4..
140	155,5..	156,6..	157,7..	158,8..	160,0..	161,1..	162,2..	163,3..	164,4..	165,5..
150	166,6..	167,7..	168,8..	170,0..	171,1..	172,2..	173,3..	174,4..	175,5..	176,6..
160	177,7..	178,8..	180,0..	181,1..	182,2..	183,3..	184,4..	185,5..	186,6..	187,7..
170	188,8..	190,0..	191,1..	192,2..	193,3..	194,4..	195,5..	196,6..	197,7..	198,8..
180	200,0..	201,1..	202,2..	203,3..	204,4..	205,5..	206,6..	207,7..	208,8..	210,0..
190	211,1..	212,2..	213,3..	214,4..	215,5..	216,6..	217,7..	218,8..	220,0..	221,1..

Minuten.

	0	1	2	3	4	5	6	7	8	9
00	0,00000	0,01852	0,03704	0,05556	0,07407	0,09259	0,11111	0,12963	0,14815	0,16667
10	18519	20370	22222	24074	25926	27778	29630	31481	33333	35185
20	37037	38889	40741	42593	44444	46296	48148	50000	51852	53704
30	55556	57407	59259	61111	62963	64815	66667	68519	70370	72222
40	74074	75926	77778	79630	81481	83333	85185	87037	88889	90741
50	92593	94444	96296	98148	1,00000	1,01852	1,03704	1,05556	1,07407	1,09259

Sekunden.

"	0	1	2	3	4	5	6	7	8	9
00	0,00000	0,00031	0,00062	0,00093	0,00123	0,00154	0,00185	0,00216	0,00247	0,00278
10	00309	00340	00370	00401	00432	00463	00494	00525	00556	00586
20	00617	00648	00679	00710	00741	00772	00802	00833	00864	00895
30	00926	00957	00988	01019	01049	01080	01111	01142	01173	01204
40	01235	01265	01296	01327	01358	01389	01420	01451	01481	01512
50	01543	01574	01605	01636	01667	01698	01728	01759	01790	01821

	0,0"	0,1"	0,2"	0,3"	0,4"	0,5"	0,6"	0,7"	0,8"	0,9"
0,	00000	00003	00006	00009	00012	00015	00019	00022	00025	00028

Tafel V.
Umwandlung der neuen Kreisteilung in alte.
(Hundertteilung in Sechzigteilung.)

Grade.

g	0	1	2	3	4	5	6	7	8	9
	° ′	° ′	° ′	° ′	° ′	° ′	° ′	° ′	° ′	° ′
00	0 0	0 54	1 48	2 42	3 36	4 30	5 24	6 18	7 12	8 6
10	9 0	9 54	10 48	11 42	12 36	13 30	14 24	15 18	16 12	17 6
20	18 0	18 54	19 48	20 42	21 36	22 30	23 24	24 18	25 12	26 6
30	27 0	27 54	28 48	29 42	30 36	31 30	32 24	33 18	34 12	35 6
40	36 0	36 54	37 48	38 42	39 36	40 30	41 24	42 18	43 12	44 6
50	45 0	45 54	46 48	47 42	48 36	49 30	50 24	51 18	52 12	53 6
60	54 0	54 54	55 48	56 42	57 36	58 30	59 24	60 18	61 12	62 6
70	63 0	63 54	64 48	65 42	66 36	67 30	68 24	69 18	70 12	71 6
80	72 0	72 54	73 48	74 42	75 36	76 30	77 24	78 18	79 12	80 6
90	81 0	81 54	82 48	83 42	84 36	85 30	86 24	87 18	88 12	89 6
100	90 0	90 54	91 48	92 42	93 36	94 30	95 24	96 18	97 12	98 6
110	99 0	99 54	100 48	101 42	102 36	103 30	104 24	105 18	106 12	107 6
120	108 0	108 54	109 48	110 42	111 36	112 30	113 24	114 18	115 12	116 6
130	117 0	117 54	118 48	119 42	120 36	121 30	122 24	123 18	124 12	125 6
140	126 0	126 54	127 48	128 42	129 36	130 30	131 24	132 18	133 12	134 6
150	135 0	135 54	136 48	137 42	138 36	139 30	140 24	141 18	142 12	143 6
160	144 0	144 54	145 48	146 42	147 36	148 30	149 24	150 18	151 12	152 6
170	153 0	153 54	154 48	155 42	156 36	157 30	158 24	159 18	160 12	161 6
180	162 0	162 54	163 48	164 42	165 36	166 30	167 24	168 18	169 12	170 6
190	171 0	171 54	172 48	173 42	174 36	175 30	176 24	177 18	178 12	179 6

Minuten

g	0	1	2	3	4	5	6	7	8	9
	′ ″	′ ″	′ ″	′ ″	′ ″	′ ″	′ ″	′ ″	′ ″	′ ″
0,00	0 0,0	0 32,4	1 4,8	1 37,2	2 9,6	2 42,0	3 14,4	3 46,8	4 19,2	4 51,6
0,10	5 24,0	5 56,4	6 28,8	7 1,2	7 33,6	8 6,0	8 38,4	9 10,8	9 43,2	10 15,6
0,20	10 48,0	11 20,4	11 52,8	12 25,2	12 57,6	13 30,0	14 2,4	14 34,8	15 7,2	15 39,6
0,30	16 12,0	16 44,4	17 16,8	17 49,2	18 21,6	18 54,0	19 26,4	19 58,8	20 31,2	21 3,6
0,40	21 36,0	22 8,4	22 40,8	23 13,2	23 45,6	24 18,0	24 50,4	25 22,8	25 55,2	26 27,6
0,50	27 0,0	27 32,4	28 4,8	28 37,2	29 9,6	29 42,0	30 14,4	30 46,8	31 19,2	31 51,6
0,60	32 24,0	32 56,4	33 28,8	34 1,2	34 33,6	35 6,0	35 38,4	36 10,8	36 43,2	37 15,6
0,70	37 48,0	38 20,4	38 52,8	39 25,2	39 57,6	40 30,0	41 2,4	41 34,8	42 7,2	42 39,6
0,80	43 12,0	43 44,4	44 16,8	44 49,2	45 21,6	45 54,0	46 26,4	46 58,8	47 31,2	48 3,6
0,90	48 36,0	49 8,4	49 40,8	50 13,2	50 45,6	51 18,0	51 50,4	52 22,8	52 55,2	53 27,6

Sekunden.

g	0	1	2	3	4	5	6	7	8	9
0,0000	0,00	0,32	0,65	0,97	1,30	1,62	1,94	2,27	2,59	2,92
0,0010	3,24	3,56	3,89	4,21	4,54	4,86	5,18	5,51	5,83	6,16
0,0020	6,48	6,80	7,13	7,45	7,78	8,10	8,42	8,75	9,07	9,40
0,0030	9,72	10,04	10,37	10,69	11,02	11,34	11,66	11,99	12,31	12,64
0,0040	12,96	13,28	13,61	13,93	14,26	14,58	14,90	15,23	15,55	15,88
0,0050	16,20	16,52	16,85	17,17	17,50	17,82	18,14	18,47	18,79	19,12
0,0060	19,44	19,76	20,09	20,41	20,74	21,06	21,38	21,71	22,03	22,36
0,0070	22,68	23,00	23,33	23,65	23,98	24,30	24,62	24,95	25,27	25,60
0,0080	25,92	26,24	26,57	26,89	27,22	27,54	27,86	28,19	28,51	28,84
0,0090	29,16	29,48	29,81	30,13	30,46	30,78	31,10	31,43	31,75	32,08

Anhang: Formeln zur Prüfung der Bogenabsteckung und zur Einschaltung von Zwischenpunkten.

Vorausgesetzt wird, daß die Bogenlänge des Abschnitts, dessen Abstand (h) von der Sehne geprüft oder abgesteckt werden soll, von der Länge dieser Sehne nicht merklich verschieden ist.

Die Formeln gewährleisten eine Genauigkeit von 1 bis 2 mm, wenn man bei den für Hauptbahnen in Betracht kommenden Halbmessern den Vermarkungsabstand nicht größer als 20 m, die Sehne also nicht länger als 40 m wählt.

Die Parabelformeln gelten für Parabeln von der Form $y = m \cdot x^3$. Für sie ist $m \, (= 1 : {}^1\!/m)$ aus dem Kopf der Tafel III zu entnehmen oder nach den Gleichungen (16) — Seite 11 — oder (25) — Seite 14 — zu berechnen. Man beachte, daß bei Absteckung nach dem Winkelbildverfahren (s. Abschn. 24) der Krümmungshalbmesser am Parabel-Ende bis zu 5% vom Kreishalbmesser abweichen darf. Man kann den Übergangspunkt mit der Ordinate y_l gegen die Tangente festlegen und m berechnen aus $m = y_l : l^3$.

Nr. u. Kenn-zeichnung	Abbildung	bei ungleichmäßiger Teilung $a \gtreqless b$	bei gleichmäßiger Teilung $a = b = c$
		A. Reine Kreisbogen	
1 Kreis-abschnitt		$h = \dfrac{a \cdot b}{2\,r}$	$h = \dfrac{c^2}{2\,r}$
2 Halb-messer-wechsel		$h = \dfrac{a \cdot b}{2\,(a + b)} \cdot \left(\dfrac{a}{r_1} + \dfrac{b}{r_2}\right)$ Wenn r_1 und r_2 nicht sehr verschieden sind, genügt: $h = \dfrac{a \cdot b}{r_1 + r_2}$	$h = \dfrac{c^2}{4} \cdot \dfrac{r_1 + r_2}{r_1 \cdot r_2}$ $h = \dfrac{c^2}{r_1 + r_2}$

Nr. u. Kennzeichnung	Abbildung	bei ungleichmäßiger Teilung $a \gtreqless b$	bei gleichmäßiger Teilung $a = b = c$
	B. Vollständige kubische Parabeln (von $\varrho = \infty$ bis $\varrho = r$)		
3 Ganze Parabel in p Abschnitte von der Länge c zerlegt			$h_n = n \cdot 3\,m \cdot c^3$ $h_0 = \dfrac{1}{2}\,m \cdot c^3$ $h_p = h_0 \cdot (6\,p - 1)$
4 Beliebiger Parabelabschnitt		$h = m \cdot a \cdot b \cdot (3\,d + 2\,a + b)$ Für $d = 0$ wird: $h = m \cdot a \cdot b \cdot (2\,a + b)$	$h = 3\,m \cdot c^2\,(d + c)$ $h = 3\,m \cdot c^3$
5 Zusammenstoß zweier Parabeln		$h = \dfrac{1}{2} \cdot \left[m_1 \cdot a_2 \cdot (3\,l_1 - a) + {} + m_2 \cdot b^2 \cdot (3\,l_2 - b) \right]$ Für $l_1 = l_2 = l$ und $m_1 = m_2 = m$ wird: $h = \dfrac{m}{2} \left[a^2(3\,l - a) + b^2(3\,l - b) \right]$	$h = \dfrac{c^2}{2} \left[m_1 \cdot (3\,l_1 - c) + {} + m_2 \cdot (3\,l_2 - c) \right]$ $h = m \cdot c^2 \cdot (3\,l - c)$

C. Unvollständige kubische Parabeln (von $\varrho = r_1$ bis $\varrho = r_2$).

6 Ganze Parabel zwischen Teilen eines Korbbogens	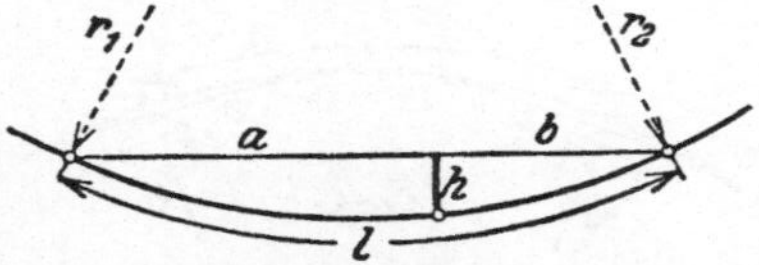	$h = \dfrac{m \cdot a \cdot b}{r_1 - r_2} \cdot \left[r_1 \cdot (l+a) + {}+ r_2 \cdot (l+b) \right]$	$h = 3\,m \cdot c^3 \cdot \dfrac{r_1 + r_2}{r_1 - r_2}$
7 Parabeln zwischen Korbbogenteilen in p gleiche Abschnitte von der Länge c zerlegt	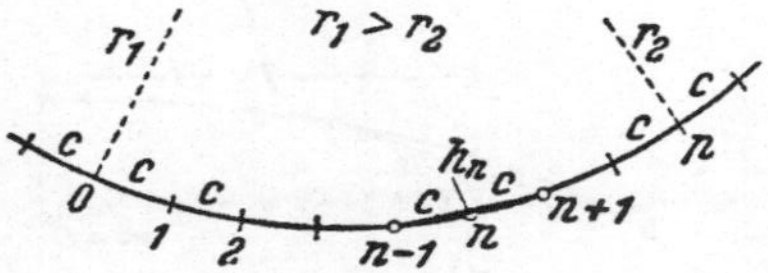		$h_n = 3\,m \cdot c^3 \cdot \left(n + \dfrac{p \cdot r_2}{r_1 - r_2} \right)$ $h_o = \dfrac{c^2}{2} \cdot \left[m \cdot c \times {}\times \dfrac{r_2 \cdot (3p-1) + r_1}{r_1 - r_2} + \dfrac{1}{2\,r_1} \right]$ $h_p = \dfrac{c^2}{2} \cdot \left[m \cdot c \times {}\times \dfrac{r_1 \cdot (3p-1) + r_2}{r_1 - r_2} + \dfrac{1}{2\,r_2} \right]$
8 Beliebiger Abschnitt der Parabel zwischen Korbbogenteilen	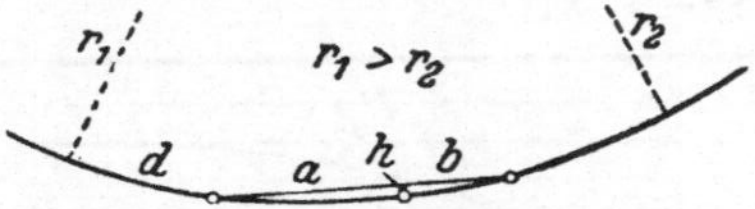	$h = m \cdot a \cdot b \cdot \left[\dfrac{3\,l \cdot r_2}{r_1 - r_2} + 3\,d + 2\,a + b \right]$ Hierin kann $d = 0$ sein.	$h = 3\,m \cdot c^2 \cdot \left[\dfrac{l \cdot r_2}{r_1 - r_2} + {}+ d + c \right]$
9 Zusammenstoß unvollständ. Parabeln (D. Verhältnis $r_1 : r_2 : r_3$ ist beliebig. Man beachte d. Vorzeich.d.Diff.)	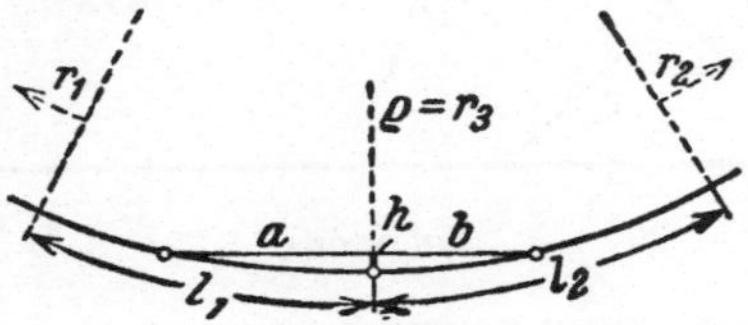	$h = \dfrac{a \cdot b}{a+b} \cdot \left\{ \dfrac{m_1 \cdot a}{r_1 - r_3} \cdot \left[3\,l_1 \cdot r_1 - {}- a \cdot (r_1 - r_3) \right] + \dfrac{m_2 \cdot b}{r_2 - r_3} \cdot \left[3\,l_2 \cdot r_2 - {}- b \cdot (r_2 - r_3) \right] \right\}$	$h = \dfrac{c^2}{2} \cdot \left\{ \dfrac{m_1}{r_1 - r_3} \cdot \left[r_1 \times {}\times (3\,l_1 - c) + c \cdot r_3 \right] + {}+ \dfrac{m_2}{r_2 - r_3} \cdot \left[r_2 \cdot (3\,l_2 - c) + {}+ c \cdot r_3 \right] \right\}$

Nr. u. Kenn- zeichnung	Abbildung	bei ungleichmäßiger Teilung $a \gtreqless b$	bei gleichmäßiger Teilung $a = b = c$
10 Ergänzung der unvollständ. zur vollständ. Parabel	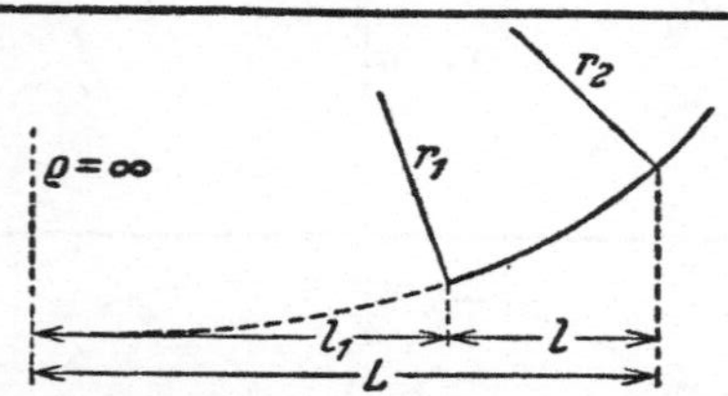	$L = \dfrac{l \cdot r_1}{r_1 - r_2}$ $l_1 = \dfrac{l \cdot r_2}{r_1 - r_2}$	

D. Kreis und Parabel.

Nr. u. Kennzeichnung	Abbildung	bei ungleichmäßiger Teilung $a \gtreqless b$	bei gleichmäßiger Teilung $a = b = c$
11 Übergang vom Stück a d. vollständ. Parabel z. Kreisstück b	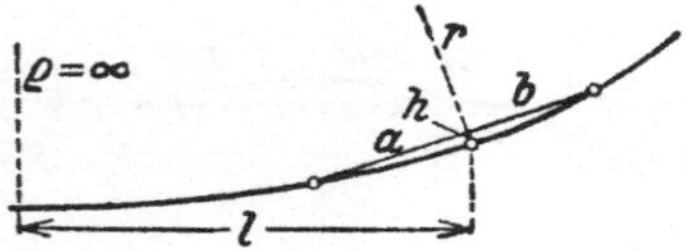	$h = \dfrac{a \cdot b}{a + b} \cdot \left[m \cdot a\,(3\,l - a) + \dfrac{b}{2\,r} \right]$	$h = \dfrac{c^2}{2} \cdot \left[m \cdot (3\,l - c) + \dfrac{1}{2\,r} \right]$
12 Übergang vom Stück a der unvollst. Parabel zum Stück b des flacheren (r_1) oder schärferen (r_2) Kreisbogens	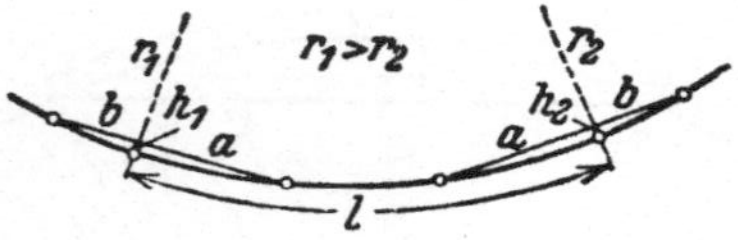	$h_1 = \dfrac{a \cdot b}{a + b} \cdot \left[m \cdot a \cdot \left(\dfrac{3\,l \cdot r_2}{r_1 - r_2} + a \right) + \dfrac{b}{2\,r_1} \right]$ $h_2 = \dfrac{a \cdot b}{a + b} \cdot \left[m \cdot a \cdot \left(\dfrac{3\,l \cdot r_1}{r_1 - r_2} - a \right) + \dfrac{b}{2\,r_2} \right]$	$h_1 = \dfrac{c^2}{2} \cdot \left[m \cdot \left(\dfrac{3\,l \cdot r_2}{r_1 - r_2} + c \right) + \dfrac{1}{2\,r_1} \right]$ $h_2 = \dfrac{c^2}{2} \cdot \left[m \cdot \left(\dfrac{3\,l \cdot r_1}{r_1 - r_2} - c \right) + \dfrac{1}{2\,r_2} \right]$